벌레를 사랑하는 기분

벌레를 사랑하는 기분

발밑의 우주를 들여다보는 한 곤충학자의 이야기

초판 1쇄 펴낸날 2022년 6월 30일
초판 3쇄 펴낸날 2023년 4월 30일

지은이 정부희
펴낸이 이건복
펴낸곳 도서출판 동녘

편집 구형민 김다정 이지원 김혜윤 홍주은
마케팅 임세현
관리 서숙희 이주원

등록 제311-1980-01호 1980년 3월 25일
주소 (10881) 경기도 파주시 회동길 77-26
전화 영업 031-955-3000 편집 031-955-3005 **전송** 031-955-3009
블로그 www.dongnyok.com **전자우편** editor@dongnyok.com
페이스북·인스타그램 @dongnyokpub
인쇄 새한문화사 **라미네이팅** 북웨어 **종이** 한서지업사
본문 일러스트 김윤경

ISBN 978-89-7297-047-7 (03490)

발밀의 우주를 들여다보는

한 곤충학자의 이야기

정부희 지음

동녘

들어가는 말

따스한 햇볕이 내리쬐는 봄날, 다래 잎사귀에서 광택 나는 녹색이 눈부신 노랑가슴녹색잎벌레를 만났다. 카메라 렌즈에 비친 5밀리미터 남짓한 자그마한 곤충은 현란한 몸 색깔, 여러 마디가 구슬 꿰듯 이어진 더듬이, 외계인 같은 겹눈, 로봇 같은 입, 미세한 털이 달린 다리, 옴폭옴폭 패인 수많은 점각들로 멋을 부린 딱지날개까지 오밀조밀 있을 게 다 있는 게 아닌가! 순간 전율이 일었다. 대학 시절 전공 시간에 탐독한 셰익스피어의 풍성하고 맛깔스러운 은유로도 표현할 수 없는 그런 느낌이랄까! 이후로 곤충을 보면 예쁘기도 하거니와 호기심이 발동해 시간 날 때마다 들과 산을 쏘다니며 곤충들과 데이트를 했다. 두 아들이 곤충 중독증에 걸린 기분이 이랬을 터인데, 녀석들이 곤충에서 손을 놓은 이제야 이해할 수 있어 미안했다.

당시만 해도 곤충도감이나 곤충 관련 책들이 많지 않은 터라, 곤충에 대한 궁금증은 날로 더해갔다. 보면 볼수록 귀엽고 신비

더듬이부터 날개까지 오밀조밀한
노랑가슴녹색잎벌레.

롭고 앙증맞은 곤충들의 속내, 몸짓과 베일에 싸인 사생활을 어찌 알 수 있을지 애태우며 고민도 늘어갔다. 아마추어가 곤충 전문가를 만나는 일은 쉽지 않았고, 도감이나 책도 귀했다. 하는 수 없이 일본의 서점에서 일본곤충도감 여러 권을 주문해 공부했지만 궁금증은 해소되지 않았다. 아니, 곤충이 너무 어려웠다. 그놈이 그놈 같고, 이놈이 이놈 같아 도감을 보면 멀미가 난 적이 한두 번이 아니다. 가장 절실히 알고 싶었던 것은 곤충의 이름이었다. 소중한 생명을 지닌 녀석들에게 정확한 이름을 불러주고 싶었다. 그러나 안타깝게도 그건 아마추어인 내가 노력한다고 되는 건 아니었다. 그런 시간 속에서 로버트 프로스트의 시 〈가지 않은 길〉의 구절이 자주 떠올랐다.

훗날에 훗날에 나는 어디선가
한숨을 쉬며 이야기할 것입니다.
숲속에 두 갈래 길이 있었다고,
나는 사람이 적게 간 길을 택했다고,
그리고 그것 때문에 모든 것이 달라졌다고.

이참에 내가 곤충 공부를 해볼까? 그러기엔 걸리는 게 많았는데, 특히 두 아들이 걸려 무척이나 망설였다. 초등학교 시절 곤충학자가 꿈이었던 아들들은 훌쩍 커서 일생일대의 중요한 시기에 접어들었다. 큰아들은 대학 입시를 앞둔 고등학생이었고, 작은아들은 중학교에 들어갈 준비를 하고 있었다. 아이들은 빡빡한 학교생활에 적응하느라 정신이 없는데, 아이들 뒷바라지를 포기하고 나만의 꿈을 좇는다는 건 아무리 생각해도 무리였다. 더구나 내 나이 마흔이었다. 자식 같은 학생들 틈에서 낯선 분야의 공부를 해낼 수 있을까? 뼛속까지 문과 기질인 내가 과를 바꿔 생물학과 대학원에 진학하면 그 공부를 해낼 수 있을까? 사춘기에 접어든 아이들은 어쩌고? 복잡한 질문들이 꼬리에 꼬리를 물었다. 아무리 생각해도 불가능했다. 가족과 지인들도 두 아들의 대학 입시가 끝난 후에 고민해보라고 조언했다. 하지만 두 아들은 자신들이 못다 한 곤충 공부를 해보라고 적극 응원했다.

운명이란 것은 분명히 존재했다. 현실적으론 실현 불가능한데도 마음 한구석에서는 곤충 공부에 대한 열망이 점점 끓어올랐다. 마치 운명이 나를 인도하는 것 같았다. 오랜 고민 끝에 마침내 생물학과 대학원 진학을 결정했다. 굉장히 험난하지만 행복한 길인 곤충과 인연을 맺어 여생을 같이하기로 했다. 대학원 진학을 결정한 후, 나는 마치 무병에 걸린 사람처럼 열흘 동안 물 이외에 아무것도 먹지 못하고 잠도 잘 수가 없었다. 기쁨 반 두려움 반이 나를 옥죄었기 때문이다. 나의 길을 선택했다는 기쁨이 컸지만, 한편으로 낯선 학문에 대한 두려움과 사춘기에 접어든 두 아들에 대한 염려가 밤낮을 지배했다.

이 책은 길을 선택한 이후의 이야기다. 내 이야기인 동시에 곤충의 이야기다. 나는 곤충학자로 불리지만, 사실 '벌레박사'가 익숙하다. 지인들이 나를 그렇게 부르고, 연구하는 곤충들도 주로 딱정벌레, 버섯벌레 등 '벌레'로 불려서다. '벌레'와 '곤충'은 같은 말일까 다른 말일까. '벌레'는 다리가 많거나 다리가 없는 몸으로 꿈틀꿈틀 기어가는 동물을 일컫는데, '곤충'은 벌레 중에서도 다리 여섯 개, 더듬이 두 개, 날개 네 장이 달려 있는 동물을 가리킨다. 곤충이 벌레의 부분집합인 셈이다. 그런데 사람들이 '벌레'라고 할 때는 징그럽다는 뉘앙스도 숨어 있는 것 같다. 물론 내게는 벌레가 그렇게 느껴지지 않지만, 그것이 벌레가 예쁘거나 감동적이라는 뜻도 아니다. 벌레는 내 곁에 늘 공기처럼 머무르고 있어서 호불호 자체가 없다. 내게 벌레를 사랑하는 기분은 그런 기분인 것 같다.

차례

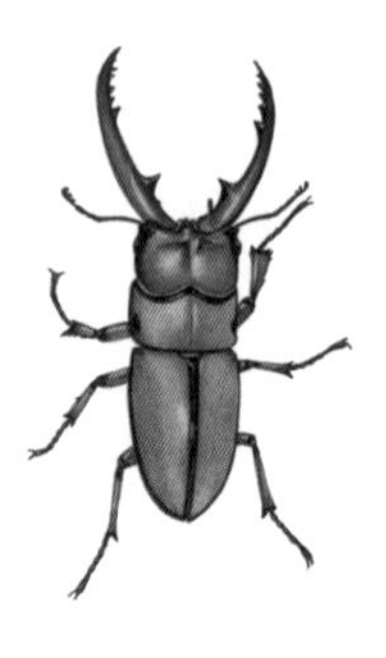

Chapter 2

파브르의 기쁨과 슬픔

Chapter 3

벌레를 사랑하는 기분

Chapter 1

알면 돌아갈 수 없다

남편을 잘 뒀군요

뜨거운 여름날 경사진 언덕길을 걸어 오르니 땀범벅이다. 캠퍼스가 크진 않지만, 초행길이라서 이학관 건물을 찾느라 두 눈이 분주하다. 오래되고 낡은 복도 중간에 학과 사무실이 있다. 조교의 안내를 받으며 잠시 대기실 의자에 앉아 땀을 식힌다. 가을학기 대학원생 면접이 있는 날인데, 지원자가 나 하나뿐이라 학과 사무실이 조용하다. 15년 만의 공식적인 외출이라 감개무량하다. 누구 아내, 누구누구 엄마 계급장 떼고 나 본연의 모습으로 당당하게 서는 순간이다. 떨리기도 하고 설레기도 하다.

조교가 면접실로 안내한다. 들어가보니 연세 지긋한 교수님(심사위원) 다섯 분이 나란히 앉아 일제히 나를 바라본다. 숨이 멎을 것 같다. 한 교수님께서 질문을 한다.

"만학도군요. 몇 살이에요?"

"마흔입니다."

"결혼은 했나요?"

"네."

"자녀는 있나요?"

"예."

"학교에 다닐 텐데, 초등학생인가요?"

"큰아들은 고1이고, 작은아들은 초등학교 6학년입니다."

"생물학과는 특성상 실험이 많아 풀타임으로 온종일 실험실에 살아야 하는데, 가능하겠어요? 아이들에게 손 많이 갈 시기인데 대학원 과정을 제대로 수행할 수 있겠어요?"

"……"

할 말이 없다. 대학원 진학을 결정하는 과정에서 가장 맘이 쓰였던 부분은 아이들 문제라 아이들 얘기만 나오면 죄인 모드로 변하기 때문이다. 이번엔 여자 교수님께서 질문하는데, 예상치 못한 질문들이 연거푸 이어진다.

"경제적으로 여유가 있나요?"

"글쎄요, 매우 부유하지는 않지만 대학원 공부하는 데 지장은 없습니다."

"남편을 잘 뒀군요. 학비 걱정 없이 대학원 공부를 할 수 있는 걸 보니."

"……"

대개 장학금 혜택은 젊은 대학원생에게 갈 확률이 큰 데다, 곤충 분류 작업에는 경비가 많이 든다. 분류의 기본은 채집인데, 방방곡곡을 다니려면 출장비가 많이 들고, 문헌과 자료 구입비도 만만치 않기 때문에 나온 질문인 것 같았다. 나의 현재 상황이 미덥지 않아서인지 사적인 질문은 계속되었다.

"학부 졸업한 지 한참 되는데, 15년 넘는 공백기를 극복할 수 있겠어요?"

"뜻이 있으니 분명 길이 있을 거라 생각합니다. 학업에 대한 열정은 하늘의 별도 따올 수 있을 정도로 높습니다."

"문과 출신이 늦은 나이에 이과 분야를 공부하는 건 간단치 않아요. 혹시 고급 취미생활 차원에서 대학원에 진학하는 건 아닌가요?"

"아, 그건 아닙니다. 곤충을 알고 싶을 뿐입니다. 대학원에서 고급 취미생활을 할 정도로 한가한 사람이 아닙니다. 저도 충분히 고민하고 진학을 결정했습니다. 곤충 연구가 잘 되어 있다면 굳이 제가 대학원에 진학하지 않지요. 우리나라 곤충에 대한 연구 자료가 부족하니 곤충에 대한 궁금증이 해소되지 않습니다. 지금 가는 곳마다 개발로 자연이 다 파헤쳐지고 있는데, 우리 땅의 곤충이 더 사라지기 전에 곤충을 공부하고 싶습니다. 독학이 가능한 게 있고, 불가능한 게 있습니다. 곤충 분야는 독학이 불가능한 것 같습니다, 적어도 나에겐요. 나와 다른 생명체를 모르고 죽는 건 너무도 안타까운 일인 것 같습니다."

훅 들어오는 질문에 적잖이 당황해 식은땀이 배어나온다. 예상치 못한 돌직구성의 사적 질문이 쏟아지니 당황스럽다. 역시 현실의 벽은 두터웠다. 남편을 잘 뒀다는 말도 모자라 학문에의 입문이 고급 취미생활 정도로 폄하되는 것 같아 속이 부글부글 끓어올랐다. 배타적인 현실의 벽 앞에서 자존심은 있는 대로 상해 이미 내 속은 너덜너덜해졌다.

그렇다. 누가 봐도 예사로운 선택은 아니다. 기억력이 청년 시절만 못해 뒤돌아서면 새로 입력된 지식을 잊어버리는 마흔 살 아니던가. 대학을 졸업하면서 학업의 손을 놓은 지 15년 이상 되지 않았는가. '꺾어지는 나이'에 한 번도 가보지 않은 분야의 학문에 입문하는 것은 지나가는 소가 웃을 일이다. 그 교수님 말처럼 취미생활이 아닌 학문의 목표치에 도달하기 위해 얼마나 피나는 노력을 해야 하는지 가늠이 안 간다. 40대의 문과 출신이 생물학, 그것도 어려운 곤충분류학을 한다고 도전했으니 대학원 면접은 학업 수행이 가능한지 여부를 검증하는 인증 과정으로 변해버렸다.

언제까지 신상 털기만 계속되는 것일까? 전문적인 소양에 관련된 질문은 언제 나오는 걸까? 불편한 마음이 가득한데, 훗날 내 지도교수이자 은사가 되실 교수님이 본격적인 질문을 한다. 지도교수답게 학업을 수행할 능력이 있는지 가늠하는 현실적인 질문이 이어진다.

"대학원 진학의 목적이 학위인가요? 그렇다면 학위 취득 후 스스로 앞가림을 해야 합니다."

퇴임이 몇 년 남지 않은 은사님의 고민이 느껴지는 질문이었다. 당시만 해도 순수과학 연구자들은 다른 분야에 비해 취업 선택의 폭이 좁았다. 진학을 할지 말지 고민하는 처지라 앞날에 대한 생각은 아예 없어 당황했지만, 평소의 소신을 말했다.

"제게 지금 필요한 것은 학위가 아니라 곤충에 대한 궁금증 해소입니다. 솔직히 학위에 대한 관심은 그리 많지 않습니다. 이 나이에 석·박사 학위가 내 인생에서 그리 중요한 것 같지 않습니다. 그저 곤충을 공부하고 싶을 뿐입니다. 연구에 몰입하다 보면 값진 결과물이 나올 거라 생각합니다."

실제로 그랬다. 마흔에 학업을 시작하면 빨라야 마흔 중반에 학위를 받을 텐데, 인생의 반환점을 찍은 이 시점에 하고 싶은 공부를 하면 그만이지 학위가 무슨 소용일까? 남은 생을 곤충 세계에 빠져 사는 게 나쁜 일은 아니지 않은가! 면접의 긴 프롤로그는 이것으로 끝났고, 곤충 분류에 대한 본격적인 질문이 시작되었다.

"종에 대해 설명해보세요."

"종이란 대개 형태적으로나 유전적으로 비슷한 특징을 공유한 무리입니다. 생김새가 비슷하면 같은 종이고, 다르면 다른 종입니다. 종들은 제각각 고유한 형태적인 특징을 가지고 있어 서로 명확하게 구분됩니다. 또 종은 실제로 또는 잠재적으로 상호교배가 가능한 자연집단입니다. 이 집단은 다른 무리와 생식적으로 격리되어 있고, 즉 다른 무리와는 교미할 수 없고, 같은 무리끼리 교배를 통해 대를 이어갑니다. 한마디로, 짝짓기가 가능하면 같은 종이고, 짝짓기가 가능하지 않으면 다른 종입니다."

너무도 빤한 대답이어서인지 지도교수의 표정이 무덤덤하다. 다음으로 곤충학에 대한 가장 기본적인 질문이 이어진다.

"곤충을 정의하고, 곤충의 조상을 설명해보세요."

"곤충은 크게 보면 몸이 여러 마디로 구성되어 있으며, 부속지를 지닌 절지동물에 들어갑니다. 절지동물에는 갑각류, 지네류, 노래기류, 거미류, 곤충류가 포함되어 있습니다. 그중 곤충의 몸은 머리-가슴-배 세 마디로 이뤄졌습니다. 머리에는 더듬이가 2개 붙어 있고, 가슴에는 다리 6개와 날개 4장이 붙어 있습니다. 원래 곤충의 조상은 지렁이 같은 환형동물이었는데, 이들의 몸을 이루는 많은 체절(마디)들이 진화 과정을 통해 기능에 따라 융합되고, 융합된 체절들은 다시 분절화되는 과정을 거치며 지금의 곤충 모습으로 진화해왔습니다."

빤한 대답이지만 지도교수는 진지하게 경청했다. 그것 말고도 종의 분화와 변이현상에 대한 질문들이 이어졌다. 무사히 면접을 마치고 집으로 돌아가는 길이 참 멀게 느껴졌다.

그날 밤 잠을 설쳤다. 질문 하나 하나를 곱씹고 되새기느라. 불쾌하기도 하고, 자존심이 상하기도 하고, 학문은 특정인의 전유물처럼 느껴져 허탈감이 들기도 했다. 학문의 세계는 그들만의 세상인 것처럼 느껴졌다. 일종의 특권의식이랄까. 일반인에 대한 학계의 배타성은 익히 들어오던 터라 그리 놀랄 일은 아니었지만, 그 경험을 내가 직접 하고 나니 기분이 몹시 언짢았다. 그래서 대학원 진학에 회의가 생겼다. 경력 단절 여성에 대한 편견과, 이과에 도전하는 문과생에 대한 편견, 나이에 대한 편견이 나를 매우 실망시켰다.

'그래, 대학원 진학은 포기하자. 큰아들이 대학 입시를 앞두고 있으니 아들 뒷바라지에 집중하자. 곤충은 면접관 교수 말대로 고급 취미생활 차원에서 마음 가는 대로, 내 식으로 독학하면 돼. 내가 제일 잘할 수 있는 건 공부잖아. 대학원에 진학해서 공부하든, 나 홀로 집에서 독학하든 곤충과 소통만 하면 되잖아. 대학원 진학이 그리 대단한 건 아니잖아. 학위가 내 인생에서 그리 대단한 건 아니잖아. 학위가 없어도 곤충들과 잘 놀고 있잖아.'

그렇게 대학원 진학을 포기하니 일 년여 동안의 갈등이 마무리되었다. 마음 한구석에 미련은 남았지만 무거운 심리적 짐을 벗고 나니 홀가분했다.

문과 출신이 살아남는 법

면접을 마친 후 몇 주가 지났다. 9월이 코앞이지만 더위는 물러갈 줄을 모른다. 한가한 오후, 한 통의 전화가 왔다. 한국 메뚜기 대부, 김태우 박사(당시에는 박사과정)이다. 내게 대학원 진학을 조언해주고, 은사님을 소개해준 고마운 분이다. 또한 학업 기간 내내 분류에 대해 많은 조언을 해준 나이 어린 선배이기도 하다. 소소한 안부를 주고받은 뒤, 대학원 등록을 아직 안 했냐고 묻는다. 9월 학기가 시작하기 전에 등록을 마쳐야 학사 일정을 소화할 수 있으니 서두르라고 한다. 그리고 은사님이 찾으신다고 전한다. 헐! 면접 뒤 합격 여부에 관한 별다른 언질이 없었고, 나 또한 제도권에 대한 실망감으로 진학을 포기했는데 이건 무슨 상황이지? 교학과에서 이미 합격 통지서와 등록금 고지서를 우편으로 보냈다고 한다. 후다닥 아파트 현관으로 내려가 우편함을 열어보니 며칠 전에 도착한 등록금 고지서가 들어 있다.

다시 원점이다. 인생은 돌고 돈다지만 항상 시작과 끝은 같이 움직인다. 진학 포기로 일단락되었던 문제가 다시 쟁점으로 떠올랐다. 수강신청 등 학사 일정이 줄줄이 대기하고 있으니 머뭇거릴 시간이 그리 많지 않다. 그래, 초심으로 돌아가자. 까짓것 면접 과정에서 상했던 자존감은 잠시 잊자. 한 학기만이라도 해보자. 등록금을 내고 수강신청까지 속전속결이었다.

첫 등굣날, 정식으로 입학 인사를 드리려 은사님을 찾아뵈었다. 안개처럼 뿌연 담배 연기 너머로 새하얀 머리의 노교수가 컴퓨터 앞에서 《파브르 곤충기》 프랑스 원전의 번역 작업에 몰두하고 있다. 방에 진하게 배어 있는 쿰쿰한 담배 냄새로 보아 애연가라기보단 골초에 가까운 것 같았다. 소파에 앉아 기다리니, 번역 작업을 멈추고 소파에 옮겨 앉는다. 간단한 안부 인사가 오가고 난 뒤 일어서려 하는데, 진지한 표정으로 묵직한 조언을 한다.

"미국의 어느 법학자가 있었어요. 그는 정년 후에 본인의 평생 직업을 버리고 하고 싶은 일을 했어요. 그 하고 싶은 일이 뭐냐 하면 곤충 연구에요. 쉬지 않고 열심히 연구한 덕에 여든 살 넘어 곤충 전문가가 되었어요. 그 법학자에 비해 엄청나게 빨리 시작하는 거니 용기를 가지세요."

9월. 내겐 첫 학기인 가을학기가 시작되었다. 학부를 졸업한 지 17년 만에 마주한 강의실과 딸 같은 학생들이 낯설다. 처음 마주한 실험실의 풍경도 설익다. 성신여자대학교의 생물학과는 발생학, 분자생물학, 동물분류학, 식물분류학, 유전학 등 총 다섯 개 분야로 구성되어 있다. 비교적 규모가 작은 종합대학교이지만 생물학과가 갖춰야 할 기본적인 분야를 골고루 갖추었다.

특히 분류학은 생물학의 꽃이자 근간인 정통 순수과학 분야인데, 다른 분야에 비해 취업이 잘 안 되는 편이라 학생들에게 그리 인기가 많지 않다. 속된 말로 '배고픈 학문' 분야라 학부생들이 대학원에 진학할 때 선뜻 선택하길 꺼려한다. 그럼에도 성신여대의 동물과 식물의 분류학 분야는 실력이 출중한 교수가 포진하고 있어 유명세를 탔다. 동물분류는 나의 은사이자 우리나라 1세대 곤충학자이며 딱정벌레목 연구의 거목인 김진일 교수, 식물분류 역시 우리나라 식물분류 1세대이며 사초과 식물의 대가인 오용자 교수가 포진하고 있었다. 유전학도 자타가 공인하고 대외적으로 학문 발전에 영향을 미친 실력파 박경숙 교수가 탄탄하게 지키고 있었다. 지금 그분들은 모두 퇴임했고, 나의 은사이신 김진일 교수는 고인이 되었다.

◆◆◆

지구에는 약 150만 종의 동물이 살고 있다. 그중 곤충의 수는 약 100만 종으로 전 세계 동물의 3분의 2나 차지한다. 그러나 이 숫자는 어디까지나 정식으로 기록된 종수일 뿐이고, 아직 이름 없는 종들과 발견되지 않은 종들도 많다. 연구자들에 따라 견해가 다르지만, 많은 학자들은 이미 알려진 100만 종보다 2~5배 더 많을 것으로 추정한다. 딱정벌레 분류학자 테리 어윈Terry Erwin은 3000만 종 이상일 것이라고 주장했다. 2019년의 기록에 따르면 한국의 곤충 수는 약 1만 8000종이다. 종수뿐만 아니라 개체수도 굉장히 많다. 어떤 연구자들은 한 사람당 곤충 2억 마리가 지구에 존재한다고 추산할 정도이니, 곤충의 개체수는 상상 불가다.

이렇게 곤충이 너무 많다 보니 종을 일일이 인식하기는 어렵다. 실제로 100만 종의 특징을 모두 아는 것은 불가능하다. 그래서 곤충을 비롯한 지구의 생물을 효과적으로 인지할 수 있도록 '분류학'이라는 학문이 생겼다. 분류학의 핵심은 지구에 사는 종을 알아내거나, 새로운 종을 찾아내 이름을 붙여준 뒤 '계-문-강-목-과-속-종'의 분류 체계에 맞춰 계통과 족보를 정리하는 것이다. 따라서 분류학은 생물학의 중요한 기초 분야다. 물론 분류학 외에도 생태학, 행동학, 발생학, 분자생물학 등 여러 분야가 있긴 하지만, 가장 내 관심을 끄는 분야는 분류학이었다. 우선 곤충들의 이름과 한살이 과정이 몹시 궁금했고, 어떤 식으로 척박한 지구 환경에 적응해 지금까지 살아 있는지 알고 싶었다. 생태학에도 잠시 끌렸지만, 워낙 수학 과목을 싫어하는 데다 통계 처리를 많이 해야 하는 분야라서 접었다.

막상 학기가 시작되니 할 일이 태산이었다. 우선 석사과정을 마치려면 정해진 학점을 이수해야 한다. 한 학기에 두 과목을 수강하면 되는데, 나는 문과 출신이라서 '선수과목'을 이수해야 졸업할 수 있다. 선수과목은 문과생이 이과 분야의 대학원으로 진학할 때, 또는 이과 출신이 문과 분야로 진학할 때 공부해야 하는 필수 과목이자 기초 과목이다. 해당 분야를 공부하기 위한 기본 소양과 지식을 함양하는 과목이라서 학부에 개설되어 있다. 말하자면 선수과목은 대학생들이 듣는 전공필수 과목이다.

우리 학교 생물학과의 전공필수 과목(선수과목)은 동물분류학, 식물분류학, 분자생물학, 발생학, 유전학, 생태학 등이었는데, 이 가운데 3학점짜리 과목 네 개를 수강해서 졸업 전까지 총 12학점을 이수해야 했다. 문과 출신이라서 따야 할 학점이 많은 것이다. 학점 따는 데 드는 시간이 너무 부담스러웠다. 학점 따는 것 이외에도 학위논문(졸업논문)을 써야 공식적으로 석사 학위를 받을 수 있기 때문이다. 말 그대로 산 너머 산이다. 곤충분류학 분야에서 논문을 준비하려면 곤충을 채집하고 표본을 많이 확보해야 하니 시간 품과 발품이 엄청나게 든다.

일단 첫 학기에 대학원에서는 곤충분류학과 관련된 과목 두 개, 학부에서는 동물분류학과 분자생물학을 수강했다. 학부 선수과목은 갓 대학에 입학한 아들 또래의 새내기 학생들 틈에 끼어서 들었다. 당연히 나는 화제의 인물이다 보니 강의 내내 일거수일투족이 관심 대상이다. 학생들은 엄마뻘 되는 나를 신기한 듯 힐끗힐끗 쳐다보기 일쑤다. 담당 교수가 나와 비슷한 또래인 점도 신경이 많이 쓰인다. 50여 명이 함께 듣는 강의라서 개개인이 따로 준비할 건 없고, 학습한 내용을 열심히 공부해 중간고사와 기말고사에서 좋은 학점을 따면 된다. 과학 분야다 보니 교재는 400쪽 넘는 영어 원서였는데, 글씨도 작아 한 쪽을 읽으려면 몇 십 분이 걸렸다. 그래도 학부에서 선수과목 강의를 듣는 것이 대학원에서 강의 듣는 것보다 수월했다.

대학원 수업은 세분화된 분야라서 보통 서너 명이 수강을 한다. 가끔 수강생이 나 혼자일 때도 있다. 대학원생의 첫 번째 덕목은 능동적이고 창의적인 연구 자세이다. 그러다 보니 수업 활동에 직접 참여하는데, 가장 흔한 방법은 수업 자료를 직접 준비하는 것이다. 자료 준비의 꽃은 번역이다. 교재가 원서라서 번역이 마무리되어야 여러 형태로 가공해 수업 자료를 만들 수 있기 때문이다. 대개 강의는 세미나 형식으로 진행되는데, 학기 초에 선택한 교재 한 권을 인원별로 나누어 각각 맡은 분량을 번역하거나, 이를 알기 쉽게 피피티 자료로 만들어 발표하기도 한다. 발표가 끝나면 담당 교수와 대학원생들의 질문과 응답이 오가고, 주제에 대한 열띤 토론이 진행된다.

그래서 석사 한 학기 동안은 강의 준비로 스트레스를 엄청 받았고, 굉장히 고생했다. 원문 번역에는 문제가 없었다. 학부 시절에 영어를 전공한 덕에 20년 만에 들여다보는 영어 원문이 낯설진 않았다. 비유법 많은 영문학 작품보다 되레 생명현상이나 사물의 인과관계를 명확하게 서술한 과학 원서의 번역이 수월했다. 다만 같은 단어라 하더라도 분류학 분야에서는 의미와 용도가 좀 다르게 쓰일 뿐이다.

그런데 난감하게도 내 컴퓨터 작업 속도가 느렸다. 일주일에 두 과목의 수업 자료를 준비하려면 한글 워드 작업이 꼭 필요한데, 자판을 치는 속도가 느려 애로가 많았다. 독수리 타법으로 방대한 원문 자료를 번역해 옮긴다는 건 시간상 불가능했다. 그래서 동시 진행을 포기하고, 번역한 내용을 공책에 손 글씨로 쓴 후 다시 컴퓨터로 옮겼다. 그러다 보니 수업 자료를 만드는 데 남들보다 두 배 이상 시간 품을 팔아야 했다. 마치 구석기시대 사람이 된 것 같아 위축되기도 하고 서글프기도 했다. 하는 수 없다. 이가 없으면 잇몸으로 살 수밖에. 자료를 준비하는 날엔 밤을 꼬박 새웠다. 몇 주 동안 원시적인 방법을 반복하다 보니 다행히 워드 작업의 속도가 빨라져 비로소 컴퓨터에서의 직독직해 작업을 원활하게 할 수 있었다. 인간은 다른 동물에 비해 뇌 용량이 엄청 커서 단순한 반복훈련의 성과가 이처럼 창대하다.

◆ ◆ ◆

곤충분류학을 연구하려면 분자생물학, 유전학, 개체생태학, 군집생태학, 계통분류학, 통계학, 생물지리학 등 공부해야 할 분야가 많다. 하지만 분류학 분야는 인기가 없기 때문에 대학원생이 적어서, 필요로 하는 과목의 강좌가 개설되어도 수강생이 나 혼자일 때가 종종 있다. 교수와 일대일 수업이다. 혼자서 세미나를 해야 하니 원서 한 권을 전부 번역해 발표 자료를 만들어야 한다. 담당 교수는 외부에서 초빙하는데, 대개 나보다 어리다. 한 교수는 1주차 강의 시간에 수강생이 나 혼자인 걸 알고 살짝 당황했다. 교수와 단 한 명의 학생이 마주 앉아 세 시간의 강의를 소화하는 건 쉬운 일이 아니다. 그 교수는 마흔 살 넘은 나를 과소평가해 강의 준비를 제대로 못하리라 생각했을 것이다. 어색한 1주차 강의 후 나는 후배 남학생들에게 청강 협조를 요청했다.

"너희들한테도 꼭 필요한 과목이니 청강하면 안 될까? 수업 준비는 다 내가 할 테니, 강의 시간에 맞춰 들어오기만 하면 돼. 같이 공부하면 어떨까?"

청강 요청에 선뜻 동의해준 두 후배에게 얼마나 고마웠는지 모른다. 16차로 계획된 강의 중 2주차 강의까지 무사히 마쳤지만, 그 후에 웃지 못할 일이 벌어졌다. 나는 매주 밤새워가며 발표 자료를 만들었는데, 3주차 이후의 강의는 더 이상 이뤄지지 않았다. 담당 교수는 늘 강의 시간 직전에 전화를 걸어온다. 하루 전도 아니고 이틀 전도 아닌 강의 시간 직전에 말이다.

"제가 오늘 곤충 채집하러 왔는데, 차가 밀려 강의 시간에 도착하지 못할 것 같아요. 죄송합니다. 다음에 보강할게요."

"곤충 조사차 지방에 출장 왔어요. 오늘 강의는 쉬어야 할 것 같습니다. 다음에 보강하겠습니다."

"감사가 있어서 오늘 강의도 쉬어야겠습니다."

"몸이 안 좋아 오늘 강의를 쉬어야겠습니다."

그렇게 강의는 매주 늘 쉬었고, 단 한 번의 보강도 없었다. 학사 일정을 마무리할 즈음에는 성적을 정상적으로 입력했다고 마지막 전화가 왔다. 강의를 받지 못했고, 강의를 받지 않았으니 평가도 못 받았는데 무슨 근거로 학점을 매긴단 말인가! 분노감이 치밀었지만, 다 내가 나이 많아서 일어난 일이라고 생각했다. 그 뒤로 곤충학계에 몸담으면서 나이는 트라우마로 작용해 나이 얘기만 나오면 위축되곤 했다. 그래도 수확은 있었다. 강의가 정상적으로 진행되지 않아 담당 교수로부터 얻은 건 없지만, 책 한 권을 번역해 발표 자료를 만들면서 그 과목을 제대로 공부했으니 말이다.

생각만으로 얼굴이 화끈해지는 기억도 있다. 분자생물학 강의를 들을 때 일이다. 담당 교수는 내 또래였는데, 유능하다고 소문이 자자해 수강신청자가 예닐곱 명 정도로 많았다. 생물학과의 어느 교수님도 분자생물학의 새로운 흐름을 알고 싶다며 매 강의마다 청강을 했다. 문제는 강의 시간이었다. 오후 1시부터 4시까지 세 시간 동안 내리 진행되었기 때문이다. 나는 만성위염을 앓고 있는 데다 식곤증까지 있어 점심식사 후 일이십 분 정도 짧은 잠을 자는 습관이 있다. 실험실에서 졸거나 엎드려 자는 게 불편해 차 안에서 주로 눈을 붙인다. 늘 잠이 부족한 나에게 일이십 분의 오수는 꿀맛처럼 달콤하고 피로를 날려준다. 그런데 강의가 점심 먹은 직후부터 시작되니 졸음과의 전쟁이 벌어진다. 다른 학생들과 담당 교수가 쳐다보고 있는데도 졸음은 짙은 안개가 땅에 내려앉듯 내 몸을 뒤덮는다. 허벅지를 꼬집었지만 그때뿐, 창피해 죽는 줄 알았다. 무슨 짓을 해도 깨지 않던 졸음은 일정 시간이 지나면 거짓말처럼 사라졌고 머릿속도 다시 맑아졌다. 그러고 보면 졸음은 신성한 생리현상인 게 분명하다.

집과 실험실의 거리

실험실 문을 열면 특유의 크레졸 냄새와 알코올 냄새가 코를 찌른다. 실험실 옆에 곤충표본실이 딸려 있기 때문이다. 곤충표본실은 분류학 연구의 꽃이기 때문에 수시렁이가 갉아먹는 등 최악의 피해를 입지 않도록 각 표본상자에 소독약품인 크레졸을 넣어놓는다. 이 냄새를 나는 표본실 냄새라고 부른다. 출입문을 제외한 사방에 표본장이 놓여 있는 표본실에는 그동안 실험실을 거쳐간 선배 분류학자들의 표본들뿐 아니라, 연구를 진행 중인 대학원생들의 소중한 표본들이 표본상자 속에 보관되어 있다. 이 표본실 냄새가 얼마나 지독한지, 집으로 돌아가면 옷에, 머리카락에, 몸에 표본실 특유의 냄새가 배어 있어 멀미가 날 때가 많다.

내가 속해 있는 실험실의 이름은 '동물분류실'이다. 다른 실험실 사람들은 '동물방'이라고 불렀다. 동물분류실은 지도교수실, 실험실, 곤충표본실 등 세 개의 방으로 구성되어 있고, 그중 내가 생활한 실험실은 맨 가운데에 위치해 있다. 대학원생들은 실험실에서 생활하는데, 문 하나를 두고 지도교수실이 바짝 붙어 있어 일거수일투족이 교수님 손바닥 안에 있다. 교수실의 문은 따로 있지만 교수님은 꼭 실험실 문을 통해 출입한다. 제자들을 관리·감독하는 지도교수의 특이한 행동이라, 하루에도 몇 번씩 제자들은 긴장을 늦추지 못했다.

실험실의 중앙에는 기다란 실험용 테이블이 있고, 그 위에는 해부현미경, 광학현미경, 바이알, 페트리 디쉬 등 실험기기들이 놓여 있다. 실험대 맞은편 양쪽 벽에는 석·박사과정을 밟고 있는 대학원생들의 책상이 쭈르륵 배열되어 있다. 각 책상 위에는 컴퓨터, 현미경, 문헌자료, 표본상자 등이 놓여 있어 분류학 연구실 티가 진하게 난다. 이 실험실에서 꼬박 5년을 지냈다. 오전 9시에 등교해서 저녁 7시 넘어 하교했다. 실험실 분위기는 대체로 화기애애했고, 나이 어린 선배들이 도와줬지만 처음에는 적응하는 데 시간이 걸렸다.

딱정벌레목 전문가인 지도교수의 영향으로 제자들은 대부분 딱정벌레목 연구를 했다. '딱정벌레'는 말 그대로 날개가 딱딱해서 붙여진 이름이다. 딱정벌레는 앞날개 2장, 뒷날개 2장으로 모두 4장의 날개를 가지고 있는데, 앞날개는 매우 딱딱해 '딱지날개'라고도 부른다. 딱정벌레는 딱지날개를 비롯한 몸의 피부가 매우 단단하다. 몸을 강력한 외골격이 감싸고 있기 때문이다. 외골격은 피부를 보호해줄 뿐만 아니라 뼈 구조를 유지해주며 운동 기능도 있다. 외골격의 주성분은 키틴chitin과 단백질이다. 다당류의 하나인 키틴은 외골격을 튼튼하면서도 탄력성 있게 만들어주는데, 가장 바깥층 각피를 '큐티클'이라고 한다. 이 외골격 물질은 양잿물에 끓여도, 산성 물질에 담가놔도 녹지 않을 정도로 질기다.

딱정벌레는 이렇듯 단단한 피부 덕분에 나무껍질 아래, 모래 속, 흙 속, 식물 위 등 사는 곳을 다양하게 넓혀나갔다. 그래서 딱정벌레목의 수는 약 38만 종(35만 종으로 추산하는 학자도 있다)이나 되며, 곤충의 40퍼센트를 차지한다. 이는 지금까지 지구에 알려진 생물 종의 5분의 1이 넘고, 동물 종의 4분의 1을 차지할 정도로 딱정벌레목의 종 다양성은 매우 높다.

딱정벌레목 연구자들이 많은 덕분에 실험실에는 풍뎅이상과, 풍뎅이붙이과, 거저리과 등 딱정벌레목 표본들이 보물처럼 모셔져 있다. 아마 딱정벌레목 곤충으로만 따지면 우리나라에서 가장 크고 다양한 표본을 소장한 보물창고일 것 같다. 실제로 표본장에 보관된 표본상자를 열어보면 풍뎅이나 거저리들이 즐비하다. 이러한 실험실 내력 덕분에 풍뎅이, 거저리, 여러 딱정벌레목과 메뚜기 표본은 원 없이 봤다.

동물분류실에는 특이하게도 남학생이 여럿 있다. 여자대학교에서 볼 수 없는 매우 이례적인 풍경이었다. 대외적으로도 잘 알려져 있어 곤충 마니아들 사이에 유명인사로 통하는 김태우 박사는 지도교수의 큰 신임을 받으며 실험실의 대들보 역할을 하고 있었다. 김태우 박사 말고도 남학생은 더 있었다. 그들은 하늘소붙이과, 비단벌레과, 병대벌레과, 방아벌레과, 수시렁이과를 각각 연구해 박사 학위를 받고 각 분야에서 연구를 하고 있다. 여자대학교임에도 불구하고 지도교수는 파격적으로 남자 대학원생을 받아들였다. 학교 또한 교수의 뜻을 받아들여 남녀노소 누구에게나 공부할 기회를 줬다. 칭찬할 만한 일이다. 나는 학부 시절의 모교도 여자대학교였는데, 당시에는 졸업 전에 결혼을 하면 퇴학해야 했고, 남자는 교문 출입을 허락받아야 했으며 대학원이라 해도 입학할 수 없는 등 제약이 많았다. 그래서 여학교에 남학생이 공부한다는 사실이 매우 신선했다.

검정풍뎅이를 연구하는 김아영 박사는 내가 졸업할 때까지 고락을 함께했던 선배로, 나보다 열다섯 살 어리다. 그의 발랄한 성격 덕분에 실험실 분위기가 늘 유쾌하고 밝았다. 그는 내가 입학했을 때 임신 중이었는데, 무거운 몸으로 풍뎅이 표본을 끌어안고 살았다. 학업에서 손 뗀 지 20년이 다 되어가는 내게 이수할 과목에 대해 조언해주었고, 나는 그와 함께 분류의 철학과 기본 지식, 분류의 세계적 흐름, 계통에 대한 의견 등을 토론하기도 했다. 또 야외 곤충 조사도 함께 다녔다. 첫째 출산과 육아, 둘째 임신과 출산을 하느라 휴학과 복학을 반복해 실험실 생활에 공백은 있었으나, 내가 졸업할 때까지 늘 붙어 지냈다.

◆◆◆

학교생활은 순조로웠지만 하루하루가 전투였다. 우선 네 과목의 수업을 소화해내는 데 시간적으로 벅찼다. 일주일 내내 수업에 매달려 지내다 보면 어느새 한 주가 끝나 있다. 이 강의실 저 강의실 다니며 수업을 들어야 했고, 세미나로 진행되는 대학원 수업은 발표 자료를 만들어야 하니 시간이 모자라 동동거렸다. 강의가 없는 날은 곤충표본실에 들어가 내 학위논문의 근간인 거저리 표본을 골라내고 수집해야 했다. 실험실 바로 옆에 딸린 곤충표본실은 정리가 잘 되어 있어 시간 품이 덜 들었지만, 5층의 곤충표본실(수장고)은 규모가 크고 정리가 덜된 표본상자들이 천장 높이까지 쌓여 있어 굉장한 시간과 노동을 투자해야 했다.

내가 대학원에 진학한 후 아이들의 일상은 하루아침에 바뀌었다. 내 딴에는 엄마의 빈자리를 느끼지 않게 하려고 무던히 애를 쓰느라 억척스럽게 살았다. 공부하랴 밥하랴 아이들 챙기랴 눈코 뜰 새 없었다. 전업주부 시절과 다름없이 새벽에 일어나 밥하고, 반찬 만들고, 하교 후 먹을 간식을 만들며 최대한 애를 썼지만, 하교 후의 일정은 챙기지 못해 아이들에게 미안했다. 하는 수 없이 방과 후 일정은 전화로 챙겼다. 리모컨으로 아들의 행동을 조정하는 것 같아 가슴이 아팠지만, 실험실에서 나갈 수 없으니 어쩔 수 없었다.

실험실 일과를 마치고 집으로 돌아오는 길은 멀었다. 집에서 학교까지의 거리는 15킬로미터밖에 되지 않았지만, 교통 정체가 심해 한 시간 이상 걸렸다. 피곤하니 운전할 때 졸음이 쏟아지기 일쑤였다. 졸음과 사투를 벌이고 집에 도착하면 강아지가 반갑게 맞이해주지만 할 일이 태산이다. 아이들은 학원에 가 있고, 남편은 직장에 있고, 강아지만 빈 집을 지키고 있었다. 강아지가 싸놓은 똥들이 집 여기저기에 널려 있고, 주방 설거지통엔 설거지감이 놓여 있고, 아이들이 벗어놓은 옷가지 등도 어지럽다. 집 안 정리를 하고, 가족들이 귀가하면 하루 일과가 마무리된다. 주말이 되면 산과 들로 곤충을 만나러 나간다. 아마추어 시절에는 부담감이 없어 아무 곤충이나 만나면 좋았는데, 제도권에 들어오니 연구에 필요한 곤충을 집중적으로 찾아다녀야 해서 걸음을 뗄 때마다 긴장을 한다. 그러니 체력도 쉽게 고갈된다.

그러는 사이 나는 학업에 더 골몰하면서 집안일에, 아이들 돌봄에 소홀해져갔다. 원더우먼이 아닌 이상 한 몸으로 여러 일을 다 잘할 수 없다는 걸 그때 깨달았다. 한 개의 몸으로 한 개의 일만 잘해도 성공적인 인생이란 걸 처음으로 체득했다. 새벽마다 만드는 반찬은 점점 마트나 반찬가게에서 사게 되었고, 따뜻한 밥은 김밥으로 대신했으며, 손수 만든 간식 대신 용돈이 그 자리를 채웠고, 아이들과 통화하는 일을 거르기도 했다. 아침에 아이들 얼굴을 잠깐 본 뒤, 밤늦게 학원에서 돌아오면 다시 잠깐 보는 게 일상이 되어

버렸다.

새로운 생활 모드에 가족들이 그런대로 적응하는 것 같았고, 나 또한 경력이 단절되고 자녀가 있어도 내 꿈을 충분히 펼칠 수 있구나 하며 안도했다. 하지만 그것도 잠시, 아슬아슬한 평화 모드는 시간이 갈수록 깨지기 시작했다. 다 컸으니 혼자 차려 먹을 수 있도록 밥을 해놓고, 학교 갈 시간만 체크해주면 될 줄 알았다. 사춘기에 들어선 아이들의 폭풍우가 태풍전야처럼 소리 없이 다가오고 있는 것을 까마득히 몰랐다. 앞으로 불어닥칠 일들이 줄줄이 기다리고 있었는데, 그 일을 온몸으로 감내해야 하는 나는 눈치도 못 챘다.

아이들과 나의 관계는 비례 법칙 관계였다. 내가 일에 전념하면 할수록 아이들은 보편적으로 말하는 정상 궤도에서 벗어나고 있었다. 평생을 엄마의 그늘 아래에서 살았던 아이들이 하루아침에 엄마의 간섭과 통제에서 벗어났으니 얼마나 당황스럽고 얼마나 자유스러웠을까? 자타가 공인하는 모범생이었던 큰아들이 점점 자유로운 영혼이 되어가고 있었다. 늦은 사춘기가 찾아오면서 성적도 점점 떨어지기 시작했는데, 불행히도 그런 변화를 눈치채지 못했다. 나는 여전히 '아이들이 알아서 공부도 잘 해주고, 내가 하고 싶은 일을 하고 있으니 나는 복도 많아'라고 생각했다. 큰아들이 공부를 멀리하고 사춘기 방황을 하는 동안 나는 실험실에서, 산과 들에서 곤충을 찾아 헤맸다. 몇 년 후 두 아들이 방황한 결과가 내 가슴을 얼마나 후벼 팔지, 내가 공부한 대가를 톡톡히 치를 줄 그때는 몰랐다.

복수초의 유혹

학점 따는 일은 강의를 듣고 시험을 치르면 해결되니 비교적 간단했지만, 학위논문을 쓰는 일은 간단치가 않다. 아직 연구되지 않은 분류군이나 주제를 선택해, 연구와 실험을 거쳐서 나온 결과를 논문으로 작성해야 하기 때문에 많은 시간과 노력이 든다. 실험 결과가 여의치 못하면 논문을 쓰는 데 몇 년이 걸릴 수도 있다.

어떤 곤충을 주제로 연구해야 할지 고민이 많았다. 원래 곤충에 입문하기 전에 식물 공부를 했기 때문에 특정 식물과 잎벌레(딱정벌레목 잎벌레과)의 관계를 연구하고 싶었다. 잎벌레는 식물의 잎을 먹는 초식성 곤충으로, 흥미롭게도 대부분의 종들은 좋아하는 먹이식물을 정해놓고 먹는 편식쟁이다. 이를테면 좀남색잎벌레는 소리쟁이 같은 마디풀과 식물만 먹고, 쑥잎벌레는 쑥 잎만 먹고, 오리나무잎벌레는 오리나무 잎만 먹고, 버들잎벌레는 버드나무 잎만 먹는 식이다. 여러 종의 식물들이 어지럽게 섞여 있어도 잎벌레들은 자신이 좋아하는 먹이식물의 냄새를 귀신처럼 잘 맡기 때문에 다른 식물을 먹을 확률이 거의 없다. 만일 다른 식물을 먹으면 그 식물의 독성을 소화시키지 못하거나 중독되어 죽을 수도 있는데, 그런 일은 거의 일어나지 않는다.

식물과 곤충의 관계는 '바늘과 실'에 비유된다. 누가 바늘이고 누가 실인지가 중요하진 않지만 바늘은 식물에, 실은 곤충에 해당될 것 같다. 곤충은 스스로 영양물질을 만들어내지 못해 식물을 먹어야 하므로, 식물만 있으면 어디든지 찾아갈 테니 말이다. 현재까지 지구상에 알려진 종만 따져보면 식물은 약 26만 종, 곤충은 약 100만 종을 차지한다. 식물이 처음 지구에 나타난 때는 약 4억 년 전인데, 수많은 세월을 거치며 진화를 거듭했고, 공룡이 뛰놀던 약 1억 4000만 년 전(백악기 중생대 말기)에 이르러 속씨식물(꽃피는 식물로, '현화식물'이라고도 한다)이 생겨났다. 그 이후 속씨식물은 오늘날까지 눈부시게 번성하고 있다.

한 발짝도 움직일 수 없는 식물들이 대를 이어 번식하기 위해선 자신의 유전자가 들어 있는 꽃가루를 누군가 옮겨줘야 한다. 그래서 영리한 식물들은 자신의 번식 사업에 중매쟁이들을 끌어들인다. 대표적인 중매쟁이는 바람, 곤충, 새이다. 바람이 꽃가루를 다른 꽃의 암술로 옮겨주는 식물은 '풍매화', 곤충이 꽃가루를 다른 꽃의 암술로 옮겨주는 식물은 '충매화', 새가 꽃가루를 다른 꽃의 암술로 옮겨주는 식물은 '조매화'이다. 물론 바람보다는 동물의 힘을 빌려서 꽃가루받이를 하는 게 훨씬 효과적이다. 속씨식물의 번성에는 동물이 많은 도움을 줬는데, 그중 최고의 공헌자는 중매곤충이다. 잠시 충매화를 들여다보자.

식물들은 저마다 다양한 색깔과 모양의 꽃을 피운다. 노란색 꽃, 분홍색 꽃, 주황색 꽃, 모자 닮은 멋진 덮개를 쓰고 있는 꽃, 꽃잎이 없는 꽃, 나팔같이 생긴 꽃, 종처럼 생긴 꽃, 달콤한 향기를 풍기는 꽃, 고약한 냄새를 풍기는 꽃, 수벌을 닮은 꽃 등 다양하다. 이러한 꽃은 식물의 생식기관으로, 꽃 한 송이에는 꽃잎과 번식에 필요한 수술과 암술이 들어 있다. 꽃을 찬찬히 들여다보면 대부분의 꽃잎에는 곤충을 유도하기 위한 여러 무늬의 꿀 안내판honey guide이 그려져 있고, 꽃잎 안쪽의 꿀 안내판이 끝나는 지점에서 여러 개의 수술을 발견할 수 있는데, 이 수술 자루의 끄트머리엔 꽃가루가 수백 개에서 수천 개도 넘게 붙어 있다. 수술들은 꽃 한가운데의 암술을 둘러싸고 있으며, 암술의 머리에는 끈끈하고 달콤한 물질이 붙어 있다. 그리고 꽃의 가장 깊은 곳에는 중매곤충의 관심을 끌기 위한 꽃꿀이 들어 있다. 이렇게 만들어진 꽃은 곤충들이 제일 좋아하는 밥이기도 하다.

식물의 입장에선 꽃을 만들려면 비용이 굉장히 많이 든다. 잎사귀가 부지런히 광합성을 해 저장해둔 영양분 중 많은 양을 꽃피우는 데 투자해야 하기 때문이다. 하지만 자신을 중매해줄 곤충을 불러들이려면 그런 것쯤은 감수해야 한다. 그리고 식물의 노력에 화답이라도 하듯이 많은 곤충들은 푸짐하게 차려진 꽃 밥상에 날아온다. 꿀벌, 나비류, 꽃등에류, 꽃하늘소류 등 다양한 곤충들이 화사하게 치장한 꽃을 들락거리며 꽃 식사를 한다. 식물이 많은 비용을 투자해 만든 꽃은 아이러니하게도 곤충에게는 생명을 유지시켜주는 고마운 식량이다. 특히 꽃가루와 꽃꿀에는 탄수화물뿐만 아니라 단백질, 지방, 비타민, 유기산 등 영양분이 많다.

곤충들의 주둥이 모양은 종마다 조금씩 다른데, 저마다 주둥이 생김새에 맞게 꽃 식사를 한다. 핥아먹는 주둥이를 가진 꽃등에는 꽃가루를 쓱쓱 핥아먹고, 빨대 주둥이가 있는 나비는 꽃꿀을 쭉쭉 빨아 마시며, 꿀벌은 꽃꿀을 마시면서 몸털에 꽃가루를 묻힌다. 침 같은 주둥이를 지닌 노린재는 꽃 속의 즙을 빨아먹고, 씹는 형의 주둥이인 검은다리실베짱이는 꽃잎을 씹어 먹는다. 곤충들이 이렇듯 꽃가루와 꽃꿀을 먹는 사이, 우연히도 그들 몸에는 꽃가루가 덕지덕지 묻는다. 그럴 때마다 꽃은 간절히 소망할 것이다. "어서어서 많이 묻혀 다른 꽃의 암술로 날아가 중매를 해주렴."

꽃의 간절함이 통했는지 꽃 식사를 한 곤충들이 다른 꽃으로 날아간다. 다른 꽃에 앉아 식사를 하는 동안 몸에 묻혀온 꽃가루가 우연히도 암술머리에 떨어진다. 드디어 꽃가루받이가 된 것이다. 이것으로 곤충은 중매쟁이 역할을 성공적으로 해냈다. 세상에 공짜는 없는 법이다. 곤충들은 꽃들의 중매를 섬으로써 밥값을 했으니까. 그런데 그들이 정말로 밥 먹은 대가를 치르려고 중매를 한 건 아니다. 곤충은 오로지 굶주린 배를 채우기 위해 꽃을 먹잇감으로 이용할 뿐이고, 식물은 오로지 대를 잇기 위해 곤충을 유혹할 꽃을 피울 뿐이다. 식물과 곤충의 생각이 달라도 한참 다르다. 동상이몽이지만, 곤충이 먹고살기 위해 이 꽃 저 꽃 찾아다니는 와중에 정말 우연히도 식물을 중매시키는 것이다. 그리고 아이러니하게도, 우연히 일어나는 중매가 식물의 번성과 멸망을 좌우한다.

냉정하게 보면 식물과 곤충의 관계는 서로 돕는 관계가 아니다. 각자 살길을 찾는 관계일 뿐이다. 그러다가 우연히 식물의 중매가 이뤄져 식물은 계속 대를 이어가고, 곤충 또한 계속 생존하며 대를 이어간다. 이렇게 꽃과 곤충의 세계는 '필연'과 '우연'의 두 축이 교묘하게 맞물려 '따로 또 같이' 돌아간다. 그 좋은 예로 이른 봄에 피는 복수초가 있다.

◆◆◆

복수초福壽草는 이름처럼 '복 많이 받고 오래 살라!'며 이른 봄에 얼음을 뚫고 피어난다. 찬바람을 이기며 하얀 눈 속에서 피어난 모습이 연꽃과 비슷하다 해서 '설련화', 눈과 얼음을 헤치고 피어난다 해서 '얼음새꽃', 음력 새해 설날을 맞이해 피어난다 해서 '원일화' 등 별명이 참 많다. 복수초 꽃은 꽃잎, 수술, 꽃가루, 암술 할 것 없이 온통 노란색이다. 꽃 모양은 마치 접시나 위성안테나 같다. 꽃잎들은 서로 포개져 있으며 꽃잎 안쪽에는 수술 수십 개가 소복이 모여 있고, 수많은 수술들 한가운데에 암술 하나가 오롯이 있다. 이른 봄이 되면 복수초는 지난해 광합성을 해서 뿌리에 저장한 영양분의 일부를 빼내 커다란 꽃을 피운다.

그런데 아무리 공들여 꽃을 피워도 중매곤충이 찾아오지 않으면 말짱 헛일이다. 날씨도 추운 이른 봄에 꽃을 피우니, 추위를 타는 변온성 곤충들을 불러 모으는 것은 모험일 수도 있다. 그래서 복수초 꽃은 곤충을 불러들이기 위해 내부를 난로처럼 따뜻하게 만든다. 무슨 수로 꽃 속의 온도를 올릴까? 햇빛을 이용하면 된다. 복수초 꽃은 햇빛이 비쳐야 꽃을 피우는데, 효율적으로 빛을 받으려고 해가 동쪽에서 떠올라 서쪽으로 질 때까지 하루 종일 해를 바라본다. 그래서 복수초의 꽃은 해의 방향을 따라 움직인다. 그리고 지혜롭게도 날이 흐리면 꽃잎을 열지 않고, 저녁에 해가 지면 꽃잎을 닫는다. 햇빛이 비치지 않는 날은 꽃을 피워도 꽃 안의 온도를 높일 수 없어 곤충이 찾아오지 않기 때문이다.

복수초 꽃은 꽃 자체가 오목거울이라고 생각하면 된다. 꽃잎이 포개져 암술과 수술을 에워싸고, 꽃의 한가운데가 둥그스름하게 들어가 있다. 이때 꽃잎들이 병풍처럼 겹겹이 늘어서서 태양열을 꽃 안에 모으고, 이렇게 모인 태양열을 오목하게 들어간 꽃 한가운데(수술과 암술이 있는 부분)로 다시 모은다. 그래서 꽃 안은 난로를 피운 것처럼 따뜻하다. 더구나 암술과 수술이 피어날 때 물질대사로 생기는 열까지 보태지면 꽃 안은 더욱 훈훈해진다. 꽃 안의 온도는 바깥의 온도보다 최소한 5~7도 정도 높아, 추위에 약한 변온성 곤충들에게 충분히 따뜻한 휴게실이 되어준다.

온도 말고도 복수초 꽃이 중매곤충의 관심을 끄는 또 다른 전략은 꽃의 색깔이다. 노란색은 곤충들이 좋아하는 색깔이다. 특히 꽃잎의 안쪽과 수술 주변은 자외선 색깔이다. 꽃잎 안쪽엔 자외선을 잘 흡수하는 칼콘chalcone(식물에 주로 들어 있는 색소인 플라보노이드 계열의 일종) 색소가 많고, 꽃잎 바깥쪽에는 자외선을 반사하는 카로티노이드carotenoid(동식물에 보편적으로 들어 있는 색소류) 계열의 색소가 많다. 사람들은 자외선을 볼 수 없지만 곤충들은 자외선을 굉장히 잘 본다. 그래서 사람 눈에는 복수초 꽃 전체가 완전히 노랗게 보이지만, 꿀벌 같은 곤충들 눈에는 꽃잎 안팎의 색이 다르게 보인다. 바깥쪽은 노랗게 보이는 반면, 안쪽은 자외선이 흡수되어 짙고 강렬한 색으로 보인다. 이 '자외선 색' 부분이 바로 꿀 안내판이고, 꿀 안내판 한가운데에는 생식기관인 수술과 암술이 있다.

곤충은 노란색과 자외선 색이 함께 섞여 있는 꿀 안내판을 따라 복수초 꽃 한가운데로 들어가는데, 다행히 한가운데는 태양열이 모여 참 따뜻하다. 곤충은 추위에 떨었던 몸을 데우며 꽃가루와 꽃꿀을 먹는다. 이때 우연히 곤충의 몸에 꽃가루가 묻는다. 쌀쌀한 봄날 따뜻한 꽃 안에 들어왔으니 오래 머물며 먹는데, 오래 머문 만큼 몸에 꽃가루도 많이 묻는다. 꽃 안이 따뜻하면, 복수초 꽃의 입장에서는 곤충을 오래도록 붙들어 꽃가루가 많이 묻도록 할 수 있으니 이득이다. 곤충의 입장에서는 이른 봄 드물게 피어나는 꽃에서 충분히 밥을 먹어야 하는데, 따뜻하기까지 하니 더 오래 머물 수 있고 또 배를 채울 수 있어 이득이다.

이 곤충은 다시 다른 꽃으로 날아가 식사를 하는데, 이때 몸에 묻혀온 꽃가루가 우연히 암술머리에 떨어져 꽃가루받이가 된다. 도깨비방망이처럼 생긴 복수초의 암술머리는 늘 끈적끈적한 물질로 촉촉하게 젖어 있어 중매곤충 몸에 묻은 다른 포기의 꽃가루가 잘 달라붙는다. 놀랍게도, 암술머리에 다른 포기의 꽃가루가 묻어 꽃가루받이가 되면 드디어 비스듬히 누워 있던 수술이 곧바로 일어나 암술을 에워싼 뒤 바깥쪽의 수술부터 꽃가루를 터뜨리기 시작한다. 자가수분을 방지하기 위해 '암술 먼저 수술 나중', 즉 암술이 먼저 성숙한 후 수술이 나중에 성숙한다.

복수초 꽃 앞에서 몇 시간을 기다려본다. 정오부터 오후 두세 시까지는 온도가 제법 올라가 꽃 안이 따뜻하다. 이때를 기다린 곤충들이 복수초 꽃에 날아오기 시작한다. 검정파리류 한 마리가 부-웅 날아와 복수초 꽃 위를 빙빙 돌다가 꽃잎에 살포시 내려앉더니, 주걱같이 넓적한 주둥이를 꺼내 꽃가루를 쓱쓱 핥아먹는다. 경계심이 얼마나 많은지 꽃가루를 핥으면서 머리를 좌우로 두리번거린다. 주변을 살필 때는 주둥이를 집어넣고, 안심이 되면 다시 쑥 빼내 꽃가루를 핥아먹는다. 한참을 먹고선 몸 청소를 한다. 주둥이를 앞다리에 대고 비비기도 하고, 앞다리 두 개를 맞대고 손

바닥 비비듯이 비비기도 하고. 그런 다음 또다시 꽃가루를 게걸스럽게 핥아먹기 시작한다. 대부분의 곤충들은 감각기관인 털을 청결하게 유지하기 위해 다리나 주둥이를 이용해 자주 몸 청소를 한다. 식사 중인 파리의 몸에는 꽃가루가 묻는데, 다른 복수초 꽃을 찾아가면 이 꽃가루가 떨어져 자연스럽게 중매가 될 것이다.

정오부터 한 시간 동안 복수초 꽃을 찾아온 곤충을 헤아려보니 8종이나 된다. 파리류 5종, 꼬마꽃벌류와 애꽃벌류 3종, 재니등에류 1종, 아주 작은 나방류 1종이 찾아왔다. 한 시간 정도 관찰한 것 치고는 굉장히 많은 곤충이 찾아왔으니, 이른 봄에 꽃을 피우는 복수초의 전략은 성공한 셈이다.

나는 바늘과 실 같은 잎벌레와 식물의 관계에 관심이 많았기 때문에 연구 주제로 선택하고 싶어서 국내 잎벌레 연구자를 직접 찾아가 상의했다. 하지만 그 연구자는 이미 한국산 잎벌레에 대한 연구가 많이 이루어졌다며, 콩바구미과(딱정벌레목 콩바구미과) 같은 다른 분류군을 추천했다. 학문에도 '상도'가 있다. 전문가가 연구 중인 분야는 건드리지 않는 게 기본 예의이다. 특히 은사님은 그 잎벌레 연구자를 매우 존중했기 때문에 내게 잎벌레 연구를 접으라고 조언했다. 그래서 잎벌레과 연구에 대한 미련은 접었고, 틈날 때마다 오프더레코드로 잎벌레를 키우며 한살이를 관찰하는 것으로 위안을 삼았다.

잎벌레 연구에 대한 꿈을 접고 나니 버섯벌레(딱정벌레목 버섯벌레과)가 번갯불처럼 머릿속을 스쳐갔다. 대학원에 들어오기 전에 3년 동안 버섯분류학자이신 고 이지열 박사님을 따라다니며 버섯 공부를 했는데, 버섯을 관찰할 때마다 버섯 속에는 곤충들이 붙어 있었다. 처음엔 탁탁 털어냈는데, 어느 때인가 화려한 색깔의 곤충을 본 후로 버섯 곤충에 대한 호기심이 생기기 시작했다. 도감이나 자료가 없으니 그 곤충이 누구인지 알 수가 없어 궁금증만 더해갔는데, 이참에 평생 연구 주제로 삼으면 좋겠다고 생각했다. 그래서 곤충 표본실에서 버섯벌레 표본들을 골라내기 시작했다.

대학원에 입학한 지 한 달이 지나갈 즈음, 분류군 선택에 대한 고심이 많아 지도교수에게 면담을 요청했다. 당시까지 국내에서 연구된 버섯벌레과 관련 자료를 가지고 토론을 했다. 아마추어 시절에 버섯을 공부했고, 국내뿐 아니라 외국에도 버섯살이 곤충에 대한 연구 결과가 거의 없다고 설명하며 버섯벌레과를 연구하고 싶다고 말했다. 버섯을 먹고, 버섯 속에서 알을 낳고, 버섯 속에서 애벌레가 자라는 등 한평생을 버섯에 의지해서 사는 곤충을 '버섯살이 곤충' 또는 '균식성 곤충'이라고 부른다. 이들은 주로 딱정벌레목에 속한 식구들인데, 한국에서는 약 30개 과가 버섯을 먹고 산다. 버섯벌레과는 버섯살이 곤충의 대표주자이다.

지도교수는 당시를 기준으로 10여 년 전 서울대학교에서 연구된 버섯벌레과 관련 석사 논문 자료를 쭉 검토하더니, 이미 연구된 주제라 희귀성과 창의성이 결여될 가능성이 높다고 했다. 아울러 난개발 때문에 환경 파괴가 가속되어 추가 종을 확보하거나 이미 기록된 종들의 표본을 재확보하기가 어렵다는 점 등 여러 이유를 들어 반대하며, 거저리과(딱정벌레목 거저리과)를 추천했다. 잎벌레과도 퇴짜를 맞고 버섯벌레과도 퇴짜를 맞은 상태라 의기소침했지만, 연구할 분류군이 정해지니 차라리 속이 편했다.

'거저리'라는 이름의 유래는 확실치 않지만, 중국에서 거저리를 '위보행곤충과僞步行蟲科'('가짜로 걷는 곤충'이라는 뜻)라고 부르는 걸 보아, 아마도 '걷다'라는 말에서 생겨나지 않았을까 여겨진다. 실제로 거저리는 날기보다는 걷기를 더 좋아한다. 날개가 멀쩡하게 있으니 급할 때는 날기도 한다. 몸 색깔이 거무칙칙하고 주로 어두컴컴한 밤에 어슬렁거리며 돌아다닌다고 해서 영어로는 '다클링 비틀darkling beetle'이라고 부른다. 거저리는 딱지날개(앞날개)가 딱딱한 딱정벌레목 가문 가운데 거저리과 집안의 식구다.

거저리 어른벌레의 몸길이는 2~35밀리미터 정도로 다양하고, 피부(표피)는 굉장히 경화되어 단단하고 딱딱하다. 반면 애벌레의 생김새는 대부분 긴 원통형으로, 등면은 볼록하고 아랫면은 납작하며, 피부는 참기름을 바른 듯이 윤기가 흐른다. 철사처럼 단단하고 길어서 가짜철사벌레false-wireworm라는 별명이 붙었는데, 요즘 식용으로 각광받는 밀웜meal worm(갈색거저리의 애벌레)이 대표적인 예다.

거저리과는 딱정벌레목의 5대 과에 들어갈 정도로 종수가 많은 분류군이다. 전 세계에 2만 2000종 정도가 살며, 우리나라에는 150종(내가 처음 발굴한 종은 40여 종)이 넘게 산다. 거저리는 전 세계적으로 분포하지만, 열대지역과 아열대지역에 집중된 편이며, 습한 냉온대지역에는 적게 분포하고, 대양섬에는 살지 않는다. 특히 몸이 건조에 잘 적응하도록 진화되어, 사막이나 바닷가 해안사구, 강 하구의 모래밭 등 건조한 지형에 사는 종도 많다.

거저리과는 종수가 많다 보니 식성과 서식지에 따라 크게 네 개

날개가 있지만
걷기를 더 좋아하는
거저리. 밀웜이 크면
갈색거저리가 된다.

의 무리로 나눈다. 쌀과 보리 등 곡물에 피어나는 균류를 먹고 사는 '저장 곡식성 무리'는 사람의 경제에 영향을 미쳐 경제성 곤충에 속한다. 요즘 식용 곤충으로 뜨는 밀웜이 대표적인데, 곡물거저리, 쌀도둑거저리, 외미거저리 등은 전 세계적으로 곡물에 막대한 피해를 입혀 해충으로 취급된다. '토양성 무리'의 경우 식물의 뿌리나 뿌리에 공생하는 균류를 먹고 사는데, 가장 흔한 종은 우리나라 동해안, 서해안, 남해안의 모든 해수욕장에 사는 모래거저리다. 건조에 잘 적응이 되어 있어서 모래나 토양에서 잘 살아간다.

한편 애벌레 시절에 썩은 나무 속이나 썩은 낙엽 속에서 살다가, 어른벌레가 되어 밖으로 나와 나무껍질 아래나 잎사귀 위에서 사는 '산림성 무리'가 있다. 산맴돌이거저리나 호리병거저리가 속한다. 또 평생을 버섯과 균사체 등을 먹고 사는 '균식성 무리'도 있는데, 이들의 알, 애벌레, 번데기와 어른벌레는 모두 버섯을 떠나서 살 수 없으며, 흑진주거저리, 금강산거저리나 도깨비거저리 등이 있다.

이렇게 서식지가 다양하다 보니, 연구 범위가 확장되는 건 자연스러운 일이었다. 토양성 거저리를 연구하기 위해 우리나라 해안사구는 안 가본 곳이 없다. 여름에 피서지로 각광받는 바닷가 해수욕장은 해안사구의 극히 일부분이다. 해안사구에는 갯그령이나 갯메꽃처럼 모래에서만 자라는 사구성 식물이 있다. 그 식물 주변에는 모래에서만 사는 모래거저리, 바닷가거저리, 모래거저리붙이, 홍다리거저리, 남생이거저리, 풍뎅이붙이류, 해변방아벌레 등 사구성 곤충들이 산다. 이 중 거저리는 사구성 곤충의 50퍼센트 이상을 차지하기 때문에 거저리를 전공하는 내게 해안사구는 굉장히 중요한 연구지다.

산림성 거저리와 균식성 거저리를 만나기 위해 사계절 내내 산속을 헤매는 것도 기본이었다. 썩은 나무를 뒤져 애벌레를 찾고, 그 애벌레를 키워 어른벌레의 정체를 밝히고, 버섯이란 버섯은 다 집으로 데려와 혹시나 그 속에 있을지도 모를 곤충을 찾기 위해 몇 달 동안 돌보았다. 그렇게 균식성 거저리의 생태를 연구하면서 버섯살이 곤충에 대한 데이터가 쌓여갔고, 자연스럽게 한국산 버섯살이 곤충으로 연구 범위가 확장되었다. 그러니 내게 거저리는 곤충 연구의 영역을 확장하게 만들어준 보물이다.

돌아보면, 내 의지와는 상관없이 지도교수가 추천한 거저리과를 연구 주제로 삼은 건 내 인생에서 두고두고 덩굴째 굴러온 행운이었다. 예순 살 고개를 바라보는 나를 국내 유일의 거저리 전문가로 우뚝 서게 해주었고, 그렇게 하고 싶었던 버섯살이 곤충 연구의 발판이 되어 국내 유일의 버섯살이 곤충 연구자, 더 나아가 세계적으로 몇 안 되는 버섯살이 곤충 연구자로 만들었기 때문이다.

무엇보다 나는 거저리를 통해 곤충에 대한 기본, 아니 곤충학자로서 갖춰야 할 소양을 처음부터 배웠다. 분류는 어떻게 하는지,

분류를 위해 어떤 연구 과정을 거쳐야 하는지, 종의 생김새를 결정하는 형질은 무엇인지, 종의 족보(계통)를 알려면 어떻게 접근해야 하는지, 종들이 어떻게 분화되어 가는지, 먹이는 무엇이고 사는 곳은 어디인지, 위험에 맞닥뜨리면 어떤 방어행동을 하는지, 배우자를 만나기 위한 구애행동은 어떻게 하는지, 겨울잠은 어디에서 자는지, 한살이가 일 년에 몇 번 돌아가는지, 알에서 어른벌레가 되는 데 얼마나 걸리는지, 생김새가 전혀 다른 애벌레와 어른벌레의 퍼즐 맞추기 등 곤충에 관한 이론과 생태를 학문적으로 공부하는 계기가 되었다.

편식쟁이의 결말

생태적으로 건강한 들판이나 숲길을 걷다 보면 특정한 식물에 늘 같은 곤충이 찾아와 잎 식사를 하는 걸 자주 본다. 쑥에는 쑥잎벌레가, 개망초에는 국화하늘소가, 배춧잎에는 배추벌레(배추흰나비의 애벌레)가, 탱자나무 잎에는 호랑나비 애벌레가, 버드나무 잎에는 버들잎벌레가, 백합 잎에는 백합긴가슴잎벌레가 있다. 이 현상은 우연이 아니라 꽤 규칙적인 필연처럼 보인다.

이들 식물과 곤충은 무슨 관계가 있을까? 혹시 식물이 곤충과 평화협정을 맺은 걸까? 그렇지 않고선 식물이 해마다 똑같은 곤충에게 인심 좋게 잎을 내어줄 수는 없을 것 같은데. 실제로 초식성 곤충들은 대개 자신만의 주식인 먹이식물(숙주식물)을 정해놓고 오로지 그 식물만 먹는다. 세상에, 이런 규칙이 있다니! 남의 밥상은 거들떠보지 않고 오로지 자신의 밥상만을 찾는 곤충들의 고집스러움에 감탄한다. 그런 젠틀맨 근성 덕분에 곤충들은 다른 종과의 먹이경쟁을 피해 지구에서 대번성을 하는지도 모른다.

그럼 초식성 곤충과 식물은 갈등 없이 늘 평화로울까? 아니다. 서로를 필요로 하는 곤충과 식물의 관계에도 반전은 있다. 특히 곤충과 잎사귀의 생존 전략을 잘 들여다보면 긴장감이 팽팽 돈다. 식물의 입장에서 보면 생식기관인 꽃에는 곤충이 많이 모여들수록 신이 나지만, 잎사귀를 뜯어 먹기 위해 많이 모여들면 굉장히 속이 상한다. 잎사귀를 먹는 곤충은 식물이 살아남거나 번식하는 데 아무런 도움이 안 되기 때문이다. 식물은 잎사귀에서 광합성을 해 얻은 영양분으로 번식에 필요한 꽃을 만드는데, 잎사귀를 다 먹어버리면 모든 게 수포로 돌아간다. 실제로 식물을 먹고 사는 곤충이 전체 100만 종 중에 30퍼센트(약 35만 종)를 차지할 만큼 곤충에게 식물은 먹이창고다. 하지만 식물들의 입장에서는, 초식 곤충이 광합성 공장인 잎사귀를 축내니 잘못하다간 꽃도 피우기 전에 죽을 수도 있다.

사정이 이렇다 보니 식물은 오랜 진화를 거쳐 곤충과의 전쟁을 벌여왔고, 동물의 공격을 퇴치할 무기를 장착해왔다. 우선 식물은 초식 곤충이 자신을 뜯어 먹지 못하도록 표피세포를 변형시켰다. 잎이나 줄기 등에 가시나 털이 자라게 해 곤충이 다가오는 걸 방해하는 것이다(물리적 방어). 하지만 그렇다고 물러설 곤충이 아니다. 아무리 식물의 몸에 가시와 털이 있어도 먹는다. 곤충에게 식물을 먹는 일은 죽느냐 사느냐의 생존 문제다. 스스로 영양분을 만들어내지 못하므로 식물을 먹어야 살 수 있기 때문이다. 곤충은 몸집이 작고 발목마디(사람의 발가락에 해당)가 섬세해서, 잎이나 줄기에 달린 가시나 털을 딛고 걸어 다니며 식물을 먹는다.

1차 작전이 실패로 돌아가자, 식물은 긴 진화 과정을 거쳐 비장의 무기인 화학방어 물질을 개발해 줄기, 잎과 뿌리 등에 저장한다(화학적 방어). 식물에는 약 2만 개의 화학물질이 들어 있다고 알려져 있다. 배추에는 톡 쏘는 맛인 겨자유배당체, 옻나무엔 톡시코덴드론, 박주가리엔 카디액 글리코사이드, 버드나무엔 아스피린의 원료인 살리실산 등 독 물질이 듬뿍 들어 있다. 그런데 식물이 독 물질을 만드는 데는 비용이 굉장히 많이 들어간다. 광합성을 해서 만든 영양분을 많이 투자해야 한다. 그래도 살아남으려면 어쩔 수 없다.

이에 맞서는 초식 곤충도 만만치 않다. 식물에 독이 있든 없든 간에 뜯어 먹는다. 곤충에게는 죽느냐 사느냐가 달려 있는 문제이니까. 그러니 기를 쓰고 식물이 품은 독성을 물리치는 일에 목숨을 건다. 그렇다고 모든 식물의 독성에 맞서기에는 역부족이니 가장 맘에 드는 식물을 점찍어놓고 집중적으로 공략한다. 열 번 찍어 안 넘어가는 나무 없다는 말은 식물과 곤충의 세계에서도 통한다. 그렇게 수천만 년 이상 특정한 식물을 정해놓고 먹으면 독성 물질에 내성이 생기기도 하고, 독성 물질을 해독시키기도 한다. 한술 더 떠 곤충은 독성 물질에서 뿜어 나오는 냄새를 이용해 멀리서도 자신의 먹이식물을 정확히 찾아낸다. 그렇게 배추흰나비는 무나 배추 같은 십자화과 식물의 독 물질에 적응해 먹이식물로 삼았고, 노랑나비는 토끼풀 같은 콩과식물의 독 물질에 적응해 먹이식물로 삼았다. 이들은 정해진 먹이식물 이외에 다른 식물을 먹지 못한다. (먹지도 않지만) 잘못 먹었다간 독 물질을 소화하지 못해 죽을 수도 있다. 이쯤이면 초식 곤충의 판정승이다.

그렇다고 식물이 뜯어 먹히며 죽어가진 않는다. 다행히도 식물은 통 큰 자선사업가라서 자신이 살아가는 데 필요한 양보다 훨씬 많은 잎사귀를 만들어낸다. 초식 곤충들이 아무리 먹어도 남을 만큼 넉넉하다. 마음씨 좋은 식물은 찾아온 녀석들에게 잎사귀 밥을 푸짐하게 차려준다. 이에 보답이라도 하듯 나비나 꿀벌 같은 어른벌레는 식물이 열매를 맺도록 꽃을 오가며 중매를 해주니, 역시 세상에 공짜는 없다. 식물과 곤충은 훈훈한 상부상조를 하며 지금껏 번성해오고 있다.

◆ ◆ ◆

특정 식물을 먹이식물로 정해놓고 먹는 곤충은 잎벌레과(딱정벌레목), 거위벌레과, 나비와 나방의 애벌레, 진딧물 등 꽤 많다. 그래서 식물만 봐도 그 지역의 곤충지도를 대충 그릴 수 있다. 마침 길옆에 버드나무 몇 그루가 쭈르륵 서 있다. 버드나무에는 봄부터 가을까지 곤충들이 북적댄다. 실제로 버드나무 앞에 한나절만 서 있어도 스무 종 이상의 곤충을 구경할 수 있을 정도다. 그래서 곤충에 처음 흥미를 갖게 된 분들께 버드나무를 찾아보라고 권한다. 버드나무의 대표 곤충은 봄에 볼 수 있는 버들잎벌레(딱정벌레목 잎벌레과)이다. 버들잎벌레는 낙엽더미 속이나 나무껍질 아래에서 겨울잠을 잔 뒤, 버들잎이 돋아나는 봄이 되면 양지바른 쪽 버드나무를 찾아온다.

몸길이가 6밀리미터밖에 안 되는 버들잎벌레는 수많은 나무 중에서 오로지 버드나무를 귀신처럼 찾아내는 탁월한 능력이 있다. 버드나무를 찾기 위해 여러 감각기관을 총동원하는데, 특히 더듬이나 털 등을 통해 버드나무가 내뿜는 냄새를 맡는다. 버드나무만이 갖는 독특한 냄새의 정체는 자신을 지키기 위해 내뿜는 독성물질(방어 물질)이다. 그중 하나는 아세틸살리실산Acetylsalicylic Acid으로, 오늘날 필수 비상약인 아스피린의 원료이다. 제약회사 바이엘은 진통 해열제인 이 아스피린 하나로 백 년 가까이 스타덤에

봄이 되면 겨울잠에서 깨어나
양지바른 쪽 버드나무를
찾아가는 버들잎벌레.

올라 있으니 버드나무 덕을 톡톡히 보고 있는 셈이다. 그런데 우리 인간에게는 구세주 같은 이 진통제 성분이 곤충들에게는 치명적인 독약이다. 하지만 버들잎벌레는 그 독성 물질의 냄새를 먹이 찾는 수단으로까지 이용한다.

물론 버들잎벌레가 처음부터 버드나무의 독 물질에 아무 문제가 없었던 것은 아니다. 버드나무가 생화학 독성 물질을 만들어 줄기나 잎에 저장하면서, 버드나무를 먹은 버들잎벌레는 소화가 안 되었을 것이다. 하지만 수천만 년 동안 수많은 세대를 거치며 적응하다 보니 독 물질에 내성이 생기고, 독 물질을 소화시키는 소화효소도 생겼을 것이다. 그렇게 오랫동안 버드나무 잎만 먹으니, 버들잎벌레는 편식을 하게 되어 버드나무 아닌 다른 식물은 먹지 않는다. 실은 다른 식물의 독 물질에 적응이 안 되어 먹을 수가 없다.

이렇게 떼려야 뗄 수 없는 식물과 곤충의 관계를 알아가는 일은 미지의 세계를 탐험하는 것처럼 흥미롭다. 그런데 이 분야에 대한 연구가 미미해 어느 곤충이 어느 식물을 먹는지, 특정 식물을 먹는 애벌레의 생김새와 습성은 어떤지, 어떤 곤충이 어느 계절에 먹이 식물을 찾아오는지 등에 대해 알려진 것은 많지 않다. 다시 말하면 밝혀야 할 게 많다는 얘기다. 비록 거저리를 연구 주제로 삼았지만, 곤충에 입문하기 전부터 식물과 곤충의 상생에 관심이 많았기 때문에 틈나는 대로 아직 밝혀지지 않은 식물과 곤충의 관계를 연구했다. 특히 잎벌레, 나비와 나방에 관심이 많았는데, 이들을 손수 키워 자료를 얻기까지 시간 품을 많이 들였다.

황금보다 귀한 것

연구 주제가 거저리로 낙점된 날부터 피 말리는 전쟁을 치르기 시작했다. 제일 먼저 할 일은 표본과 문헌자료의 확보다. 두 가지 일은 분류의 쌍두마차다. 그러나 안타깝게도 동시에 할 수 없는 일이라 이원화해야 한다. 표본을 확보하려면 몸으로 뛰어야 한다. 즉, 방방곡곡 산을 다니며 직접 채집하거나 전국의 연구소나 대학교의 곤충표본실을 찾아다니며 표본을 구해야 한다. 반면 문헌자료 확보는 실내에서 이뤄지는 정적인 작업이다. 주로 대학 도서관을 방문했고, 저자에게 직접 편지 또는 메일을 쓰거나 논문 구매 대행업체에 의뢰해 필요한 문헌자료를 구하기도 했다.

표본 확보는 분류를 위한 가장 기본적인 작업이다. 그러나 당시 기록된 약 120종의 거저리 표본을 확보하는 과정은 매우 험난했고, 이뤄질 수 없는 신기루 같은 일처럼 느껴졌다. 하지만 꼭 이뤄내야만 했다. 표본이 있어야 연구를 할 것이 아닌가! 이는 분류학자의 첫 발걸음이며, 임무이자 숙명이다. 한국산 거저리과는 5개의 아과亞科, subfamily('과' 아래 단계)로 나뉘어 있는데, 다행히도 종수가 가장 많은 '거저리아과'는 선임 거저리 연구자이자 실험실 선배인 김수연 박사가 정리해놓았다. 그래서 실험실 옆 곤충표본실에는 거저리아과 표본이 잘 정리되어 있었다. 하지만 나머지 4개 아과의 표본을 찾아내고 구하는 일은 만만치 않은 작업이었다. 강의가 없는 날이면 실험실 옆 곤충표본실에 살다시피 하면서 거저리 표본을 찾아내 목록을 정리했다. 그래도 그 표본실은 환기도 잘 되고, 시원하고, 현미경 등 실험기구를 잘 갖추고 있어 작업하기가 수월했다. 한 달 동안 70여 종의 표본을 확보했으니 1차 표본 작업은 성공적이다. 선임 연구자인 김수연 박사의 공헌이 크다.

실험실 옆 곤충표본실 말고 또 다른 곤충표본실이 5층에도 있다. 성신여자대학교 이과대학 건물의 5층 표본실은 국내에서 다섯 손가락 안에 드는 곤충 보물창고이다. 먼지가 쌓여 있긴 했지만 그만큼 다양한 곤충의 표본들, 즉 딱정벌레목을 비롯해 메뚜기목, 노린재목 등 곤충 전체의 표본이 총망라되어 있다. 특히 해마다 조사한 표본들이 소팅sorting(같은 종, 속, 족, 과 등 분류군끼리 모아놓는 작업) 없이 무작위로 놓여 있었다. 이를테면 '강원도 인제 방태산'을 조사한 표본상자에는 딱정벌레목, 메뚜기목, 밑들이목, 집게벌레목, 파리목, 벌목 등 방태산에서 채집한 곤충들이 건조표본 형태로 빽빽히 꽂혀 있었다.

지도교수가 1980년대 초반부터 실험실을 거쳐간 학부생들, 대학원생들과 전국을 다니며 조사했기 때문에 표본상자의 양은 방대했다. '오대산', '강릉 부연계곡', '속리산', '태안반도', '청산도', '금오열도', '천안 광덕산', '설악산' 등의 표찰이 붙은 표본상자가 천장이 닿도록 차곡차곡 쌓여 있었다. 또한 바이알 유리병의 알코올 속에도 수많은 곤충 표본들이 보관되어 있다. 하지만 5층 표본실은 실험실 옆 표본실에 비해 환경이 열악하다. 적정 온도와 습도를 맞춰주는 에어컨이 있었지만 돌아가는 소리만 요란할 뿐 환기가 잘 안 되었고, 사람들의 발길이 닿지 않는 공간이라 먼지투성이다. 작업하는 내내 사람을 구경할 수 없으니 외딴 성에 고립되어 있는 것 같다.

표본이 된 곤충의 모습은 좀 황망했다. 일부 표본들의 다리는 몸 아래쪽으로 오그리고 있어 보이지도 않고, 더듬이도 제멋대로 뻗쳐 있고, 심지어 다리가 부러지고 머리가 틀어지기도 했다. 곤충계에 입문하기 전 곤충 전시회나 자연사박물관을 다닐 때 다리, 날개, 더듬이 등 몸이 잘 정돈되어 예쁘게 표본이 된 곤충만 본 나로서는 좀 당황스러웠다. 전시용 표본은 말 그대로 관객들에게 보여줘야 하니 곤충의 매력이 최대한 발산될 수 있게 정성 들여 만들어야 한다. 그러기 위해선 실로 많은 시간이 든다. 표본 하나 만드는 데 20분 이상 걸릴 때도 있으니 말이다. 하지만 곤충을 찾는 사람의 마음속에 아름다운 곤충의 매력을 심어주기 위해 그런 수고로움은 열 번 백 번이라도 감당할 만하다. 그런데 수장고 보관용 또는 연구용 표본은 그와 좀 다르다. 전시용처럼 예쁘게 만들면 좋겠지만, 그러기엔 양이 너무 많다. 지금이야 기관이나 연구소에 표본 전담사가 있지만, 당시만 해도 학생이 직접 해야 했으니 일일이 핀을 꽂아 라벨 작업까지 마쳐 표본을 완성하기까지 엄청난 시간이 들었다.

문제는, 나는 영 표본을 만드는 솜씨가 없다는 점이다. 시쳇말로 '똥손'이다. 특히 거저리과나 버섯벌레과 곤충들은 등이 볼록해서 곤충 핀을 꽂을 때 몸이 납작하게 눌려 표본을 망친 적이 많다. 오그라든 다리나 더듬이도 세심히 펴야 하는데, 곤충 몸이 작다 보니 그런 작업이 지독하게 힘들었다. 핀조차 꽂을 수 없는 몸길이 2밀리미터의 곤충들은 두터운 종이를 오려 만든 '대지' 위에 접착제로 붙였는데, 요령이 없어 접착제를 너무 많이 바르는 바람에 표본이 접착제 속에 묻혀버린 적도 있었다. 게다가 노안까지 와 표본 작업을 할 때는 머리에 쥐가 났다. 결국 표본을 예쁘게 만드는 것은 포기하고, 기록으로서 표본을 만드는 데 만족했다. 예쁘게 만들지 않아도 표본의 가치는 변하지 않으니. 사진 촬영을 해야 하는 표본은 실험실 동료인 김아영 박사(당시 박사과정)에게 신세를 졌다. 시간이 흐르면서 표본 제작 솜씨가 늘긴 했지만, 지금도 역시 중요한 표본은 작은아들이 만들어준다.

수업이 없는 날에는 5층 표본실에 올라가 먼지 쌓인 표본상자를 꺼내 거저리 표본을 찾았다. 키가 작아 매번 의자에 오르락내리락하면서 표본상자를 관찰대 위로 옮긴 뒤, 5밀리미터 이상인 표본은 육안으로 찾아 골라냈다. 문제는 5밀리미터 이하인 표본이다. 루페(10배의 돋보기)로 보거나 현미경으로 가져가 일일이 식별해야 하니 작업 속도가 더디다. 초창기에는 곤충 입문 단계라 종을 인식하는 데 시간이 오래 걸렸다. 먼지를 뒤집어쓰며 하루 종일 작업하다 보면 표본을 보호하는 약품 냄새에 멀미가 나 고통스러웠다. 저녁 무렵에 표본실을 빠져나올 때면 온몸이 약품 냄새로 찌든다. 그럼에도 원하는 표본을 찾아내면 춤이라도 출 듯이 기뻤다. 한 종 한 종 찾아낼 때마다 뿌듯하고 자신감이 붙었다. 5층 표본실의 표본을 대충 보는 데 꼬박 한 달이 걸렸고, 거저리과 표본 10여 종, 버섯벌레과와 개미붙이과 표본은 20여 종 넘게 찾아냈다. 이만하면 대단한 성과이다. 물론 그 후에도 박사 학위를 받을 때까지 필요할 때마다 들락거리며 연구에 필요한 표본들을 더 많이 찾아냈다.

◆◆◆

보이는 게 다는 아니다. 특히 곤충 표본은 그 시대, 그 지역의 역사이기 때문에 존재하는 것만으로도 가치가 있다. 다리를 예쁘게 펴지 않으면 어떤가! 더듬이가 아무렇게나 뻗쳐 있으면 어떤가! 다리 한두 개 떨어져 나가면 어떻고, 날개 한 개가 떨어지면 어떤가! 모두 가치가 있다. 다리 한 개, 더듬이 한 개, 날개 한 쪽, 심지어 머리가 없어도 고유의 DNA가 고스란히 남아 있기 때문이다.

나날이 눈부시게 발전하는 분자생물학 덕에 코딱지만 한 몸체만 있어도 DNA 검사를 통해 그 개체가 어떤 종인지 알아낼 수 있다. 그러니 분류학자들에게 표본은 황금만큼 가치가 있다. 호랑이는 가죽을 남기고 사람은 이름을 남기고 죽는다지만, 곤충은 온몸을 표본 형태로 남기고 죽은 것이다. 그래서 나는 곤충 표본을 영생의 산물이라고 자신 있게 말한다. 물질대사를 멈춰 생명은 없지만, 죽은 몸 자체가 그 시대를 증언하는 생명체이니 영원히 살아 있는 것이다. 대표적인 예가 신라 고분에서 발견된 비단벌레다.

이름처럼 눈부시게 화려한 비단벌레는 몸집이 아기 새끼손가락만큼 커서(몸길이 36밀리미터) 한눈에 확 띈다. 몸 색깔은 전체적으로 초록빛이고, 딱지날개에는 불그스름한 세로 줄무늬가 시원스레 그려져 있는데, 햇빛이 비치면 보는 각도에 따라 무지개 빛깔이 휘황찬란하게 뻗어 나온다. 게다가 피부는 참기름을 바른 것처럼 윤기가 흘러서, 한여름 햇빛이 쨍쨍 내리쬐는 날에 나무 꼭대기 주변을 날아다니는 비단벌레의 모습은 멀리서 보면 금은보화가 번쩍이는 것 같다. 그래서 옥처럼 귀한 벌레라는 뜻의 '옥충玉蟲'이라고 부르기도 한다.

사람들의 욕심과 개발 탓에 지금은 사라져가고 있어 멸종위기종 1급, 천연기념물 496호로 지정해 보호한다. 한눈에 반할 정도로 아름다우니 옛사람들도 비단벌레를 잡아다 장식품의 재료로 사용했다. 실제로 신라시대의 금관총과 황남대총 고분 속에 묻힌 왕의 부장품에서 수천 마리의 비단벌레가 발견되었다. 특히 황남대총에서 발견된 말안장 꾸미개는 화려하고 아름답기로 유명한데, 이때 쓰인 주재료가 비단벌레이다.

말안장 꾸미개를 만드는 과정을 살펴보자. 우선 나무판을 고운 비단 천으로 싼 다음 그 위에 2000여 마리의 비단벌레 딱지날개를 줄맞춰 가지런히 깔아 붙인다. 그리고 무늬를 뚫는 방식으로 금을 세공해 만든 정교한 금동판을 그 위에 올려놓는다. 그러면 금동판의 금빛과 금동판 구멍들 사이로 뿜어 나오는 오색찬란한 비단벌레 딱지날개의 색이 함께 어우러져 굉장히 화려한 빛깔을 만들어낸다. 발굴 당시 비단벌레의 딱지날개는 1500년 세월을 비웃기라도 하듯이 아름다운 빛깔을 그대로 유지하고 있었다. 1500년 전 왕은 죽어 흙으로 돌아가고 없지만, 비단벌레는 사라진 왕 옆을 오랜 세월 찬란한 자태로 묵묵히 지켰다. 그 비단벌레는 신라시대의 흔적이며 곤충의 역사이니 곤충의 죽음은 곧 영생이라고 말해도 과하지 않은 것 같다.

그런데 쇠도 녹이 스는 판에 비단벌레의 딱지날개는 무슨 수로 변하지 않고 고스란히 남아 있을까? 그건 곤충의 아주 별난 특징 때문이다. 곤충은 무척추 동물이지만, 곤충의 피부는 사람으로 치면 뼈에 해당된다. 말하자면 뼈옷을 입고 사는 셈이다. 그래서 곤충을 외골격 동물이라고 부른다. 메뚜기나 나방 애벌레를 만져보면 말랑말랑한데, 도대체 어디에 뼈가 있는 것인지 의문이 들 수도 있다. 사람을 포함한 척추동물은 몸속에 뼈가 있고 그 뼈 주변에 살이 붙어 있다. 하지만 곤충의 뼈 구조는 척추동물과 완전히 다르다. 사람의 뼈는 단단하고 두꺼운 반면, 곤충의 뼈는 매우 얇고 가벼워 뼈처럼 느껴지지 않는다. 곤충의 뼈는 '큐티클'이라는 매우 얇으나 질긴 재질로 만들어졌기 때문이다.

큐티클은 몸속의 수분이 외부로 증발하지 않도록 기능하며, 비바람이 치거나 위험한 사고가 일어나도 소화기관 등 중요한 내장기관이 다치지 않도록 보호함으로써 곤충의 목숨을 지켜준다. 이러한 큐티클은 단백질과 지질, 질소 다당류로 이루어지는데, 그중 가장 중요한 재질은 키틴이다. 키틴은 단백질과 결합되어 있으며, 단단하고 저항성이 강한 질소 다당류라서 물, 알칼리, 약산에도 녹지 않는다.

그러고 보면 곤충은 큐티클이라는 신비로운 재질의 뼈옷을 입고 변화무쌍한 지구 환경에 효과적으로 대처하며 사는 지혜로운 동물이다. 그러니 신라 고분에 묻힌 왕의 시신은 흙으로 돌아가도 비단벌레의 몸 껍질은 1500년 동안 깜깜한 무덤 속에 고스란히 남아 찬란히 빛나는 것이다.

표본 확보 원정기

실험실 선배들은 많은 정보를 준다. 그들은 내게 은인이다. 우리 학교의 표본실을 다 뒤지고 나니, 그들은 내게 다른 학교나 다른 연구기관의 표본실을 방문하도록 권했다. 농업진흥청, 고려대학교, 이화여자대학교, 서울대학교, 경상대학교, 순천대학교, 제주민속자연사박물관 등을 추천했다. 기관 방문을 위해선 사전 절차를 밟아야 한다. 먼저, 담당자를 수소문한 뒤 전화를 걸거나 메일을 써서 일정을 조율한다. 일정이 잡히면 기관을 방문하는데, 보통은 실험실 동료들과 함께 가지만, 경우에 따라 혼자 움직일 때도 있다. 낯가림이 심해 담당자와 첫 대면을 하는 게 두렵기도 하지만, 동행한 실험실 동료들 덕에 그런대로 잘 극복했다.

제일 먼저 방문한 곳은 수원의 농촌진흥청(현재는 전주에 있음) 표본실이었다. 그곳에는 해충과에서 운영하는 표본실과 농업과학기술원에서 운영하는 표본실이 있었는데, 먼저 실험실 동료들이 자주 방문하는 농업과학기술원의 표본실에 갔더니 박해철 박사가 우리를 반갑게 맞아준다. 박해철 박사는 실험실 동료들의 멘토 격으로, 지도교수와도 친분이 깊어 우리에게 굉장히 친절했다. 첫인상은 까칠한 연구자의 모습이었으나, 학위 과정 내내 분류논문 작성과 연구 방법 등에 대해 여러 가지로 도움을 많이 주었다. 표본실은 정리가 잘 되어 있어 거저리 표본을 관찰하기가 수월했다. 흔한 종의 경우 관찰 표본의 채집 기록을 메모했고, 흔하지 않은 종의 경우 표본 대여 절차를 밟은 뒤 실험실로 빌려와 면밀히 관찰했다.

조복성 박사 이래로 한국 곤충 분류의 산실이 된 고려대학교는 당시 실험실 이사 등의 교내 사정으로 표본들이 복도에 임시 보관되어 있어 적잖이 실망했다. 규칙 없이 차곡차곡 쌓인 표본상자들을 이리저리 옮기며 필요한 표본을 찾았다. 대부분 1960~1970년대에 채집한 딱정벌레목 표본들이 많았다. 조복성 박사가 만주에서 채집한 표본들도 고스란히 보관되어 있었고, 천연기념물인 장수하늘소와 물장군도 눈에 띄었다. 개발되기 전인 1960~1970년대에 우리나라에 살았던 곤충들의 주류를 파악할 수 있어 가슴이 찡했지만, 한편으론 표본 관리가 엉망이라 가슴이 아팠다. 복도에 방치되었던 표본들은 다행히 몇 년 후 이사한 건물의 넓은 표본실에 가지런히 정리되어 제구실을 하게 되었다.

늦가을에는 이화여자대학교의 자연사박물관 표본실을 방문했다. 곤충 표본에 대한 큰 기대는 없었고, 오랜만에 곱게 단풍 든 교정을 걷고 싶어서 일부러 시간을 냈다. 빈 공간이었던 곳에 건물이 여럿 생겨 캠퍼스가 번잡했지만, 20년 전 고락을 함께했던 나무들은 대부분 그대로 남아 있어 고즈넉한 정취를 풍긴다. 옛 생각에 잠겨 휘적휘적 걷다 보니 어느새 표본실. 도착하자마자 표본실의 큰 규모를 보고 깜짝 놀랐다. 이화여대가 해양동물 분류의 산실답게 많은 해양생물학자들을 배출한 것은 알고 있었지만, 촌수가 멀어도 한참 먼 곤충의 표본이 있을 거란 생각은 안했다. 알아보니 한 생물학과 교수가 몸담고 있을 때 수업의 일환으로 학부생들과 함께 채집과 표본 제작을 했다고 한다. 어쨌든 모교에 곤충 표본이 잘 보관되고 있다는 사실이 반갑고 또 반가웠다. 30여 년간 표본실을 지킨 윤석준 선생님의 안내를 받아 표본을 관찰했다. 원하는 표본은 없었지만 표본실을 떠날 때까지 행복했다.

이제 지방으로 갈 차례이다. 강의, 집안 사정 등 변수가 많아 일정을 잡기가 힘들지만, 표본을 확보하려면 멈출 수 없다. 대전 국립중앙과학관, 원주 연세대학교, 순천대학교, 경상대학교, 제주민속자연사박물관 등을 어렵사리 순례했다. 특히 진주의 경상대학교는 서울에서 참 멀어 '진주 천 리 길'이란 말이 실감났다. 실험실 동료들과 오전에 출발해 서너 시에 도착했지만, 퇴근 시간이 가까워 표본실 구경만 했다. 낯선 진주에서 하룻밤을 보낸 뒤 이튿날 다시 방문했는데, 표본들이 어마어마하게 많았다. 하지만 액침표본(99퍼센트 알코올이 담긴 실험용 병에 담긴 표본)이 많아 일일이 검토하는 데 많은 시간이 걸렸다. 오후까지 강행군을 했으나 성과가 적어 떠나면서 못내 아쉬웠다.

◆◆◆

막상 학계에 발을 들이고 나니 학계의 비화를 직접 경험하기도 하고, 몇 다리 건너 듣기도 한다. 이건 오프더레코드인데, 내 지도 교수는 학자답게 좀 깐깐한 편이다. 아니 좀 괴팍한 면도 있다. 성격이 외골수이고 타협을 잘 못해서 한번 틀어지면 다시는 화해하지 않을 정도로 고집이 강했다. 그래서 다른 학교나 연구기관을 방문할 때 첫 번째 고려사항은 해당 기관의 표본실 담당 연구자와 지도교수의 관계를 살피는 일이었다.

실험실 선배들이 다른 기관의 표본실을 방문하면서 겪은 에피소드는 언제 들어도 흥미진진할뿐더러 실제로 표본실 방문 일정에 도움이 많이 되었다. 이를테면 어느 교수는 표본실을 잘 개방하지 않는다거나, 또 어느 교수는 표본상자만 보여주고 검토하기 전에 얼른 진열장에 넣어버린다거나, 또 다른 교수는 우리 지도교수와 학문적으로 의견이 안 맞아 우리 실험실 출신 대학원생의 방문을 꺼려한다는 등의 이야기였다. 다행히 실제로 겪진 않았지만 선입견이 있을 수 있으니 그런 기관을 방문할 때는 마음의 준비를 단단히 하고, 굉장히 겸손하게 자세를 낮춰야 한다.

너무 극적이라서 잊을 수 없는 표본실 방문지는 제주민속자연사박물관이다. 제주도 표본을 보기 위해서는 야외채집도 하지만, 제주도 표본을 많이 소장한 제주민속자연사박물관도 가야 한다. 그런데 그곳 담당자이신 J 박사와 우리 지도교수의 관계가 매끄럽지 못하다는 풍문이 있어 내 걱정은 하늘을 찔렀다. 방문 전에 반드시 거쳐야 하는 일정 조율을 생략한 채, 실험실 동료들의 걱정 어린 응원을 받으며 제주도로 향했다. 혹시라도 자리에 안 계시면 포기하고 도로 돌아갈 참이었다. 지금 생각해도 그때 내 행동은 매우 무례했다.

두려움 반 기대 반으로 박물관 입구를 통과하고, 안내소에서 담당 박사님 면담을 신청하니 다행히 자리에 계셨다. 떨리는 마음으로 사무실 안으로 들어가 인사를 하자, 아무 연락 없이 무턱대고 찾아온 나를 보고 당황한 기색이 역력했다. 무례함을 거듭거듭 사과드리고 내 소개를 했다. 81학번으로 현재 마흔 살이 넘었고, 영문학도였는데 곤충에 빠져 곤충분류학 공부를 하게 되었고, 거저리를 전공하고, 제주도산 거저리 표본을 꼭 보고 싶고 …… 주책맞을 정도로 두서없이 방문한 이유를 이야기했다.

기적이 일어나기까지는 몇 분 걸리지 않았다. 가만히 듣고만 있던 J 박사는 내가 늦은 나이에 대단한 결심을 했다면서 응원을 아끼지 않았다. 그리고 컴퓨터에 들어 있는 분류 관련 논문 파일들을 보여주었다. 내게 필요할 것 같은 논문 파일들을 복사해서 유에스비에 담아준 후 나를 수장고로 안내했다. 수장고의 규모는 생각보다 컸고, 표본 진열장에는 표본상자가 잘 정리되어 있었다. 박사님은 딱정벌레목 표본이 보관된 진열장을 손수 열어주시며 편안히 검토하라고 했고, 수장고 관리 학예사에게도 잘 협조해주라고 부탁했다. 그리고 순천대학교 P 교수님께 전화를 걸어 곤충계에 입문한 나를 소개하며 많이 도와주라고 부탁해주었다. 덕분에 이후 P 교수님께도 많은 도움을 받았다.

퇴실 시간 무렵까지 표본을 살폈다. 역시 제주도에서 주로 발견되는 곤충들이 많았다. 특히 남쪽 지방에 출현하는 대왕거저리, 제주호리병거저리, 별거저리, 비바리거저리 등이 있었고, 균식성 거저리인 무당거저리나 진주거저리 등 흔한 종도 제법 많았다. 흔한 종의 경우엔 채집 기록을 일일이 따로 메모했고, 흔하지 않은 종의 경우 사진을 찍어 종 정보를 확보했다. 거저리뿐만 아니라 평소에 관심이 많았던 버섯벌레과와 개미붙이과 곤충들도 관찰할 수 있어서 너무도 유익했다. 그날의 성과는 상상했던 것보다 커서 멀리까지 출장 온 보람이 있었다.

◆◆◆

문헌자료는 도서관, 해외 자연사박물관에 요청하거나 직접 저자와 접촉해 요청해야 하므로 표본 확보에 비해 정적인 작업이다.

분류학의 특성상 분류를 위해 종의 최초 기록을 찾아야 하는데, 문헌은 1800년대 자료인 것도 있고, 1900년대 초반 것도 수두룩하다. 당시에는 지금처럼 인터넷이 발달하지 않아서 문헌 조사 작업은 절차가 복잡했고, 일일이 도서관을 찾아다니는 등 발품과 시간품을 많이 팔아야 했다. 지금이야 웬만한 문헌은 인터넷을 통해 빠르고 수월하게 얻을 수 있으니 격세지감을 느낀다. 나는 대개 여러 대학 도서관을 방문해 자료를 열람한 뒤 필요한 자료를 복사했다. 한국은 분류학이 발달하지 않은 편이라 도서관에 자료가 많지 않은데, 도서관에 없는 자료는 대부분 개인이 해결해야 한다.

내가 가장 선호하는 방법은 논문 저자에게 직접 편지나 메일을 써서 자료를 요청하는 것이다. 메일이 빠르고 편하지만, 당시만 해도 불가리아 같은 동구권은 메일 사용이 원활하지 않아서 편지를 보내야 했다. 동구권의 경우 답장이나 요청한 자료가 올 확률은 50퍼센트에 불과했다. 고맙게도 대부분의 저자들은 요청한 자료와 표본을 우편으로 흔쾌히 보내주었다. 내 연구에 도움이 될 만한 자료를 같이 보내준 친절한 연구자도 있었다. 특히 헝가리 자연사박물관의 머클 박사와 일본의 마츠모토 박사는 여러 번에 걸쳐 내 연구에 도움이 많이 되는 자료와 확증 표본들을 보내주었다.

그래도 구하지 못한 자료는 대행업체를 통해 구매했다. 원하는 논문 목록을 구매 대행업체에 신청하면 한 달 이내에 논문을 구해준다. 논문 한 편에 약 15달러가 들어 지출이 많았지만, 시간에 쫓겨 살았던 나는 대행업체를 많이 이용했다. 도착까지 대부분 한 달 이상이 걸렸는데, 자료가 없는 경우에는 연구도 일시적으로 멈추어 답보 상태가 된다. 그러다 자료가 도착하면 다시 연구가 어느 정도 진척이 된다. 불규칙하게나마 진척이 있을 때면 이상한 짜릿함과 성취감이 밀려왔다.

모래밭 소우주

분류학 실험실에서 하는 일은 많다. 그중 하나는 해마다 실시하는 곤충 조사 프로젝트이다. 실시하는 기관의 목적에 따라 장소가 결정되는데, 크게 육상 곤충 조사와 해안사구 곤충 조사로 나뉜다. 지도교수는 곤충계의 거목이라서 국내의 굵직굵직한 육상 곤충 조사와 해안사구 곤충 조사를 1980년대 이래로 도맡아 했다. 특히 전공 분야가 사구성 곤충인 모래풍뎅이류(딱정벌레목 똥풍뎅이과)라서 해안사구 조사의 독보적 존재였다. 그 덕에 우리 실험실 동료들은 지도교수와 함께 조사에 참여할 수 있었다. 모든 조사는 계절별로 일 년에 세 차례(봄, 여름, 가을) 이루어졌다. 이러한 해안사구 정밀조사는 내게 곤충의 신세계를 경험하게 해주었다.

우리가 흔히 가는 바닷가 해수욕장은 해안사구의 극히 일부분이다. 사구 곤충을 알기 전까지는 바닷가에 가면 넘실대는 검푸른 바닷물과 자잘하게 부서지는 새하얀 파도에만 환호했지, 모래밭(해안사구)에는 관심을 두지 않았다. 모래가 끝없이 펼쳐져 그늘이라곤 찾아볼 수 없는 모래밭은 너무도 척박해 버려진 땅처럼 생각되었기 때문이다. 그런데 황무지 같은 바닷가 모래밭에 수많은 생명들이 북적대며 살고 있었다. 갯메꽃, 갯방풍, 통보리사초, 표범장지뱀, 참뜰길앞잡이, 큰조롱박먼지벌레, 개미귀신(명주잠자리류 애벌레), 해변청동풍뎅이, 모래거저리, 바닷가거저리, 해초꼬마거저리, 홍다리거저리, 뿔벌레류, 해변메뚜기, 바다방울벌레 등 이름도 낯선 동식물들이 척박한 모래밭에서 사는 걸 보고 깜짝 놀랐고, 한편으론 나의 무식함을 탓했다.

사구 곤충 조사는 해마다 서해안, 동해안, 제주도 등 장소를 바꿔 진행이 되었다. 처음에는 지도교수가 꾸린 해안사구 조사팀에 합류했으나, 후에 교수로부터 조사권을 넘겨받아 15년 넘게 해안사구 정밀조사를 수행했다. 동해안의 최북단 민통선부터 포항까지 7번 국도를 따라 이어지는 주요 해안사구와, 서해안과 남해안에 펼쳐진 해안사구를 누비고 다녔다. 남방계 곤충을 볼 수 있는 제주도는 일 년에 서너 차례 방문했고, 비진도, 비금도, 대청도, 임자도, 우이도 등 섬이란 섬은 다 다니며 해안사구성 곤충을 조사했다. 그 덕에 사구성 곤충 전문가가 될 수 있었다.

사구성 곤충을 조사하면서 덤으로 아름다운 바닷가 풍경을 계절별로 만끽하는 호사를 누렸지만, 출입제한이 있을 때는 조사에 어려움을 겪기도 했다. 대부분의 동해안 바닷가는 일반인들의 출입을 막는 출입제한지역이라 해안가를 따라 철조망이 쳐져 있다.

철조망이 갈라놓은 모래밭을 보며 분단의 아픔을 뼈저리게 느꼈다. 철조망 바깥쪽을 조사할 때는 해당 지역 군부대의 허락을 받아야 하는데, 절차가 사뭇 까다로웠다. 또 보통 주말에 출장을 가 조사하는데, 부대는 휴일이라 행정 절차를 제대로 밟지 못해 애태우기도 했다.

우여곡절 속에 철조망 바깥쪽인 통제구역으로 들어가더라도, 조사할 때 늘 아들 또래의 앳된 군인이 동행한다. 생각해보라! 총을 메고 철모를 쓴 군인이 조사팀의 뒤를 졸졸 따라다니는 광경을. 정말이지 불편하고 또 불편하기 이를 데 없다. 2킬로미터 넘는 모래밭을 조사하려면 대강 해도 한나절은 넘게 걸린다. 그 군인은 뜨거운 땡볕 아래서 무슨 죄인가! 우리는 곤충 조사만 하지 절대로 월북하지 않으니 걱정 말고 초소 옆에서 기다려도 된다고 요청해도 소용없었다. 군인의 감시를 받으며 고고학자처럼 엎드려 모래 속을 헤치고, 모래 속에서 돋아난 갯매꽃 주변을 파고, 여기저기에 널브러진 쓰레기를 뒤집어보고, 부패하는 생선 사체를 요리조리 살피고, 바다에서 떠밀려온 해초더미를 뒤진다. 대부분의 사구성 곤충들은 모래 색깔과 너무도 비슷한 보호색을 띠기 때문에 집중하지 않으면 보이지 않아 신경이 곤두선다.

바닷가거저리나 해변메뚜기는 정말이지 모래색과 너무 비슷하다. 놀랍게도 통제구역의 종 다양성은 꽤 높았고, 개체수도 굉장히 풍부했다. 모래거저리, 해변해초거저리, 참뜰길앞잡이, 큰조롱박먼지벌레, 큰집게벌레, 바닷가거저리, 해변메뚜기, 모래거저리붙이, 고려모래거저리, 강변거저리 등 해안사구가 없으면 사라지는 사구성 곤충들이 다 모여 있었다. 특히 동해안사구에서만 사는 고려모래거저리가 솔잎 낙엽 아래에, 둥글둥글하게 생긴 남생이거저리가 바다에서 떠밀려온 해초더미 아래에서 많이 발견되었다. 이는 해안사구 생태계가 매우 건강함을 증명한다. 만일 해안사구가 사라지면 이들은 영영 우리 땅에서 사라진다. 조상 대대로 사구에 적응해왔기 때문에 해안사구가 육상화되면 살아남을 수가 없다. 역시 곤충의 최대 천적은 사람이다. 사람의 발길만 안 닿아도 이렇게 곤충들이 편하게 살아가니 말이다.

민간인 출입제한지역뿐 아니라 섬을 조사하는 일도 만만치 않다. 지금은 대부분의 섬에 연육교가 설치되어 오가기가 수월하지만, 당시엔 섬으로 가는 길이 고행길이었다. 대청도나 백령도를 가려면 인천 선착장, 원산도 같은 충청 지역의 섬을 가려면 보령 선착장, 신안군의 섬을 가려면 목포 선착장에서 배를 타야 했다. 첫 배를 타기 위해 집에서 새벽에 나와도 배 타는 일은 계획대로 이뤄지지 않는다. 섬은 내가 가고 싶으면 갈 수 있고, 오고 싶으면 올 수 있는 곳이 아니었다. 날씨의 허락을 받아야 비로소 배가 뜰 수 있기 때문이다. 모든 것이 날씨가 시키는 대로 움직이는 곳이다.

조사지 가운데 가장 기억에 남는 섬은 대청도이다. 대청도는 북한과 가까운 곳으로, 거리가 멀어 인천 선착장에서 배로 네 시간이 걸린다. '오늘도 배 뜨기는 틀렸구나!' 새벽에 인천 선착장에 도착했을 때는 이미 사방에 짙은 안개가 껴 있었다. 어디가 땅인지 바다인지 통 구분이 안 갈 정도였다. 어제도 파도가 높게 일어 집으로 되돌아갔던 터라 애가 닳았다. 다행히 파도는 가라앉은 상태라 안개만 걷히면 배가 뜬다고 해서 오전 내내 여객선 대합실에서 기다렸다.

오후가 되자 안개가 걷히고, 드디어 배가 뜬다. 가도 가도 끝이 없는 먼 바닷길, 출렁이는 바닷물에 이리저리 흔들리는 배. 걷잡을 수 없는 뱃멀미에 인사불성이 되면서 숨 쉬는 게 고통스럽다. 그렇게 네 시간 만에 도착해 서둘러 숙소에 짐을 푼 뒤, 늘어진 몸을 이끌고 바닷가 모래언덕(해안사구)을 찾아갔다. 대청도의 해안사구는 정말 웅장하다. 규모가 큰 것만 네 개였는데, 그 가운데 옥죽동 사구는 마치 사막을 연상시킬 정도로 웅대하다. 우리나라에도 이런 사막 같은 사구가 있다니, 그 장대함에 아! 아! 감탄사만 남발한다.

◆ ◆ ◆

온 사방이 모래천국인 사구에는 통보리사초, 갯그령, 갯씀바귀, 갯방풍, 순비기나무, 갯메꽃이 자라고 있다. 특히 모래에 파묻혀도 잘 자라는 갯메꽃이 융단처럼 쫙 깔려 있다. 쪼그리고 앉아 모래

에 묻힌 하트 모양의 잎사귀를 들추니 까만 콩 같은 곤충이 있다. 깜짝 놀라 모래를 더 파보니 여러 마리가 웅크리고 앉아 있다. 사구성 곤충의 대표, 모래거저리이다. 모래거저리는 동해안, 서해안, 남해안, 제주도 등 갯메꽃이 자라는 해안사구만 있으면 어김없이 산다. 만약 사구에서 모래거저리가 안 보이면 그곳의 생태계가 망가졌다고 해도 틀린 말이 아닐 정도로 개체수가 엄청나게 많다.

곤충과 식물은 떼려야 뗄 수 없는 유기적인 관계이다. 모래거저리도 갯메꽃이 없으면 살 수 없다. 애벌레가 갯메꽃의 뿌리 또는 뿌리와 공생하는 균을 먹고 살기 때문이다. 다행히 갯메꽃은 모래만 있으면 잘 살아가는 사구성 식물이라서, 우리나라의 모든 사구에 모래거저리가 살고 있는 것이다. 세계적으로는 일본, 대만, 중국 남동부, 인도 등의 사구에서 산다.

모래거저리는 딱지날개가 딱딱한 딱정벌레목 가문 중 거저리과 집안에 소속되어 있는데, 몸길이가 8밀리미터 정도고 색깔도 검은색이라 금방 눈에 띈다. 사람들이 찾는 해수욕장에서 자라는 갯메

갯메꽃이 있어야만 살 수 있는 모래거저리. 낮에는 숨어 있다가 밤에 모래 위로 올라와 어슬렁어슬렁 걸어 다닌다.

꽃 주변을 파보면 모래거저리를 만날 수 있다. 특히 봄에는 어른벌레가 얼마나 많은지 살살 파기만 해도 툭툭 튀어나와 까만 보석을 캐는 기분이다. 또 모래거저리는 대개 무리 지어 있기 때문에 앉은 자리에서 수십 마리도 볼 수 있다. 야행성이라 모래 속에 숨어 있다가 밤이 오면 모래 위를 어-슬-렁-어-슬-렁 걸어 다니며 먹잇감도 찾고 짝도 찾는다. 그러다 새벽이 되면 다시 모래 속으로 들어가 쉰다.

모래거저리를 건드리니, 깜짝 놀라 도망갈 법도 한데 도망은 안 가고 다리와 더듬이를 배 쪽으로 딱 오그린 채 꼼짝도 안 한다. 손으로 살짝 건드려도 미동도 없다. 대부분의 곤충들은 위험에 맞닥뜨리면 혼수상태에 빠져서 움직이지 않고 죽은 듯 가만히 있는다. 이런 현상을 전문용어로 '가사假死상태'라고 하는데, 어떤 자극을 받으면 자동적으로 정신을 잃었다가 몇 분 정도 지나면 의식이 되돌아온다. 이런 행동을 함으로써 포식자의 눈을 교묘히 피한다.

가사상태에 빠지는 것도 모자라 모래거저리는 폭탄먼지벌레처럼 배 꽁무니에서 화학폭탄을 분사해 포식자를 쫓아낸다. 아무 때나 내뿜는 게 아니라, 자기 목숨이 위험에 처했을 때 배 속에서 순식간에 시큼한 냄새가 나는 화학폭탄을 제조해 발사한다. 모래거저리를 연구용으로 채집할 때가 있는데, 액침표본으로 보관하기 위해 알코올이 담긴 병에 넣으면 알코올 색이 서서히 갈색으로 변한다. 병의 뚜껑을 열고 냄새를 맡으면 역겨운 냄새가 진동하는데, 그

물질이 바로 모래거저리의 몸속에서 만들어진 벤조퀴논과 탄화수소가 포함된 화학폭탄의 냄새이다.

모래거저리 등 사구성 곤충이 살고 있는 해안사구의 창시자는 모래 알갱이다. 바람과 파도가 바닷가에 모래를 실어나르면 먼저 도착한 모래 알갱이들은 나중에 도착한 모래 알갱이에 떠밀려 점점 육지 쪽으로 올라오는데, 그렇게 떠돌다가 식물이나 돌멩이, 떠내려 온 나무토막 등 커다란 물체에 머문다. 이러한 모래 알갱이에는 놀랍게도 세균, 지의류, 조류algae, 원생생물 등의 생명이 숨 쉬고 있으며, 이들은 공중에 떠 있는 질소를 붙잡아두고 물을 저장할 수 있다. 이렇게 모래 알갱이가 모여 해안사구(바닷가 모래언덕)가 만들어지고, 여기에 사구성 식물들이 뿌리를 내리고 산다. 식물들은 해안사구에 자신들만의 왕국을 건설하면서 바람 타고 떠다니는 모래 알갱이를 더 많이 붙잡아 가둔다. 그러니 세월이 가면 갈수록 해안사구는 더욱 커진다.

해안사구에 사구성 식물이 자리 잡으면 초식성 곤충 등 사구성 동물들도 몰려든다. 어떤 녀석은 잎을 먹고, 어떤 녀석은 식물 즙을 먹고, 어떤 녀석은 땅속의 뿌리를 먹고, 어떤 녀석은 썩은 식물을 먹으며 살아간다. 그러자 이번에는 초식동물을 잡아먹으려 큰조롱박먼지벌레 같은 1차 포식자가 모여든다. 이들은 자칫 초식동물의 개체수가 많아져 사구성 식물이 초토화되지 않도록 수를 적당하게 조절해준다. 또 파도가 실어다준 썩은 해산물, 죽은 동물,

똥 등을 먹는 부식성 동물들도 속속 모여든다. 이렇게 해안사구에 먹을 것이 많아지자 힘이 더 센 2차 포식자인 표범장지뱀, 새와 쥐 등도 찾아와서 아예 자리를 잡는다. 이렇게 식물부터 포식자까지 해안사구에 모여 그들만의 방식대로 먹고 먹히며 살아가고 있으니, 분명 해안사구는 소우주다.

그런데 모래 알갱이가 만들어낸 이러한 해안사구의 생태계가 사람들의 욕심으로 하루가 다르게 망가지고 있다. 끝없이 난 해안도로, 건물, 펜션, 음식점 등이 들어서면서 모래 알갱이의 흐름이 차단되어 결국 해안사구가 없어지고 있는 것이다. 실제로 동해안의 어느 바닷가는 모래가 사라져 자갈돌이 드러나 있고, 어느 지역에선 사라진 모래를 메꾸려고 다른 곳의 모래를 퍼다 나르기도 한다. 해안사구의 연쇄적인 먹이망에서 중요한 고리를 차지하는 모래거저리의 터전도 하룻밤 자고 나면 없어지고, 또 하룻밤 자고 나면 없어진다. 모래거저리조차 없는 해안사구는 더 이상 생물이 살기 힘든 척박한 땅이다. 삶의 터전을 잃고 있는 사구 생물들의 절규에 귀 기울이지 않으면, 머지않은 시기에 생태계 파괴의 역습을 맞을 수도 있다.

똥이 되고 싶은 애벌레

여러 연구기관을 다니며 거저리 표본을 검토하고 대여도 했지만, 연구에 필요한 목표치에는 턱없이 모자란다. 나머지 샘플은 스스로 확보해야 하는데, 개인 채집을 할 수 있는 시간은 주말과 휴일밖에 없다. 가족이 있으니 멀리는 못 가고 대부분 당일치기가 가능한 서울 근교로 채집을 갔는데, 초창기엔 작은아들과 함께 다녔다. 어렸을 적부터 곤충에 빠져 살았던 작은아들은 종 인식 능력이 뛰어나고 눈도 좋아서 나무껍질 속이나 버섯 속에 있는 2~3밀리미터 정도의 작은 곤충도 잘 찾아냈다. 하지만 중학생이 되고부터는 바빠져 동행하지 못했다.

거저리가 사는 곳은 대개 숲속이다. 썩은 나무들이 즐비하게 쓰러져 있거나 버섯이 소담스럽게 피어나는 숲이면 더욱 좋다. 그런 숲을 찾아가려면 차에서 내려 오솔길을 한참 걸어야 한다. 나는 어두컴컴하고 뱀이 많은 숲속보다 숲속으로 이어지는 오솔길을 참 좋아한다. 대개 오솔길은 계곡을 끼고 있거나 초지와 접해 있어서, 초지에 사는 곤충들과 숲속에 사는 곤충들이 교차한다. 특히 햇볕이 많이 드는 양지바른 길섶에는 풀과 키 작은 나무들이 많이 자라 메뚜기, 잎벌레, 꽃하늘소, 나비와 나방, 밑들이 등 다양한 곤충들이 모여 있다. 그런 오솔길엔 바쁜 일상과는 생판 다른 세상이 펼쳐진다. 길옆에 핀 수많은 야생화, 그 야생화를 찾아와 열심히 식사하는 곤충과 놀다 보면 문득 여기가 무릉도원이라는 생각이 든다. 숲속에 사는 거저리는 잠시 잊은 채 꽃 한 송이, 풀 한 포기, 나무 한 그루에 깃들어 사는 곤충들과 눈 맞추다 보면 100미터 거리를 가는 데 한 시간이 넘을 때도 많다.

야외에 나갔을 때 특정 식물을 먹고 있는 애벌레나 어른벌레를 유심히 관찰하다가, 처음 보는 녀석들이면 먹고 있던 식물과 함께 사육통에 넣어 집으로 데려와 자식처럼 돌보았다. 곤충은 실험실보다 집에서 키우는 게 훨씬 효율적이었다. 집은 온도와 습도가 일정하고, 곤충의 상태를 수시로 살필 수 있으며, 밤낮을 가리지 않고 필요할 때마다 언제든지 관찰할 수 있고, 간단한 실험을 하거나 사진 찍기가 수월하기 때문이다. 하지만 아무리 자연 상태와 비슷하게 생육조건을 조성한다 해도 야외 조건을 따라가지 못하니 곤충들이 고생하거나 죽을 때도 있었다.

곤충은 한꺼번에 성장하는 게 아니라 '알-애벌레-번데기-어른벌레'(완전변태 곤충) 또는 '알-애벌레-어른벌레'(불완전변태 곤충)의 단계를 거치며 성장한다. 이렇게 알에서 어른벌레까지의 생애주

기를 '한살이'라고 한다. 각 단계의 모습은 완전히 다르지만, 물론 같은 종이므로 DNA는 같다.

곤충은 분업이 잘 되어 있어 알, 애벌레, 번데기, 어른벌레의 역할이 각각 정해져 있다. 알의 역할은 부화하는 것이고, 애벌레의 역할은 오로지 먹는 일에만 집중하면서 성장하는 일이고, 번데기의 역할은 애벌레의 몸에서 어른벌레의 몸으로 변화시키는 일이며, 어른벌레의 역할은 번식하는 일이다. 그런데 지금처럼 급속도로 환경이 파괴되고 온난화가 지속되면 우리 땅에서 곤충들이 쥐도 새도 모르게 사라질 수 있다. 멸종위기에 처한 종들을 보호하고 그들의 서식지를 복원하기 위해선 어떤 식물을 먹고 사는지, 어느 계절에 나와 활동을 하는지, 번데기는 어디에서 만드는지, 일 년에 한살이는 몇 번 돌아가는지, 천적은 누구인지 등 한살이 과정에 대한 자료가 필요한데, 연구가 미처 이루어지기도 전에 서식지가 급격히 파괴되고 있기 때문이다.

연구자로서의 내 마음은 기쁨과 애처로움이 수시로 교차한다. 새로운 생명현상을 발견해 가슴 벅찰 때도 있지만, 실험 중에 스러져가는 생명을 볼 때는 마음이 많이 아프다. 그러나 일부 희생이 있더라도 한살이에 대한 자료를 얻는 것이 녀석들을 영원히 살리는 길이라 생각한다.

◆ ◆ ◆

지난봄에 참나리 같은 백합과 식물을 먹고 사는 백합긴가슴잎벌레를 키운 적이 있다. 백합긴가슴잎벌레는 딱정벌레목 잎벌레과에 속하는 종으로, 애벌레와 어른벌레 모두 백합과 잎을 먹고 살아서 이름에 '백합'과 '잎벌레'가 들어가 있다. 산길에서 우연히 참나리 잎사귀 뒷면에 알이 붙어 있는 걸 보고 궁금해 키우기로 맘먹었다. 알이 붙어 있는 잎사귀를 조심스럽게 따서 비닐 지퍼백에 넣은 뒤 집으로 가져왔다.

곤충을 성공적으로 잘 키우려면 자연 상태의 환경과 비슷하게 조성해줘야 한다. 우선 곤충을 키울 사육통의 바닥에 물기가 약간 있는 휴지를 깔고, 그 위에 알이 붙은 참나리 잎(먹이식물)을 올려놓는다. 그러면 삼투압 작용으로 젖은 휴지의 수분이 잎사귀로 흡수되어 잎이 마르지 않고 신선하게 유지된다. 이때 물기가 너무 많으면 잎사귀가 썩을뿐더러 알이 썩거나, 부화한 애벌레가 죽을 수도 있다. 애벌레는 보통 낮은 습도보다 높은 습도에 매우 취약하다. 내 서재의 실내온도는 평균 24도니 곤충에게는 최적의 조건이다.

사전 작업이 완료되면 이제부터 기나긴 관찰의 시간을 보내야 한다. 물론 먹이를 제때 주고 사육통을 청소하는 등 보살핌은 필수이다. 최소한 이틀에 한 번씩 물 젖은 휴지를 갈아주지 않으면 곰팡이가 피어나기도 하고, 습도에 예민한 애벌레가 죽을 수도 있기 때문이다. 각 단계별(알-애벌레-번데기-어른벌레) 기간, 날짜에 따른 알의 변화, 애벌레의 총 기간과 허물벗기 횟수, 애벌레의 생김새와 행동습성, 번데기의 서식 장소와 기간, 번데기의 모양, 어른벌레의 경이로운 변신 장면, 어른벌레의 짝짓기 신호 등 관찰 시간이 많을수록 정보는 많아진다. 이 모든 과정을 기록하고 사진을 찍어야 한다. 곤충이 많이 출현하는 늦봄에는 수십 종을 키워야 해 몸이 열 개라도 모자란다.

알을 집으로 데려온 후 2주가 지나자 애벌레가 깨어났다. 갓 부화한 애벌레를 1령 애벌레라고 부르는데, 사람으로 치면 한 살이다. 물론 1령의 기간은 사람처럼 1년이 아니라 며칠이다. 1령 애벌레의 몸길이는 2밀리미터 정도로, 맨눈으로는 잘 안 보일 만큼 몸집이 작다. 2~3일 후면 몸집이 커져 허물을 벗고 2령 애벌레가 된다. 사람으로 치면 두 살이 되는 것이다. 애벌레가 성장하면서 허물을 벗지 않으면 질기고 신축성 없는 허물(큐티클 재질로 사람의 뼈에 해당된다)에 갇혀 죽는다. 백합긴가슴잎벌레의 애벌레는 모두 두 번의 허물을 벗으며, 3령까지 자라다가 번데기로 변신한다. 곤충 키우기의 최고 덕목은 기다림이다. 기다림 끝에 베일에 싸인 곤충의 신비로운 사생활과 마주하는 것에는 벅찬 울림이 있다. 특히 곤충은 알-애벌레-번데기-어른벌레의 여러 모습으로 변신하며, 제각각 다른 장소에서 생존하기 때문에 굉장히 역동적이다.

그런데 희한한 애벌레의 생김새가 내 시선을 사로잡는다. 머리는 작은데 몸통은 배불뚝이처럼 뚱뚱해 마치 오뚝이 같다. 다리까지 짧아서 걷는 폼이 뒤뚱거린다. 더 놀라운 건 애벌레들이 죄다 똥을 뒤집어쓰고 있다는 점이다. 배불리 먹고 싼 똥을 버리지 않고 자신의 등 위에 흥건하게 칠한다. 그 모습이 마치 등에 짐을 짊어진 봇짐장수 같다. 소복소복 쌓인 똥들은 반지르르 윤까지 난다. 어떤 때는 똥이 넘쳐 잎 위로 질질 흘러내릴 때도 있다. 똥을 만져보면 질척이고 비비면 금방 뭉그러진다.

애벌레는 사람처럼 손도 없는데 어떻게 똥을 등에 올릴까? 간단하다. 똥을 쌀 때 항문을 등 쪽으로 올리면 똥이 등 위에 얹어진다. 똥에는 물기가 흥건해서 미끄러지듯 잘 밀려 올라간다. 나중에 싼 똥이 먼저 싼 똥을 밀어 올리고, 또 나중에 싼 똥이 다시 그 앞의 똥을 밀어 올리는 식으로 계속 똥 밀어 올리기를 반복하면 등

애벌레 시절 내내
자기 똥을 등 위에 올려놓는
백합긴가슴잎벌레.

은 똥으로 뒤덮인다.

애벌레에게 미안하지만, 이제부터는 실험을 할 차례다. 등에 짊어진 똥을 살살 훑어 내려본다. 똥이 없어진 걸 귀신처럼 알아차린 애벌레가 곧바로 복구 작업에 들어간다. 다시 똥을 싸 등 위에 정성스럽게 올린다. 온몸에 털 같은 감각기관이 쫙 깔려 있으니 안 보고도 등에서 무슨 일이 일어나는지 즉각 알아차릴 수 있다. 왜 똥을 짊어지고 살까? 포식자의 눈을 속여 살아남기 위해 똥을 재활용하는 것이다. 똥은 애벌레에게 방어 무기다. 잎사귀 위에서 몸을 노출한 채 생활하면 힘센 포식자에게 잡아먹히기 십상이다. 그래서 애벌레는 맨살을 숨기는 전략, 즉 똥으로 변장해 '난 똥이야, 맛이 없어!'라고 몸으로 말을 하는 것이다. 가진 거라곤 똥밖에 없는 애벌레에게 똥은 험한 세상에서 살아남게 하는 구세주인 셈이다.

애벌레 시기를 무사히 마치면 곧바로 번데기로 변신해야 한다. 번데기가 될 즈음이면 사육통에 보드라운 흙을 깔아준다. 대부분의 잎벌레류(딱정벌레목 잎벌레과) 애벌레들은 먹던 잎을 떠나 흙 속으로 들어가 번데기를 만들기 때문이다. 땅속에도 포식자들이 우글거리지만, 그래도 육상보다 안전한 편이다. 번데기는 깜깜한 땅속에서 지내다 어른벌레로 변신(날개돋이, 우화)한다.

나는 이런 모든 과정을 글로 기록할 뿐 아니라 사진으로도 남긴다. 사진을 촬영할 때는 실내라서 플래시를 터뜨리는데, 그럴 때마다 곤충은 움찔움찔 놀란다. 그래도 우리나라에 없는 사진 기록이라 촬영할 수밖에 없다. 또 관찰한 기록을 토대로 생김새가 전혀 다른 애벌레와 어른벌레의 퍼즐을 맞추고, 번데기는 어디서 만드는지, 애벌레는 왜 똥칠을 하는지, 애벌레의 먹이식물은 무엇인지 등을 정리한다. 데이터가 하나하나 쌓일 때마다 희열 그 자체다. 20년째 이어가는 이 모든 기록들이 뒤에 올 연구자들에게 큰 밑천이 될 것이라 믿는다.

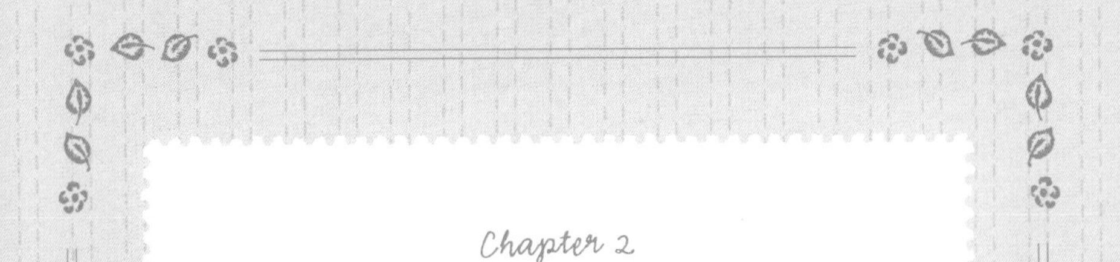

Chapter 2

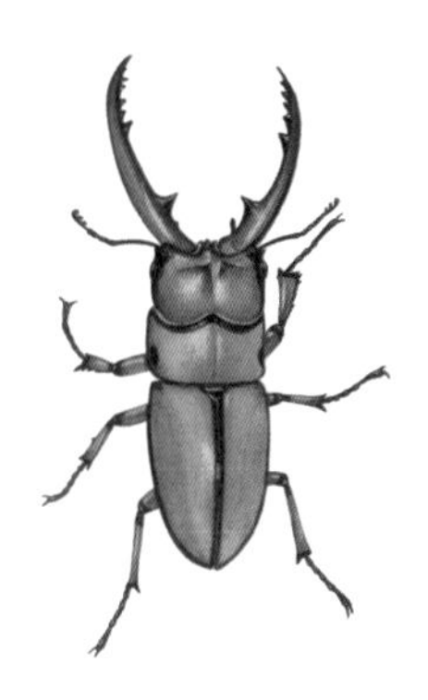

파브르의 기쁨과 슬픔

소리 나는 버섯

무더운 8월, 뜨거운 햇살이 머리를 달군다. 무서운 햇볕을 피해 숲속으로 들어가니 더 무서운 모기들이 떼로 몰려든다. 달려드는 모기를 휘휘 쫓으며 바람 한 점 없는 무더운 숲속을 걸으면서 버섯을 찾는다. 어두컴컴한 숲 바닥에 똑바로 누운 고목들이 언뜻언뜻 보인다. 저 나무에 버섯이 붙어 있을 텐데……. 나뭇잎과 풀이 우거져 낮에도 어둑어둑한 숲속에서 나무에 붙은 버섯을 찾느라 손전등을 꼼꼼히 비춘다. 내가 찾는 것은 숲 바닥에 쓰러져 죽은 나무, 서 있는 채로 죽어가는 나무, 그루터기, 썩은 나뭇가지 등에 붙어 자라는 딱딱한 버섯이다.

버섯을 모르는 사람은 없다. 비 온 뒤 숲속 바닥 여기저기에 지천으로 피어나기도 하고, 우리 식탁에 반찬으로 올라오기도 한다. 그 버섯 속에 곤충이 산다. 버섯은 곤충들의 밥이자 집이기 때문이다. 어떤 곤충들은 입맛이 버섯에 특화되어 버섯이 없으면 살지 못한다. 그런 곤충들을 균식성 곤충 또는 버섯살이 곤충이라고 부른다.

야트막한 언덕부터 깊은 산까지 피어나는 버섯은 버섯살이 곤충들에게 최고의 낙원이다. 아기 손톱만큼 작은 버섯, 종잇장처럼 얇은 버섯, 나무껍질처럼 질긴 버섯, 굴러다니는 썩은 나뭇가지에 피어난 버섯, 곰팡이처럼 피어나는 점균류, 갓이 피어나기 직전의 균사체 등 하잘것없어 보이는 버섯 한 조각에서 수많은 버섯살이 곤충이 둥지를 틀고 산다. 한 마리도 아닌 수십 마리가 떼 지어 버섯의 좁고 어두운 공간에서 먹고, 잠자고, 싸고, 알 낳으며 평생을 살아간다. 생각할수록 경이로운 생명체이다.

30대 중반에 처음 버섯에 눈을 떴다. 숲길을 걷다가 귀엽고 앙증맞은 버섯을 만나면 본능적으로 쪼그리고 앉아 구경했는데, 때때로 버섯 속에는 곤충들이 제법 모여 있다. 버섯을 건드리면 곤충들은 화들짝 놀라 버섯 속으로 도망가거나, 동백꽃 모가지째 떨어지듯 땅바닥으로 후드득 떨어진다. 어느 순간 그 곤충들이 누군지 너무도 궁금했고, 정식으로 곤충계에 입문한 후 팔을 걷어붙이고 버섯살이 곤충들을 쫓아다니기 시작했다. 그들을 만나려면 반드시 버섯들을 만나야 하는데, 곤충들과 데이트하는 것 못지않게 생김새가 아름다운 버섯들과 데이트하는 재미도 쏠쏠했다. 물론 버섯 속에 세 들어 사는 곤충들과 해후하면 너무 반가워 가슴이 콩닥콩닥 뛰었다. 그렇게 20년 가까운 세월 동안 버섯살이 곤충과 동행하고 있다.

사람들이 식용버섯과 독버섯을 정해놓은 것처럼 버섯살이 곤충들도 편식을 해 대개 특정 버섯을 정해놓고 먹는다. 사람의 기준으로 정해놓은 독버섯은 사람에겐 해가 되지만 곤충에게는 아무런 해가 없다. 잠깐 버섯 얘기를 해야겠다. 버섯은 서식지에 따라서 크게 땅에 나는 버섯(주름버섯류)과 나무에 나는 버섯(민주름버섯류)으로 나눌 수 있다. 땅에 나는 버섯은 버섯자루와 갓으로 이루어져 있고, 갓의 아랫면은 대개 주름살 모양인데 주름살 속에는 포자가 들어 있으며, 부드럽고 연약해 잘 부스러진다. 그러다 보니 수명이 굉장히 짧아 일주일을 버티지 못하고 썩거나 녹아 흘러내린다. 그래서 '하루살이 버섯'이라고 부른다. 대표적으로 노랑망태버섯은 피어난 지 하루도 못 되어 녹아내려 죽는다.

수명이 턱없이 짧은 버섯은 곤충들에게 비호감이다. 곤충들 대부분은 한살이 기간이 평균 두 달 이상(최소 30일 이상)인데, 일주일도 못 버티는 버섯에서 살다간 한살이를 완성하지 못할 수 있다. 애벌레는 날개가 없어 이동이 수월하지 않기 때문이다. 따라서 땅에 나는 버섯에는 일부 곤충들만 일시적으로 찾아와 식사를 하거나 은신한다. 물론 예외도 있다. 한살이 기간이 짧은 파리류나 입치레반날개류는 땅에 나는 버섯에서 성공적으로 한살이를 마친다. 지혜롭게도 녀석들은 버섯이 땅에서 올라오는 순간, 즉 갓이 피기도 전에 날아와 알을 낳음으로써 갓이 피어나는 시간을 번다. 또 알에서 깨어나는 시간과 애벌레 기간이 짧아, 버섯이 썩어서 녹아 사라지기 전에 한살이를 마칠 수 있다.

반면 나무에 나는 버섯은 말 그대로 나무에 달라붙어 나무의 영양분을 흡수하면서 피어나는 버섯으로, 자루가 매우 짧거나 없고, 갓은 대개 반원형이다. 갓의 아랫면은 대부분 바늘로 구멍을 뚫은 것 같은 관공형이고 드물게 주름살형도 있다. 나무에 나는 버섯의 가장 큰 특징은 나무처럼 질기고 딱딱해서 수명이 길고, 웬만해선 잘 썩지도 않는다는 점이다. 이미 포자가 비산되어 버섯의 수명이 다 끝났다 해도 단단한 버섯이 썩어 분해되려면 짧게는 몇 달에서 길게는 일 년 이상이 걸린다. 따라서 곤충들은 수명이 긴 버섯에 찾아와 알-애벌레-번데기-어른벌레의 단계를 거치며 한살이를 완성할 수 있다.

버섯살이 곤충 중에는 딱정벌레목 곤충들이 많은데, 이들은 알에서 깨어나 애벌레 시기를 거쳐 어른으로 변신할 때까지 짧으면 40일(버섯벌레류), 길게는 80일(거저리류) 이상이 걸린다. 따라서 수명이 긴 버섯이라야 안심하고 알을 낳아 자손을 키울 수가 있다. 만약 수명이 짧아 금방 녹아버리는 버섯에 알을 낳았다간 부화한 애벌레가 굶어 죽을 게 빤하다.

예를 들면 '불로초'라고 불리는 영지는 수명이 굉장히 길다. 영지는 자연 상태에서 분해되는 데 1년 이상이 걸려 버섯살이 곤충의 입장에서는 최고의 집이자 밥이다. 이 버섯에서 딱정벌레목 곤충인 살짝수염벌레류가 사는데, 한살이 기간이 60일 정도다. 몸길이가 3밀리미터밖에 안 되기 때문에 어른 손바닥만 한 영지에 수백 마리가 먹고 살며, 일 년에 두 번 한살이가 돌아간다. 그러니 산에서 따온 영지가 겉으로 보기엔 벌레 먹은 흔적이 없는데도 가볍거나, 흔들었을 때 사그락사그락 싸라기 굴러가는 소리가 난다면 분명 곤충이 살고 있는 것이다.

90퍼센트의 꽝을 대하는 자세

장마가 지난 후 습한 숲속엔 버섯들이 앞다투어 피어난다. 구름처럼 켜켜이 피어나는 구름버섯, 시룻번(시루를 솥에 안칠 때 김이 새지 않도록 바르는 반죽) 같은 황갈색시루뻔버섯, 겹겹이 꽃처럼 피어나는 갈색꽃구름버섯, 세 가지 색깔이 반원형으로 그려진 삼색도장버섯 등이 썩어가는 나무에 딱 붙어 자란다. 대개 고목 하나에 몇 십 개가 시루떡처럼 차곡차곡 포개어 피어난다. 마침 바닥에 쓰러진 고목에 삼색도장버섯이 켜켜이 겹쳐 있다. 손전등을 비추며 조심스레 버섯 한 조각을 따보지만 질겨서 떼어지질 않는다. 하는 수 없이 고목을 두 손으로 힘껏 밀어 반 바퀴 돌린다. 역시 버섯의 갓 아랫면에는 대여섯 마리의 곤충이 죽은 듯 꼼짝 않고 붙어 있다. 몸은 손전등 불빛에 반사되어 기름칠한 것처럼 반짝거린다. 누굴까?

놀람 반 설렘 반으로 두 눈이 휘둥그레져 가까이 다가가 보니 흑진주거저리다. 이름 그대로 온몸이 까만색이고 진주처럼 반짝반

짝 빛이 난다. 강원도부터 제주도까지 버섯만 있으면 어디서나 상주하는 토종 거저리이다. 서둘러 고목 아래쪽에 보자기를 깔아 채집 준비를 한다. 혹시라도 버섯 속에 있던 곤충이 낙엽 쌓인 땅으로 떨어져 찾지 못할까 봐 대비하는 것이다. 곤충이 붙어 있는 버섯 조각을 조심스럽게 떼어 비닐 지퍼백에 담는다. 버섯은 나무에 단단히 붙어 있기 때문에 힘을 주어 떼어낼 때마다 바닥에 깔아놓은 보자기 위로 떨어지기도 한다.

일단 모두 지퍼백에 담은 후, 쓰러져 죽은 나무 주변의 온도와 습도를 측정하는 등 후속 조치를 한다. 날짜, 채집 장소, 버섯 이름, 버섯이 붙어 있던 나무의 종류(너무 썩어서 이름을 모르면 최소한 활엽수인지 침엽수인지라도 구분한다), 나무에 붙은 버섯 군락의 온도와 습도, 버섯에 비치는 햇빛 정도, 버섯의 부패 정도 등을 조사표에

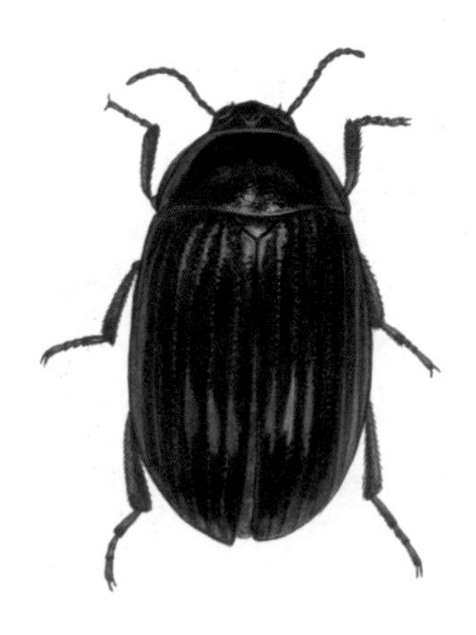

어디서든 버섯만 있으면
살아가는 흑진주거저리.
온몸이 까만 진주처럼 빛난다.

기입한다. 이 기록을 토대로 통계 작업을 한 뒤 버섯살이 곤충의 생태를 정밀하게 들여다본다. 처음 버섯 곤충을 채집할 때는 이렇게 기록하는 일이 매우 번거로웠고 시간도 많이 걸렸지만, 여러 번 반복하다 보니 요령이 생겨서 점차 능숙해지고 빨라졌다.

보통 하루에 채집하는 버섯의 양은 비닐 지퍼백 수로 치면 많게는 100개, 적게는 30개 정도이다. 지퍼백의 크기도 다양한데, 대개 어른 손바닥만 한 크기를 사용한다. 같은 종의 버섯이라도 피어나는 장소가 다르면 다른 지퍼백에 따로 담는다. 또한 버섯 속에 곤충이 있든 없든 일단 채집한다. 버섯살이 곤충 가운데 거저리 종류는 몸집이 커서 육안으로 보이지만, 대부분은 몸길이가 2~3밀리미터 정도로 작아 맨눈으로 보이지 않기 때문이다. 더구나 버섯 속에 알이나 애벌레가 들어 있을 수도 있기 때문에 얼핏 곤충이 없는 것처럼 보여도 일단 채집한다.

숲에 들어가면 제일 많이 보이는 구름버섯의 경우 하루에 열 번 넘게 만나기도 하는데, 만날 때마다 각기 다른 비닐 지퍼백에 넣은 후 조사 기록을 일일이 적는다. 따라서 구름버섯 하나만 채집해도 실제로 모은 구름버섯은 열 개가 넘기도 한다. 하루에 만나는 버섯이 최소한 10종 이상이라는 점을 감안하면, 실제 지퍼백 수는 100개 이상일 때가 많다. 그렇다고 채집한 버섯 모두에 곤충이 사는 건 아니다. 대부분 꽝이다. 그 버섯 속에 곤충이 사는지 안 사는지 알아내는 것은 기나긴 작업이다. 보통 채집해온 버섯의 10퍼센트 정도에만 곤충이 산다. 그러니 현장에서 채집할 때는 복불복 게임을 할 때처럼 운에 맡기는 심정이 된다.

이렇게 채집한 버섯은 집으로 가져온다. 여러 사람이 같이 쓰는 학교 실험실에서 버섯 곤충을 키우며 실험하는 건 민폐이다. 버섯은 시간이 흐르면서 썩어 역겨운 냄새를 풍기고, 관찰할 때 수억 개의 포자가 날리기 때문이다. 게다가 집에서 키우며 실험하면 여러모로 유리하다. 온도와 습도가 실험실에 비해 일정하다는 점 외에도 탈피, 용화(애벌레에서 번데기가 되는 것)나 우화(날개돋이)는 언제 일어날지 예측할 수 없어 수시로 관찰해야 하기 때문이다. 그래서 우리 집의 내 서재는 버섯 창고다. 여러 개의 대형 수납 바구니에 버섯이 든 지퍼백을 종류별로 차곡차곡 쌓아놓는다. 물론 곤충을 확인한 버섯과 확인하지 못한 버섯은 따로 구분해 보관한다. 이렇게 사육과 실험을 하다 보면 그야말로 집 안은 거저리 특유의 시큼한 냄새와 퀴퀴한 버섯 냄새로 가득 찬다. 간혹 관리 소홀로 버섯이 썩기라도 하면 집 안도 버섯 썩는 냄새로 진동한다. 이렇게 어두컴컴하고 퀴퀴한 냄새가 진동하는 버섯 속에서 살아가는 곤충들이 대견할 뿐이다.

◆◆◆

버섯은 대개 일주일에 한 번씩 저녁 시간이나 휴일에 현미경으로 관찰한다. 버섯 양이 많은 5~6월엔 밤을 꼬박 새울 때가 많으나, 요령껏 하면 관찰 시간을 단축할 수 있다. 버섯 속에 애벌레나 어른벌레가 살고 있으면 반드시 갓 아랫면에 좁쌀이 뭉친 것처럼 뭉글거리는 똥과 버섯 부스러기가 쌓여 있고, 아무도 살지 않는 버섯은 처음 따왔을 때 그대로 아무런 흔적이 없다. 그래서 벌레가 산 흔적이 있는 버섯을 먼저 관찰한다. 우선 버섯을 현미경 아래의 통에 놓은 후, 똥 흔적이 있는 부분을 쪼개면 영락없이 애벌레가 있다. 어른벌레가 되기 전까지는 어떤 종인지 알 길이 없으니 한두 달을 더 키우며 기다려야 한다.

하지만 한두 달을 키운다고 성공한다는 보장은 없다. 어떤 이유에서인지 애벌레 또는 번데기 시기에 죽는 경우가 다반사다. 특히 애벌레 시기에 먹이버섯이 부족하면 같이 생활하는 동료를 잡아먹는 통에 어른벌레가 어떻게 생겼는지 알 수가 없다. 세계적으로 버섯살이 곤충의 애벌레는 거의 연구가 안 되어 있어 애벌레만으로 종을 알아내기가 힘들고, 그나마 어른벌레는 어느 정도 연구가 되어 있어 종 구분이 수월하다.

애벌레를 발견하면 머리 너비와 몸길이를 잰 후 사진 촬영을 한다. 이어 비닐 지퍼백에 특별한 표시(보통 '★'로 표시)를 하고, 따로 수납 바구니에 보관한 후 수시로 관찰한다. 곤충이 살지 않는 90퍼센트의 버섯도 일일이 현미경 아래에서 관찰하는데, 당장 애벌레가 안 보여도 버리지 못한다. 늦게라도 알에서 깨어날지 모르니 6개월 정도는 보관한다. 특히 강원도나 제주도 같은 먼 곳에서 채집해온 버섯은 미련이 많이 남아 버리지 못하고 1년 이상 보관하는 경우도 있다. 그러니 집에는 방금 채집해온 버섯부터 수개월 전 채집해온 버섯까지 쌓여 있다. 온도와 습도가 높은 여름철 서재에서는 버섯 썩는 냄새가 진동한다. 관찰하기 위해 지퍼백 입구를 열면 포자가 날려 늘 목구멍이 칼칼하고, 현미경을 오래 들여다본 후유증으로 백내장이 생겨 수술을 받기도 했다. 그래도 아무도 가지 않은 버섯살이 곤충 연구의 길을 걸으며 얻은 수많은 데이터 앞에선 이루 말할 수 없는 희열과 자부심을 느꼈다.

버섯살이 곤충 연구는 1년 내내 쉼 없이 진행된다. 4월부터 10월까지는 야외채집에 힘을 쏟고(이때도 실내 사육과 자료 정리는 한다), 11월부터 3월까지는 종 동정species identification, 애벌레 분류, 논문에 필요한 자료 정리, 실험 등 실내 작업에 집중한다. 4~10월에는 거의 매주 숲속에 피어난 버섯을 찾으러 다닌다. 가장 좋은 계절은 단연 봄(5~6월)이다. 일단 어른벌레들을 많이 만날 수 있어 좋고, 따뜻한 햇살을 등에 지고 산에 오르는 맛이 참 좋다. 이미 봄꽃들이 한바탕 휩쓸고 지나간 숲속에선 연초록빛 나뭇잎들이 주인 행세를 하고 있지만, 아직은 숲이 우거지지 않아 숲 바닥에 쓰러진 고목에 붙은 버섯이 눈에 잘 띈다. 이 시기에는 나무껍질 아래나 썩은 나무 속에서 겨울잠을 자던 어른벌레들이 번식을 위해 먹이 버섯으로 나오기 때문에 곤충과 먹이버섯의 연관성, 한살이에 관한 연구 등 많은 시도를 할 수 있다.

이에 비해 여름은 야외채집 활동의 암흑기이다. 숲이 너무 우거져 버섯을 찾기 힘들고, 달려드는 모기 때문에 정신을 차릴 수가 없다. 무엇보다 초여름까지는 애벌레 단계로 접어들기 때문에 어른벌레가 거의 보이지 않아 연구 샘플을 얻는 데 어려움이 많다. 그래도 이 시기에는 애벌레를 많이 관찰할 수 있어 어른벌레와의 퍼즐 맞추기 연구가 많이 이뤄진다. 먹이버섯과 함께 애벌레를 집에 데려와 한 달 정도 키우면 번데기를 거쳐 어른벌레로 변신하기 때문에 한국의 버섯 곤충 연구사에 새로운 기록들을 속속 추가할 수 있었다.

가을은 여름철에 애벌레 시기를 거친 종들이 2세대 어른벌레로 변신하는 시기이다. 이때는 일찌감치 월동에 들어간 종들이 많고, 월동을 준비하느라 온도가 높은 낮 시간에 버섯을 먹는 종들도 있고, 알을 낳고 죽는 종도 있어 큰 성과를 얻지는 못한다. 그래도 가을철에 출현하는 종을 찾기 위해선 숲을 누벼야 한다.

죽은 나무의 의미

버섯살이 곤충 연구자는 한국뿐 아니라 세계적으로도 손에 꼽을 만큼 적다. 그래서 처음 개척하는 연구의 길은 시행착오를 거듭하고 지칠 때도 많지만 위대하고 찬란하다. 때때로 '임금님 귀는 당나귀 귀'라고 외치듯 심정을 토로하고플 때도 찾아온다. 몇 달 키운 버섯에서 신종이나 미기록종이 나올 때나, 알에서 어른벌레가 되기까지 한살이의 전 과정이 밝혀질 때는 나도 모르게 손뼉을 치며 환호성을 지른다. 아무리 홀로 작업에 익숙해도 나 역시 사회적 동물인지라 그럴 때는 기쁨을 나누고 싶은데, 상대가 없다. 친구? 가족? 동료? 찰나의 감정을 나누기 위해 장황한 사전 설명을 하기는 번거롭다. 차라리 주체 못할 감정을 홀로 추스르는 게 낫다. 어디 그뿐인가. 연구를 하다가 막힐 때 상의할 멘토도 없다. 아무도 가지 않는 길을, 그것도 혼자서 걸어간다는 건 이루 표현할 수 없는 고난의 길이다.

무엇보다 야외채집이 가장 힘들다. 공식적인 조사활동을 제외하면 야외채집은 거의 혼자 다니는데, 집이 서울이다 보니 주로 당일치기가 가능한 경기도 지역의 산을 찾아다녔다. 15년 넘게 다녔으니 웬만한 산은 거의 섭렵했다. 그러나 아쉽게도 숲속에는 아름드리나무들이 드문 데다, 숲속이 깨끗이 '정리'되는 바람에 썩은 고목이 많지 않다. 이렇듯 썩거나 죽어가는 나무가 적으면 버섯이 적게 피고, 버섯이 적으면 버섯살이 곤충도 적을 수밖에 없다.

게다가 언제부터인지 산마다 자연휴양림을 만들어 생태를 이용한 인간 복지에 힘을 쏟고 있다. 자연에서 복잡한 마음을 치유하는 것은 환영할 일이다. 하지만 이런 휴양림이나 공원의 산책로, 휴식 공간을 만들기 위해 숲이 파헤쳐지고 있다. 심지어 야생화 정원을 만든다고 멀쩡한 산 한 모퉁이를 파헤쳐 식물을 심는다. 숲이 바로 야생화 정원인데 ……. 특히 2018년 평창동계올림픽이 준비될 때는 강원도에서 많은 면적의 숲이 파헤쳐지는 아픔을 겪었다. 곤충은 몸집이 작아 이동 능력이 부족하다. 그래서 살던 곳이 파괴되면 대부분 그곳에서 죽을 가능성이 크다. 실제로 새롭게 조성되는 휴양림 가운데 사람들을 위한 편의시설 주변에는 곤충이 거의 살지 않는다. 휴양림의 면적이 넓으니 산속 어디에선가 명맥을 이어가겠지만, 지속적인 개발이 이뤄지면 곤충의 공간은 점점 좁아질 것이다.

그나마 경기도의 광릉 숲 주변은 울창하고 수령이 오래된 나무들이 즐비해 버섯살이 곤충의 보물창고이다. 광릉은 조선시대 일곱 번째 임금인 세조가 누워 있는 무덤인데, 이 광릉을 병풍처럼 둘러싸며 호위하는 숲이 광릉 숲이다. 500년도 넘는 역사를 가진 광릉 숲은 수많은 곤충들이 치열한 생존경쟁을 벌이는 삶의 현장이기도 하지만, 내겐 그림의 떡이다. 국립광릉수목원에는 일반인 출입가능지역과 출입제한지역이 있는데, 모두 채집 불가다. 출입제한지역은 말 그대로 정해진 서류 절차를 밟지 않으면 못 들어간다.

이런 조치가 광릉 숲의 생물을 보호하는 데 지대한 역할을 하는 건 맞지만, 중요한 연구 목적의 방문도 절차가 매우 까다로워서 결국 포기하게 만든다. 예를 들면 광릉 숲에서 채집한 곤충을 논문으로 작성할 때는 국립광릉수목원 관계자의 이름을 공동저자로 넣어야 하고, 채집한 종들의 리스트와 개체수를 다 적어서 보고해야 하는 등 요구 조건이 많다. 비현실적인 절차를 포기하고 광릉 숲 주변을 다니는 게 차라리 시간 절약이 된다. 그럼에도 20년 연구 과정에서 가장 조사하고 싶은 곳은 국립광릉수목원의 출입제한지역이다.

◆ ◆ ◆

부지런히 발품을 판 덕에 전국에서 흔히 사는 버섯살이 거저리들은 거의 키워보았다. 이를 통해 세계 최초의 귀중한 자료를 축적해나갔다. 그 가운데 가장 고마운 장소는 동구릉으로, 나만의 야외 연구 아지트이다. 집에서 가까운 거리에 있어 10년 넘게 밥 먹듯이 드나든, 버섯살이 거저리 연구의 산실이다. 광릉 숲만큼은 아니지만, 동구릉 숲은 유서 깊은 오래된 숲이라 썩은 아름드리 나무가 많아서 버섯이 제법 많이 피어난다. 또한 균식성 거저리의 70퍼센트 정도가 살고 있을 정도로 숲 생태계가 안정되어 있다. 정기적으로 수목을 소독하는 걸 빼곤 인위적으로 숲을 관리하지 않는 데다, 세계문화유산으로 지정되어 함부로 숲을 훼손하지 않기 때문이다. 그곳에서 버섯살이 거저리와 다른 버섯살이 딱정벌레의 한살이, 숙주버섯에 관한 실험을 완결했다 해도 과언은 아니다.

동구릉은 조선시대의 아홉 왕이 누워 있는 '신의 정원'이다. 500년 넘는 세월을 증명이라도 하듯 동구릉에는 나이 많은 나무들이 즐비하다. 묘한 신기神氣가 흐르는 거대한 나무들 사이로 수명을 다해 죽어가는 나무들이 언뜻언뜻 장승처럼 서 있거나 누워 있다. 두 발로 딛지 않고서는 알아챌 수 없는 왕의 기운 속에서, 하늘 위를 걷듯 능 사이로 오롯이 난 숲길을 걸으며 나무에 붙은 버섯을 찾는다. 가끔 뱀을 만나 소스라치게 놀라기도 하지만, 발품을 판만큼 대가는 훌륭하다. 생명을 다한 나무엔 버섯이 피어나고, 그 버섯엔 곤충들이 살기 때문이다. 갈참나무, 서어나무, 오리나무 등 썩은 활엽수 고목이 많은 동구릉에서 관찰하고 실험한 버섯살이 곤충은 무려 15종이 넘는다. 나는 그간 연구되지 않은 이들의 사생

활을 국내 최초, 세계 최초로 기록했다.

죽은 오리나무에는 손바닥만 한 도장버섯이 주렁주렁 매달려 있었는데, 그 도장버섯의 갓 아랫면엔 좁쌀 같은 벌레 똥 부스러기들이 붙어 있다. 똥 부스러기가 있으면 애벌레가 산다는 증거다. 누굴까? 집으로 데려와 두 달 동안 키워보니, 놀랍게도 지구상에서 오로지 우리나라에만 사는 우리뿔거저리다. 애벌레의 생김새와 습성, 번데기의 생김새, 어른벌레의 생김새와 수명, 먹이버섯 실험 결과 등 모든 과정을 빠짐없이 기록하고 사진을 촬영한 후 논문 작업에 들어갔다.

또한 수령이 오래된 서어나무에는 줄버섯이 피어나는데, 이 버섯에는 몸길이가 3밀리미터 정도 되는 가시거저리와 긴뿔가시거저리가 산다. 전국의 대학교나 연구기관의 표본실에도 없는 가시거저리와 긴뿔가시거저리를 동구릉 숲의 줄버섯에서 찾아낸 것이

지구상에서 오로지
우리나라에만 사는
우리뿔거저리.

〈 동구릉의 죽은 나무들에 피어난 버섯에서 발견한 버섯살이 곤충들 〉

버섯 이름	곤충 이름
도장버섯	우리뿔거저리
줄버섯	가시거저리, 긴뿔가시거저리
삼색도장버섯	흑진주거저리, 나도진주거저리, 쌍점둥근버섯벌레, 애알락버섯벌레
붓순버섯	금강산거저리
단색털구름버섯	줄무당거저리
구름버섯 균사체	산무당거저리
황갈색시루뻔버섯	세줄가슴버섯벌레
금빛비늘버섯	제주붉은줄버섯벌레
솔비단버섯	극동입치레반날개
조개껍질버섯	톱니무늬버섯벌레
말불버섯	방귀무당벌레붙이
균사체	고오람왕버섯벌레, 모랏윗왕버섯벌레

다. 일 년 넘게 키우면서 녀석들의 소중한 한살이 과정과 숙주버섯의 종류를 알아냈다. 갈참나무에 피어나는 삼색도장버섯에서는 흑진주거저리와 나도진주거저리 수백 마리를 관찰했다. 붓처럼 생긴 붓순버섯에서는 우리나라 고유종인 금강산거저리의 한살이를 밝혀냈다.

곤충의 서식지는 다양하다. 바꾸어 말하면 곤충마다 먹는 밥이 달라 서식지가 다양한 것이다. 동물처럼 식물도 때가 되면 죽는데, 죽은 나무는 곤충들에게 중요한 밥이다. 하늘소 애벌레, 비단벌레 애벌레, 사슴벌레 애벌레, 거저리 애벌레 등 수많은 목식성 곤충들이 죽은 나무를 찾아와 썩은 나무 조직을 먹고 산다. 잠시 머무는 게 아니라 약 10개월의 애벌레 시절 동안 나무 속에 틀어박혀 산다. 죽어 쓰러진 나무는 곤충들의 밥상이자 집이자 쉼터인 셈이다. 그들은 썩은 나무 조직을 먹으면서 자신의 몸도 살찌우지만, 나무를 잘게 분해시켜 또 다른 식물의 거름으로 되돌려준다.

요즘 공원, 도로 옆, 휴양림 등에서는 환경미화와 탐방객 안전을 이유로 숲속 또는 산책길의 쓰러진 나무들을 말끔히 치운다. 나무를 삶터로 삼는 곤충들은 영문도 모른 채 어느 장작 숯불구이 식당에서, 어느 집의 화목 난로 속에서, 소각장에서 화장당하고 있다. 숲 곤충이 사라지면 죽은 나무를 누가 분해할까. 죽은 나무를 치우는 건 살상이다. 그저 내버려두면 죽은 나무 주변의 생태계는 알아서 잘 돌아간다. 죽은 나무를 중심으로 펼쳐지는 작은 생태계가 깨지는 순간, 침묵의 숲이 되는 건 시간문제다.

이름을 짓는 기분

거저리의 전국 분포를 보려면 중부지방 외에 남부와 강원도 등 기후대가 다른 지역에도 가야 한다. 그중 맘먹고 일 년에 몇 번씩 가는 곳은 강원도와 제주도다. 그곳에는 사람들의 발길이 잘 닿지 않는 울창한 숲이 많다. 우리나라가 면적으로 보면 좁은 편이지만 위도의 차이는 좀 있다. 그래서 강원도에는 추운 곳에서 서식하는 북방성 곤충이 제법 살고, 제주도에는 아열대성 기후에서 서식하는 남방성 곤충이 많이 산다.

장거리 채집을 다닐 때는 현지인의 도움을 많이 받는다. 수년간 전국을 다니며 특별 강연을 하는 동안 현지에서 활동하는 생태해설사들과 교류를 해왔는데, 그분들은 나의 버섯살이 연구에 많은 도움을 주었다. 현지에서 직접 채집 활동을 할 때는 대부분 동행했고, 때때로 곤충이 붙어 있는 버섯을 발견하면 택배로 보내주기도 했다. 특히 강원도 대관령 근방에 사시는 향기 선생님은 이름처럼 향기가 나는 분이었다. 보름달 아래 피어난 달맞이꽃처럼 순박하고 아름다운 분이었는데, 내가 강원도에 갈 때마다 계방산, 오대산, 대관령 옛길, 선자령, 능경봉 등 사람의 발길이 닿지 않는 비밀의 장소로 안내했다. 산이 험하고 인적이 드물어 무섭기도 했지만, 울창한 숲에서나 볼 수 있는 버섯들을 더러 만날 수 있었다.

대관령 근처 900미터 고지에서는 어른 머리통만 한 아주 큰 잔나비불로초 버섯 군락지를 본 적이 있다. '저 버섯에 어떤 곤충이 살까?' 하며 너무 흥분했는데, 버섯이 너무 커 채집 가방에 들어가지 않는다. 마음 같아선 부패 정도가 다른 버섯을 여러 개 따고 싶은데, 내리막길의 경사도가 높고 카메라며 채집 장비가 많아 다 가져올 수가 없다. 하는 수 없이 몇 개만 따서 쪼갠 뒤 가방에 넣어 가져왔는데, 대박이 났다. 채집 당시 갓 표면엔 곤충이 없었는데, 집에서 석 달 동안 키워보니 거저리는 안 나오고, 우리나라에 과科, family도 기록되지 않은 애기버섯벌레Ciidae(버섯살이 곤충 중 제일 작으며, 버섯에서만 산다고 해서 내가 직접 이름을 붙였다)가 나왔다. 얼마나 기쁘고 벅찼는지, 혼자 손뼉을 치며 환호했다.

세계에서 처음 발견된 종은 '신종', 이미 다른 나라에서 발견되었으나 우리나라에서 처음 발견된 종을 '미기록종'이라고 한다. 이후 정식으로 논문을 출간하면서 그 애기버섯벌레의 주둥이 앞쪽 일부분이 'M' 모양으로 튀어나와 있어 '엠자애기버섯벌레'라고 이름을 붙여줬다. 이름에는 학명과 국명이 있는데, 학명은 학술적으로 쓰이는 정식 이름이고, 국명은 각 나라에서 쓰는 고유의 이름

한국 최초로 애기버섯벌레가 발견된
대관령 고지 숲속의 잔나비불로초 버섯.

이다. 예를 들면 '구슬무당거저리'는 한국에서만 쓰는 국명이고, 학명은 *Ceropria induta*이다. 버섯 곤충을 연구한 덕에 한국에서 미기록과인 '애기버섯벌레과'와 미기록종인 '엠자애기버섯벌레'가 최초로 기록되었다.

나는 지금까지 5종의 신종을 발표했는데, 신종에는 학명과 국명을 동시에 붙여줘야 한다. 신종의 이름은 발견 지역, 몸 색깔, 생김새를 바탕으로 짓는다. 대개 발견 지역을 이름에 넣는 편이다. 예를 들어 강원도에서 발견한 종이면 어두를 'Gangweon-'으로 하고, 제주도에서 발견한 종이면 어두를 'Jejudo-'로 한다. 이때 먼저 지어진 이름과 중복되지 않도록 굉장히 조심하고 또 조심해야 한다. 만일 중복되면 동물명명규약법에 따라 먼저 지어진 이름이 선취권을 갖는다. 한편 미기록종의 경우 100여 종 이상 발표했다. 미기록종뿐 아니라 기록된 종 가운데서도 국명이 정해지지 않은 종은 국명을 지어줬다. 내가 직접 지은 국명을 세어보지는 않았지만 몇 백 종이 될 정도로 많다.

한편 오대산의 효령봉 근처 신갈나무에는 어른 손바닥 두 개를 합친 크기만 한 덕다리버섯이 붙어 있었다. 덕다리버섯은 우중충한 색깔을 지닌 여느 버섯과 달리 크림색인 데다, 지름이 20센티미터 이상으로 크고, 반달같이 생긴 갓이 겹겹이 피어나 금방 눈에 띈다. 세상에! 그 덕다리버섯의 갓 아랫면에 울긋불긋 화려한 색깔의 곤충들이 바글바글 모여 있다. 곤충들이 놀라 버섯 아래로 뛰어내릴까 봐 사진 촬영도 못하고, 본능적으로 덕다리버섯을 커다란 비닐 지퍼백으로 감싸 조심스럽게 땄다. 투명한 비닐 지퍼백 안에는 곤충이 보이는데, 이게 웬일인가! 표본으로만 보았던 르위스거저리이다.

소중히 집으로 데려와 몇 달간 키우면서 르위스거저리의 생활사와 사생활을 전부 밝혔다. 더 놀라운 건 덕다리버섯에서 르위스거저리뿐만 아니라 동양무늬애버섯벌레붙이Tetratomidae(딱정벌레목 애버섯벌레붙이과에 속하며, 이 과에 속한 종들은 모두 버섯살이 곤충이다)와 노란테가는버섯벌레(딱정벌레목 버섯벌레과)가 알-애벌레-번데기-어른벌레의 단계를 거치며 한살이를 완성했다는 점이다. 세계에 알려지지 않은 버섯살이 곤충의 기록이 오대산의 덕다리버섯에서 나온 것이다.

또 오대산의 월정사 주변엔 침엽수인 전나무가 많다. 오래된 숲이다 보니 수명이 다해 쓰러져 죽은 전나무도 제법 있는데, 나무껍질에 벽돌빛버섯이 붙어 있다. 보통 버섯들은 침엽수보다는 활엽수에 많이 나는데, 벽돌빛버섯은 전나무의 영양분을 흡수하며 자란다. 이름처럼 갓 색깔이 불그스름한 벽돌색이다. 이 버섯도 집으로 가져와 몇 달간 키웠더니 애버섯벌레붙이과에 속한 미기록종이 나왔다. 몸길이가 3밀리미터 정도로 작으니 밤톨만 한 버섯 한 조각에 다섯 마리가 자랐다. 논문으로 출간할 때 온몸이 털로 덮인 녀석의 특징을 따서 이름을 '털보애버섯벌레붙이'라고 지어

줬다.

초가을에 대관령 근처 능경봉을 탐사하다 만난 시루뻔버섯도 잊을 수 없다. 강원도의 가을과 겨울은 빨리 온다. 9월이면 이미 많은 곤충들이 동면을 준비하거나 동면에 들어간다. 신갈나무 그루터기에 나 있는 시루뻔버섯은 형체를 알 수 없을 정도로 부패했는데, 갓 아래쪽에는 애벌레들이 바글바글했다. 시루뻔버섯을 만난 것도, 시루뻔버섯을 먹고 있는 곤충을 만난 것도 처음이었다. 이럴 때 몹시 흥분되고 짜릿하다.

썩은 버섯에 흐르는 물기를 휴지로 수습한 후 집으로 데려와 책상 위에 올려놓고 애지중지 키웠다. 오매불망 기다린 끝에 시커멓게 썩은 버섯에서 매혹적인 붉은색 곤충이 나왔다. 딱정벌레목 버섯벌레과 곤충으로, 한국에 분포기록만 있는 꽃지무늬버섯벌레였다. 꽃지무늬버섯벌레는 몸 색깔이 전체적으로 붉은색으로, 딱지날개의 끝부분에 까만색 무늬가 있어 붙은 이름이다. 추운 지방에 사는 북방성 곤충이라 한국에서는 중부 이북에만 살고, 나라 밖으론 극동 러시아 지역에 서식하는 희귀한 종이다. 북방성 버섯살이 곤충은 오대산 이외에도 강원도 여러 지역의 깊은 산속에서 발견되었다. 인적이 드문 홍천군 내면 근처의 깊은 숲, 남설악 근방의 필례약수 근처, 화천의 해산령, 양양의 구룡령 등에서 자라는 버섯에서도 여러 미기록종이 나왔다.

연구의 범위는 애초 계획했던 것보다 축소되거나 확장될 수 있고, 영역이 넓어지거나 영역이 좁아지며 깊어질 수도 있는 등 솔직히 가늠하기 어렵다. 애초에 버섯살이 거저리를 연구과제로 삼고 뛰어들었지만, 버섯을 키우다 보니 거저리뿐만 아니라 그간 연구되지 않은 곤충들의 기록도 나온다. 딱정벌레목 가운데 버섯을 삶터로 삼는 '과'는 30여 개에 이른다. 거의 없다시피 할 정도로 이들에 관한 자료가 미미한 상황에서 새로운 기록들이 쏟아져 나오니, 연구 영역은 해를 거듭하면서 점점 넓어졌다. 박사 논문의 한 파트는 균식성 거저리의 생태로 채웠지만, 학위를 받은 후에는 한국산 버섯살이 곤충 전체로 연구 영역을 넓히면서 국내에 유일한 버섯살이 곤충 연구자로 발돋움하게 되었다. 이 모든 게 거저리로부터 시작되었으니 시작은 미미했으나 끝은 창대했다.

뱀을 피할 방법은 없다

내게 제주도는 꿈의 섬이다. 제주도는 아열대성 기후지역이라 남방종이 많이 발견된다. 온도와 습도가 높아서 많은 종의 버섯이 피어나므로 버섯살이 곤충을 연구하기에 굉장히 훌륭한 조건을 갖추고 있다. 더도 말도 덜도 말고 딱 1년만 머물면서 제주도 전역을 계절 따라 조사하고 싶은데, 아직도 꿈만 꾸고 있다.

제주에서 버섯살이 곤충을 찾으려면 한라산을 뒤져야 하는데, 국립공원이다 보니 규제가 엄격해 그림의 떡이다. 공문을 가져가도 되지만, 절차가 매우 복잡하다. 그래서 국립공원 지역이 아닌 한라산 둘레나 곶자왈 지역을 다니며 버섯을 찾는다. 다행히 곶자왈 지역은 사람의 출입이 빈번하지 않은 데다 강수량이 많은 곳에는 버섯이 많이 피어나므로 버섯살이 곤충의 산실이다. 그런데 제주도는 면적으로 보면 좁지만 지역에 따라 분포의 편차가 좀 있는 편이다. 한라산 구역이나 교래 지역의 곶자왈에 비해 화순 구역의 곶자왈은 좀 건조한데, 확실히 버섯살이 곤충은 습한 지역에 많은 편이다. 그러나 많고 적음의 차이가 있을 뿐 모든 곶자왈에는 버섯살이 곤충이 존재한다. 곶자왈에는 많든 적든 간에 버섯이 피어나고, 그 버섯에 어김없이 곤충이 살기 때문이다.

나는 여러 곶자왈에서 채집한 버섯을 키우면서 많은 미기록종과 신종을 찾아냈다. 대충 세어보니 거저리를 비롯한 버섯살이 곤충의 미기록종 40여 종과 신종 2종이다. 개발 몸살로 숲 생태계가 균형을 잃어가는 현실에서 생태계의 지분이 아주 작은 버섯살이 곤충이 이만큼이나 발견된 것은 굉장한 일이다. 물론 신종과 미기록종만 중요한 게 아니다. 한국에 분포기록만 있고 실체(표본)가 없어 애태운 종들을 직접 채집하는 일도 감동적이다. 거저리과, 무당벌레붙이과, 버섯벌레과, 긴썩덩벌레과 등에 소속된 50여 종의 미확인종을 제주도에서 직접 내 눈으로 확인하고 채집했으니, 나로선 현기증이 날 만큼 엄청난 수확이다.

사실 내가 연구하는 곤충 중에는 일본 연구자가 제주도에서 채집해 일본으로 가져간 뒤 논문을 발표한 종들이 많다. 일본이 한국보다 한 세기 먼저 곤충 연구를 시작해 앞서가면서, 종종 한국의 곤충을 국내 연구자와 일본 연구자가 공동으로 연구했기 때문이다. 일본은 메이지유신을 기점으로 세계 여러 나라에 유학생을 보내 유럽의 앞서간 문물과 새로운 기술을 받아들였고, 여러 개혁을 통해 동양의 다른 나라보다 한발 앞서 근대화의 길로 진입했는데, 이때 유럽에서 이미 발달한 분류학의 분야를 받아들여 19세기

부터 곤충 분류를 시작하게 된 것이다. 이러한 일본 연구자들에게 일제강점기 시기의 조선은 곤충의 보고였다. 아무도 연구하지 않았으니 발견하는 종마다 미기록종이고 신종이었을 테니까. 이 시기에 프랑스나 독일의 연구자도 들어와 곤충 채집을 해 가는 추세였다. 그래서 우리나라의 표본이 외국으로 많이 반출되었다.

일본 논문에 발표된 한국 곤충의 표본들은 당연히 일본에 있고 한국에는 없다. 그나마 일본 어느 곳에 있는지 표본의 소재를 알면 다행인데, 소재가 불분명한 경우도 있다. 그럴 땐 논문에 적힌 표본 채집지를 방문해 직접 채집한다. 채집에 실패할 경우엔 논문 저자를 수소문해 표본 대여가 가능한지 타진하거나, 직접 외국의 표본 소장지를 방문하기도 한다. 종종 표본을 개인이 소장한 경우엔 대여에 어려움이 많다. 따라서 표본 미확보종을 찾아낸다는 건 분류학자의 입장에서 축복받을 일이며, 국가 차원에서도 다행스러운 일이다. 우리나라의 자연사를 증명할 자료이니까.

◆◆◆

아침 일찍 곶자왈의 오솔길을 걷는데, 나무에 붙은 털목이 버섯이 간간이 보인다. 역시 갓 피어나 몰랑몰랑한 털목이의 안쪽에 새까만 제주진주거저리가 몇 마리 붙어 있다. 그런데 맞은편에서 오는 젊은 부부가 들고 있는 비닐 속에 털목이가 가득 차 있다. 제주도 곶자왈엔 목이, 털목이, 산느타리 등 식용버섯이 꽤 많이 난다. 잡채의 재료인 털목이는 제주진주거저리의 주식이다. 제주진주거저리는 육지에 없고 오로지 제주도에만 분포하는 미기록종이다. 나는 3년 동안 추적 관찰한 끝에 제주진주거저리의 주식(숙주버섯)이 목이와 털목이인 것을 확인한 후 논문으로 발표했다.

"아! 털목이를 따셨나봐요?"

"네, 털목이가 이곳에 많아서 자주 따러 와요. 털목이 따러 오셨나본데, 우리가 다 따서 어쩌죠?"

"털목이 따실 때 벌레가 붙어 있지 않았나요?"

"벌레가 무척 많았어요. 까만 콩 같은 벌레가 붙어 있어 탁탁 털어냈어요."

"그 벌레가 제주도에서만 사는 제주진주거저리에요. 죽이지 않고 탁탁 털어냈으니 다행이네요."

"그럼 벌레가 붙은 털목이는 먹으면 안 되나요?"

"드셔도 건강에 해롭지 않습니다."

그 부부와 헤어지고 나서 한참을 허탈하게 웃었다. 앞서간 사람은 털목이를 따면서 곤충을 탁탁 털어내고, 뒤에 온 사람은 털목이에서 사는 곤충을 찾느라 두 눈에 불을 켜고 ……. 쫓고 쫓기는 톰과 제리 같은 상황이 우스웠다.

채집 중에 재밌는 일만 있는 건 아니다. 한라산 국립공원에서 공문 없이 채집하다 붙잡혀 혼쭐이 난 흑역사도 있다. 지도교수,

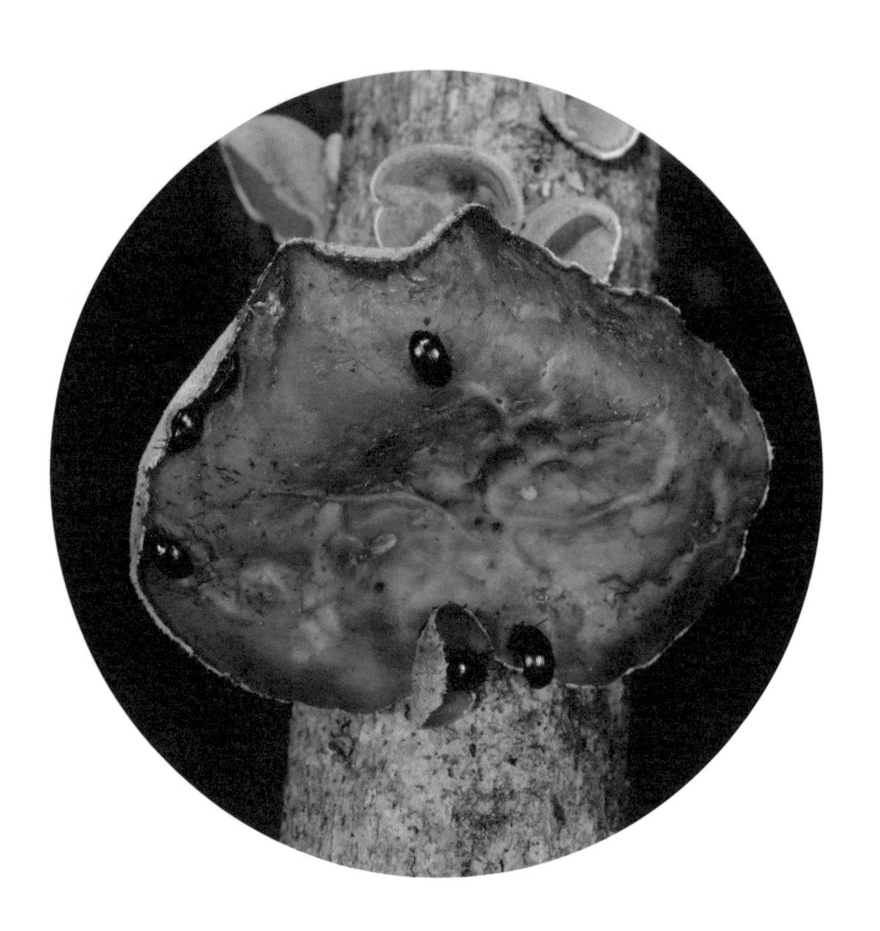

실험실 동료들과 함께 제주도 곤충 조사를 할 때였는데, 조사 일정이 언제나 빠듯해서 해안사구 조사를 마무리한 후 짬을 내 한라산에 올랐다. 4월이라 나뭇잎이 무성하지 않아 버섯을 관찰하기엔 최적의 조건이었다. 아니나 다를까 한라산에 들어서자마자 이 나무 저 나무에 버섯들이 붙어 있었다. 전국적으로 흔한 구름버섯과 삼색도장버섯이었지만, 육지와는 다른 곤충들이 살지 모른다는 기대감에 나무에 붙은 버섯을 따고, 땅에 굴러다니는 버섯을 주섬주섬 가방에 담았다. 채집 허가를 받아야만 썩은 버섯도 주울 수 있는 지역이라 마음이 찜찜했지만 연구 욕심이 앞섰다.

그런데 관리사무소 직원이 헐레벌떡 다가왔다. 공문이 없으니 몹시 당황했다. 한라산 방문 일정이 없었기 때문에 공문을 준비해가지 않은 게 탈이었다. 꼼짝없이 붙잡혀 관리사무소로 끌려갔다. 실랑이가 벌어지는 사이, 지도교수 일행은 얼른 현장을 떠나 위기를 모면했다. 관리사무소에 도착하자 직원은 내 가방 속의 버섯들을 모두 빼앗아 숲 바닥에 버렸다. 그리고 법대로 처벌하겠다며 엄포를 놓았다. 나는 공포감에 떨며 직원에게 읍소를 했다. 국내에 한 사람밖에 없는 버섯 곤충 연구자다, 이 버섯 속에 사는 곤충이 누군지를 알아내면 그게 바로 세계 기록이 된다, 이제 우리나라도 고유 생물자원을 찾아내 생물주권을 주장해야 한다며 버섯을 따게 된 사정을 설명했다. 하지만 돌아오는 건 범죄자 취급이었다. 수치심과 모욕감에 눈물이 펑펑 쏟아졌다. 절차상 문제는 있었지만 이런 수모를 당하면서까지 연구를 해야 하나? 그때 난 곤충계에 발 들인 걸 진심으로 후회했다.

잠시 후 관리사무소 측에서 "채집한 버섯 양이 매우 적고, 채집한 버섯을 모두 숲으로 돌려보냈으니 선처한다"며 풀어주었다. 그 후론 한라산 국립공원 구역은 올라가지도 쳐다보지도 않는다. 그러나 하나를 잃으면 다른 하나를 얻는 법이다. 한라산을 잃은 대신 버섯살이 곤충의 산실인 곶자왈을 얻었으니 말이다.

◆ ◆ ◆

야간등화 채집 때는 말벌에 쏘인 적이 있다. 불빛을 향해 날아온 털보말벌이 채집 중이던 내 옷 속으로 들어왔다. 공포에 질려 옷을 털며 펄쩍펄쩍 뛰자, 흥분한 털보말벌이 네 방이나 쏘았다. 따끔 따끔 따끔! 따갑고 아프다. 본능적으로 웃옷을 들썩이자 털보말벌이 옷 밖으로 나와 도망갔다. 말벌은 조상이 짐승의 털에 기생하던 습성 때문에 흥분하면 더 파고든다. 벌에 쏘이면 당황하지 말고 말벌이 있는 옷 부분을 꽉 쥐어 죽이면 되는데, 흥분하는 바람에 그만 더 쏘이고 말았다. 곤충을 죽이는 게 능사는 아니지만, 말벌의 독이 사람의 생명에 치명적이라 때로는 운영의 묘가 필요하다.

털보말벌의 독이 서서히 몸속에 퍼져나가자, 내 몸은 혈압기가 수축할 때의 느낌처럼 불규칙적으로 조여들다 확장했다를 반복했다. 서둘러 비상약을 발랐으나 효과가 없다. 현기증이 일면서 몸에 힘이 빠지고 정신이 아득해진다. 아, 이러다 죽겠구나 하는 위기감이 들지만 이 상태로 운전할 수도 없고, 119를 불러도 산속에서 빠져나가려면 시간이 많이 걸린다. 20여 분이 지났을까. 다행히도 욱신욱신 조여드는 증상이 조금씩 잦아들고, 토할 것 같은 현기증도 약해졌다. 야간 조사는 포기하고 서둘러 장비를 철수해 산을 내려왔다. 벌에 쏘인 통증은 며칠 갔지만 생명에는 지장이 없었다. 실험실에 복귀해서 사람들에게 야간채집 수난사를 얘기했더니, 말벌에 네 방이나 쏘이고도 살아온 걸 보면 곤충을 연구할 운명을 타고났다며 놀렸다.

벌은 피하면 되는데, 피할 수 없는 게 있다. 뱀이다. 뱀은 어디에나 있다. 특히 생태계가 우수한 곳일수록 많다. 나는 뱀 공포증이 심해서 뱀을 만나면 얼음이 되어 옴짝달싹 못한다. 대개 버섯은 어두컴컴하고 그늘진 숲에 나는데, 그런 곳은 사람들의 출입도 거의 없어 뱀들의 안식처이기도 하다. 그래서 버섯이 피어나는 곳에는 어김없이 뱀들이 똬리를 틀고 있거나 길게 뻗치고 있다. 뱀의 몸 색깔이 숲 바닥과 똑같은 보호색을 띠고 있으니 내 눈엔 버섯만 보이지 뱀은 보이지 않는다. 버섯을 따러 다가가면 갑자기 스르륵, 쉬익 소리가 날 때가 많다. 뱀이 풀숲으로 도망가는 소리다. 그때마다 너무 무서워서 숲속이 떠들썩할 정도로 소리만 지를 뿐 한 발짝도 떼지 못한다. 그 무서움과 징그러움은 이루 말할 수 없다.

가리왕산에서도 뱀을 만나 혼쭐이 난 적이 있다. 능선을 걸으며 버섯을 찾는데, 산 아래쪽 쓰러진 나무에 버섯들이 탐스럽게 붙어 있었다. 조심스레 내려가 버섯을 보니 욕심이 생겼다. 사진도 찍고 버섯 곤충을 현장에서 관찰하려고 채집 가방과 장비를 버섯 옆 통나무 위에 놓는 순간, 쉬익 소리가 났다. 세상에, 내려놓은 채집 가방 옆에 살모사가 똬리를 틀고 앉아 계속 나를 노려봤던 것이다. 공포감에 그 자리에서 주저앉았다. 이게 웬걸! 경사진 비탈에 주저앉으니 살모사와 나의 눈높이가 일치했다. 뱀이 내 눈앞에서 나를 노려보고 앉아 있다. 그 후로 어찌했는지 모른다. 몸을 일으켜 경사진 산비탈을 기다시피 올라왔다. 채집 가방과 카메라를 모두 그 자리에 두고.

운 나쁜 날은 하루에도 여러 번 뱀을 만날 때가 있다. 뱀을 만나고 나면 한동안 밤마다 악몽을 꾸고, 기다란 막대기나 다람쥐의 꼬리만 봐도 뱀으로 착각해 공포에 떤다. 그럼에도 틈만 나면 숲에 간다. 곤충 연구자와 숲은 떼놓을 수 없는 관계니까. 긴 장화를 신어보지만, 자라 보고 놀란 가슴 솥뚜껑 보고 놀란다는 말처럼 한동안 모든 사물이 뱀으로 연상되어 숲속에 들어가지 못한다. 그때는 주변 산책로를 다니면서 버섯을 찾는데, 효율은 떨어지지만 그래도 손 놓고 있는 것보단 낫다.

운 또는 노하우

실험에 실패하면 맥이 탁 풀린다. 슬프게도 한 번의 시행착오는 연구 기간을 기약 없이 늘린다. 야생에서 버섯살이 곤충의 한살이는 일 년에 한 번 정도 돌아가니, 그 기회를 얻기까지 일 년을 손도 못 쓰고 기다려야 하기 때문이다. 물론 기다린다고 해서 결과 도출에 성공한다는 보장도 없다. 게다가 실험 대상 곤충이 언제나 숲속에서 나를 기다려주는 건 아니다. 생태계가 급속도로 파괴되는 마당에 실험할 곤충을 만나는 일이 하늘의 별 따기만큼 힘들 때도 있다. 과학자로서 할 얘기는 아니지만, 채집을 운에 맡길 때가 많다. 그렇다고 시행착오를 두려워할 필요는 없다. 시행착오는 연구 기간을 늘리지만, 경험 측면에선 나만의 노하우를 쌓아주기도 하니까.

곤충 연구의 과정은 실패와 기다림의 연속이다. 어떤 분야든 그렇겠지만, 처음 시도하는 일은 경험과 기록이 없기 때문에 맨땅에 헤딩하는 격으로 부딪혀볼 수밖에 없다. 나는 버섯살이 곤충을 키우면서 의미 있는 값진 결과를 얻기까지 수많은 시행착오를 겪었다. 애초의 목적은 두 가지, 즉 선호하는 먹이버섯을 규명하고 애벌레와 어른벌레의 퍼즐을 맞추는 것이었다. 그래서 야외채집을 할 때는 어느 곤충이 어떤 버섯을 먹는지 꼼꼼히 관찰하고 기록했다. 실내에서는 커다란 플라스틱 박스 안에 여러 종류의 버섯을 일정한 간격으로 늘어놓고 곤충을 풀어놓은 후, 그 곤충이 어느 버섯을 선호하는지 실험했다. 또한 사육을 통해 정체 모를 애벌레가 자라 어른벌레로 변신(우화, 날개돋이)하는 과정과 종 이름을 밝혀냈다.

시간이 가면서 데이터는 점점 쌓여갔고, 어디서부터 손대야 할지 난감했던 연구의 실마리도 풀리기 시작했지만, 실험 과정에 지속적으로 오류가 생겼다. 어렵게 얻은 데이터는 연구 방법이 과학적이지 않아 논문용 데이터로서 가치가 없었다. 더욱이 몇 마리의 애벌레를 함께 키우다 보니 동족포식이 일어나고, 애벌레가 싼 똥을 곰팡이로 착각하는 등 사육을 중단한 일이 여러 차례 있었다. 연구 모델로 삼을 만한 연구 사례가 없는 데다, 나의 연구 안목이 좁았던 것도 한몫했다.

초심으로 돌아가 많은 해외 논문들을 검토하던 끝에 수서곤충의 자료에서 힌트를 얻었다. 비록 서식지와 생태가 달랐지만, 연구 방법은 버섯살이 곤충 사육에 적용할 만했다. 실패의 경험과 타 분야의 연구 방법을 바탕으로 다시 실험설계를 한 후 또다시 실험에 들어갔다. 먼저 애벌레의 몸 크기를 성장 단계별로 측정했는데,

몸길이와 머리 너비를 현미경 아래에서 꼼꼼히 쟀다. 또 신뢰도를 높이기 위해 종당 열 마리 이상의 애벌레를 분리해 키우면서 각각의 측정치를 조사했다. 이외에도 애벌레의 단계별 기간, 탈피 횟수, 번데기 기간, 행동 특성 등을 꼼꼼히 기록했다.

첫 실험 대상은 흑진주거저리이다. 이름처럼 온몸이 까맣고 반짝반짝 윤이 난다. 흑진주거저리는 전국의 산에 널리 살고, 개체수도 많다. 먹이버섯 또한 전국에 흔한 삼색도장버섯이나 줄버섯이다. 이렇듯 채집과 먹이버섯 공급이 수월해 첫 실험 대상으로 뽑혔다.

연구의 시작은 순조로웠으나 그 과정은 험난했다. 채집부터 사육과 실험을 통해 학술적 성과를 얻기까지 2년의 과정이 걸렸다. 평균 실내온도는 26도, 상대습도는 64퍼센트인 조건에서 흑진주거저리는 알-애벌레-번데기-어른벌레 단계를 거쳐 한살이를 마쳤다. 이 기간에 흑진주거저리는 나와 동거하면서 한살이 기간, 애벌레 생김새와 탈피 횟수, 애벌레 기간, 번데기 생김새, 행동습성, 애벌레의 '똥 전략' 등 전혀 알려지지 않은 정보를 공개해주었다. 야생에서 자랄 때와는 약간 차이가 있겠지만, 이 모든 정보는 한국뿐만 아니라 세계에도 없는 값진 기록이다.

흑진주거저리
연구 일지

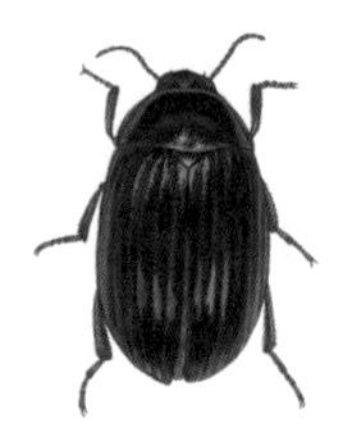

채집

4월 중순, 삼색도장버섯으로 도배된 오리나무가 숲 바닥에 반듯이 누워 있다. 낮에도 어둑어둑한 숲속에 쪼그리고 앉아 고목 아래 천을 깐 뒤, 켜켜이 피어난 삼색도장버섯의 군락에 손전등을 꼼꼼히 비추며 한 조각 한 조각 들춘다. 흑진주거저리 10여 마리가 갓의 주름살 사이에 죽은 듯 꼼짝 않고 앉아 있다. 그중 6마리를 조심스럽게 손으로 집어 비닐 지퍼백에 담은 뒤, 삼색도장버섯도 나무에서 넉넉히 떼어 흑진주거저리가 든 비닐 지퍼백에 넣는다.

흑진주거저리의 몸길이는 6밀리미터 정도로 맨눈으로도 잘 관찰할 수 있다. 몸매는 계란형이고, 딱지날개엔 16줄의 점각열이 줄맞춰 늘어서 있다. 더듬이는 염주 모양으로 구슬을 실에 꿰어 만든 목걸이 같다. 암수이형이라 수컷의 이마에는 뿔 2개가, 암컷의 이마에는 뿔 대신 뭉툭한 돌기가 나 있다. 흑진주거저리는 한국에 흔한 편이지만 세계적으로는 한국과 일본에만 사는 귀한 녀석이다.

집 만들기

안이 들여다보이는 가로 20센티미터, 세로 15센티미터의 플라스틱 통에 휴지를 깐 뒤 그 위에 아기 손바닥만 한 삼색도장버섯 여러 조각과 흑진주거저리 어른벌레 6마리(암컷 3마리, 수컷 3마리)를 올려놓은 뒤 뚜껑을 덮고 까만 천을 덮어두었다. 거저리는 야행성이라 어두운 환경을 좋아해 안락한 환경을 만들어주기 위해서이다. 그리고 일주일에 두 번 정도 통 속에 든 흑진주거저리의 집인 삼색도장버섯을 꺼내 현미경 아래로 옮겨 관찰한다.

짝짓기와 알 낳기

입양한 흑진주거저리들은 고맙게도 삼색도장버섯을 먹고 별 탈 없이 잘 자라며 자신의 사생활을 있는 그대로 공개해주었다. 어두운 버섯 속에서 짝짓기를 한 후, 삼색도장버섯의 갓 아랫면 주름살(포자가 생산되는 곳)이나 갓 위에 알을 낳는다. 애벌레가 삼색도장버섯을 먹기 때문이다. 알의 개수는 100개 정도. 알을 낳은 암컷은 곧바로 죽지 않고 몇 주 더 산다. 대개 곤충들은 알을 낳은 후 며칠 내에 죽는다. 알은 길쭉한 타원형으로 쌀알처럼 생겼고 우윳빛이다. 알의 길이는 약 0.1밀리미터라 현미경으로만 볼 수 있다. 알로 지내는 기간은 4~7일 정도다.

한살이 기간

알-애벌레-번데기-어른벌레가 되기까지 걸리는 기간, 즉 한 세대가 완성되는 데 약 66일이 걸렸다.

발달 단계	알	애벌레				앞 번데기 (전용)	번데기	경화	한 세대 (총합)
		1령	2령	3령	4령				
발달 기간	4일	9일	10일	11일	11일	4일	9일	8일	66일

애벌레

몸놀림이 매우 빠르고, 버섯 조직의 틈에 숨어 있어 관찰하느라 애를 먹었다. 통계의 신뢰도를 높이기 위해 애벌레 10마리를 선발해 각각 측정한 후 평균값을 냈다. 현미경에 설치한 측정 눈금을 이용해 애벌레의 몸길이와 머리 너비를 쟀다. 또 애벌레가 몇 번 허물을 벗으면서 자라는지 알기 위해 똥 속에 남아 있는 탈피각을 조사해 령기(사람의 나이에 해당되는 것으로, 한 번 허물을 벗을 때마다 '령'이 추가된다. 예를 들어 알에서 깨어나면 1령 애벌레, 1령 애벌레가 첫 번째 허물을 벗으면 2령 애벌레, 2령 애벌레가 두 번째 허물을 벗으면 3령 애벌레가 된다)를 측정했다. 애벌레는 모두 세 번의 허물을 벗으면서 4령까지 자란다. 애벌레 기간은 41일 정도이다.

몸 크기 (mm)	애벌레 시기				번데기
	1령	2령	3령	4령	
몸길이	1.83±0.06	3.47±0.46	8.50±1.00	11.25±0.87	6.20±0.20
머리 너비	0.20±0.10	0.27±0.12	0.85±0.10	0.98±0.17	3.90±0.10

애벌레의 생김새는 식용 곤충으로 잘 알려진 밀웜과 매우 비슷하다. 기다란 몸통, 반질거리는 피부, 둥그런 머리는 착하고 순하게 생겼다. 하지만 조금이라도 건드리면 몹시 흥분해 좌우로, 앞뒤로 자유롭게 요동치며 재빠르게 도망간다. 버섯 속에 굴을 파거나 방을 만들지 않고 자유롭게 돌아다니며 버섯을 먹는다. 먹이버섯이 부족하면 동족을 잡아먹는다.

애벌레의 똥

흑진주거저리 애벌레의 똥은 머리카락처럼 생겼다. 이를 알아채지 못하는 바람에 녀석을 키워 기록을 내기까지 고생을 많이 했다. 애벌레가 살고 있는 버섯에 늘 머리카락 같은 게 쌓여 있는 걸 보고, 버섯에 습기가 많아 썩으면서 애벌레도 곰팡이에 감염되어 죽었나 보다 싶어 실험을 중단한 것만 몇 차례였다. 중단한 횟수만큼 연구 기간이 길어져 속은 까맣게 탔다. 그렇게 몇 번 실패한 후 현미경 아래에서 애벌레를 관찰하는 순간, 항문에서 머리카락 같은 똥이 길게 뽑아 나오는 게 아닌가! 세상에, 곰팡이가 아니고 똥이었다. 똥 길이가 무려

15센티미터가 넘는다. 제 몸길이의 열 배가 넘는 똥을 싸는 걸 보고 까무러칠 뻔 했다. 내가 얼마나 무식했으면 똥을 곰팡이로 오해했을까. 곤충들이 먹은 음식이 모두 몸에서 흡수되는 건 아니다. 필요 없는 찌꺼기들은 똥이나 오줌을 통해 몸 밖으로 버려진다. 배설물은 곤충 자신에게 해로울 수 있다. 혹시 기생충이나 전염병을 퍼뜨리는 균이 붙어살지도 모르기 때문이다. 그래서 식사와 배설은 한군데서 하지 말라는 사람들의 규칙은 때때로 곤충들에게도 통한다. 하지만 흑진주거저리 애벌레는 식당인 버섯에 머리카락 같은 똥filament-typed feces을 수북이 싸댄다. 싼 자리에 싸고 또 싸고 …….

잘 부스러지지 않는 똥이 차곡차곡 쌓이면서 나중에 버섯 주변은 그야말로 푸짐한 똥더미로 변한다. 애벌레의 몸이 커갈수록 똥의 양도 많아지고 똥도 굵어진다. 급기야 다 뜯어 먹혀 가죽질만 남은 갓의 주변은 똥더미로 빽빽하게 덮인다.

그런데 똥에도 급이 있는 법. 오래된 똥은 윤기가 없어 푸슬푸슬하고 색깔도 거무스름하게 바래 있다. 새로 싼 똥은 윤기가 흐르고 탄력이 있어 잘 끊어지지 않는다. 똥 색깔은 먹이버섯의 포자나 버섯 조직의 색깔과 비슷하다. 삼색도장버섯은 포자와 조직이 갈색이라서 똥도 진한 갈색이고, 아교버섯의 포자 색깔은 연분홍이라 똥도 밝은 색이다. 그래서 똥의 양과 색깔을 보면 어떤 버섯을 먹었는지, 애벌레의 나이가 몇 살인지, 죽었는지, 죽었다면 언제 죽었는지를 대충 알 수 있다.

똥을 핀셋으로 5밀리미터 정도 떼어 슬라이드글라스 위에 으깬 뒤 염색

처리했다. 염색한 똥을 1000배율의 현미경으로 들여다보니 포자는 드물고, 균사 조직이 많았다.
무엇보다 똥의 역할이 특이하다. 똥은 애벌레와 어른벌레를 지켜주는 보호시설이며 은신처이자 방호벽이다. 버섯은 나무껍질에 붙어 공중에 떠 있는데, 애벌레가 아무리 민첩하게 움직여도 버섯에서 떨어질 수 있고, 천적의 눈에도 띌 수 있다. 이때 똥은 자신을 보호하는 방어벽 역할을 한다. 똥으로 무장한 방어벽엔 천적이 침입하기 힘들다. 또 똥은 지지대 역할을 해줘 애벌레가 허물을 잘 벗을 수 있게 도와준다.

앞번데기(전용)
번데기가 되기 직전의 단계를 뜻한다. 흑진주거저리의 앞번데기 기간은 약 4일로, 이때가 되면 몸속의 노폐물을 빼내 몸집이 작아지고, 자세는 약간 구부러진 'C' 자가 된다.

번데기
색깔은 우윳빛이고 생김새는 포대기에 싸인 아기 같다. 기간은 약 9일이다. 번데기는 고치 없이 맨몸으로 지낸다. 버섯 속이나 나무껍질 아래 등 안전한 곳에서 어른벌레가 될 때까지 기다린다. 아무것도 먹지 않고, 똥도 싸지 않는다. 다리는 있으나 아직 완전히 분화되지 않은 채로 몸통에 달라붙어 있어 움직일 수 없다. 건드리거나 불빛을 비추면 본능적으로 배 부분을 시계 방향이나 시계 반대 방향으로 거칠게 원을 그리며 흔든다. 시간이 경과하면서 겹눈, 주둥이, 날개, 다리가 점점 갈색으로 변한다.

어른벌레

번데기의 등이 세로로 갈라지면서 어른벌레가 나온다. 머리, 가슴, 딱지날개, 다리들이 차례차례 빠져나온다. 갓 우화한 몸의 색깔은 노르스름하고, 피부는 굳지 않아 연약하다. 8일이 지나면 멜라닌 색소가 나와 몸 색깔이 까맣게 변하고, 피부도 딱딱하게 굳는다. 실내에서 자란 개체는 야생에서 자란 개체보다 몸길이가 약 0.5~1.5밀리미터 작다. 어른벌레는 대개 몇 십 마리가 함께 모여 산다. 날기보다는 걷기를 더 좋아한다. 물론 날개가 있으니 먼 거리는 날아간다. 위험하면 더듬이와 다리를 오그린 채 죽은 듯이 꼼짝하지 않는다. 기절한 상태라 일정한 시간이 지나야 깨어나는데, 이렇듯 가짜로 죽는 현상을 '가사상태'에 빠졌다고 한다. 또 천적에게 잡히면 배 속의 방어샘에서 방귀폭탄(화학무기)을 제조한 뒤 항문을 통해 '펑' 하고 터뜨린다. 화학물질의 주성분은 벤조퀴논인데, 식초 같은 시큼한 냄새와 다른 냄새와 섞여 요상한 냄새가 난다. 휘발성이지만 독해서 한참 맡으면 멀미가 날 정도로 역겹다.

겨울잠

야생에서는 개체의 생애주기에 맞게 어른벌레 또는 애벌레의 모습으로 버섯 속, 썩은 나무 속, 버섯이 붙어 있는 나무껍질 안쪽 등에서 겨울잠을 잔다. 대부분 30~50마리가 모여 지낸다. 반면 온도와 습도가 일정한 실내에서는 겨울잠을 자지 않고 한살이가 지속적으로 돌아간다.

포식자

흑진주거저리의 포식자는 거미, 기생벌, 개미붙이류, 약대벌레류, 새다.

선호하는 버섯

플라스틱 통에 버섯 7종을 놓아두고, 흑진주거저리들을 풀어놓았다. 한 달 동안 온도와 습도를 일정하게 유지했고, 관찰할 때마다 각 버섯에 모인 흑진주거저리를 세었다. 실험 결과는 예상대로 줄버섯(37%)과 삼색도장버섯(30%)을 가장 선호했고, 이어 덕다리버섯(15%), 구름버섯(11%), 아까시재목버섯(2%), 황갈색시루뻔버섯(2%) 순으로 선호했다. 말굽버섯에는 한 마리도 가지 않았다. 또 알을 낳고 애벌레가 부화한 버섯은 줄버섯, 삼색도장버섯, 덕다리버섯, 구름버섯으로 이들 버섯이 흑진주거저리의 서식처임을 보여주는 증거이다.

관찰 통	50×30cm 크기의 플라스틱 통
사용한 버섯	7종(줄버섯, 삼색도장버섯, 구름버섯, 말굽버섯, 덕다리버섯, 황갈색시루뻔버섯, 아까시재목버섯)
실험 기간	9월 한 달
실험 환경	평균 온도 25.1℃, 상대습도 65.1%

실험 방법	준비한 플라스틱 통에 버섯 7종을 10cm 간격으로 놓아두고, 한가운데에 12마리의 흑진주거저리를 풀어놓았다.
실험 통 관리	빛을 싫어하는 야행성이므로 관찰할 때를 제외하면 스트레스를 받지 않도록 실험 통을 까만 천으로 덮어두었다.
관찰 횟수	4일에 한 번씩 총 9차례

내가 공부한 대가

애벌레를 키우면서 점점 연구 욕심이 많아졌다. 한국산 버섯살이 곤충들의 분포가 대개 중국 북동부, 극동 러시아, 일본 등에 국한되어 있다 보니, 내 손을 거쳐간 곤충들의 실험 결과가 세계 최초인 경우가 많아서 더 그랬다. 세계 어디에도 애벌레와 어른벌레의 퍼즐 맞추기 연구가 없었고, 종에 대한 생애주기(한살이) 연구가 거의 없던 실정이었다. 버섯살이 곤충이 인간의 생활에 큰 영향을 주지 않으니 최초의 기록이 나오든 그보다 더한 기록이 나오든 아무도 관심을 주지 않을 테지만, 나에겐 심장박동이 빨라질 만큼 굉장한 발견이었다. 그래서 기존의 연구 주제(거저리과 분류와 균식성 거저리의 생태)에 '애벌레 분류'를 보탰다.

애벌레 분류는 어른벌레 분류와 접근 방식이 꽤 달라서 밑작업이 많고 복잡하다. 다행히 앞서 일본 연구자가 일본산 곤충의 애벌레들을 연구한 자료가 있어 문헌 수집 작업은 순조로웠다. 하지만 표본 작업에 드는 시간 품이 만만치 않았다. 애벌레를 수산화칼슘에 담가놓으면 내장은 다 녹고 표피세포(큐티클 재질)만 남는다. 그 표피세포를 슬라이드글라스 위에 올려놓는 방식으로 표본을 제작하는데, 난생처음 해보는 작업이라 실패하기 일쑤였다. 애벌레의 자세가 바르게 펴지지 않고, 수산화칼슘에 담그는 과정에서 탈색되어 형체를 분간하기 어려울 때도 있었다. 시행착오를 겪는 과정이 의외로 길었다. 기존 연구의 수행도 벅찬데 새로운 연구를 막상 시작하고 나니 몸이 열 개라도 부족했다.

우여곡절 끝에 세계에서 연구가 안 된 종을 골라 약 10종의 표본을 완성했다. 문헌자료를 참고하면서 표본을 관찰했다. 분류 실험실에서 쓰는 현미경은 대개 두 종류로, 해부현미경과 광학현미경이 있다. 건조표본을 관찰할 때는 대개 해부현미경(10~40배)을 사용하지만, 생식기, 미소 곤충이나 애벌레를 관찰하려면 배율이 매우 높은 광학현미경(100~1000배)을 써야 한다. 그런데 현미경이 문제다. 실험실에 수십 년 전부터 비치된 오래된 광학현미경으로는 관찰이 불가능했다. 배율은 높지만 '일반 생물학 실험'을 위한 실습용 현미경이라 해상도가 떨어지고, 흠집이 군데군데 나 있어 연구용 현미경으로는 부적절했다.

지도교수를 찾아가 성능 좋은 광학현미경의 구입에 대해서 조심스럽게 의견을 냈지만 역경에 부딪혔다. 실습실에 광학현미경이 많은데 새로운 현미경을 구입하는 것은 낭비라면서, 결국 그 불똥이 애벌레 연구로 튀었다. 진행 중인 연구 주제(거저리과 분류)

도 범위가 넓고 생태실험이 많아 결과가 나오기까지 몇 년이 걸릴 텐데, 애벌레 연구까지 보태면 졸업하는 데 10년 이상 걸린다며 불같이 역정을 냈다. 나이 많은 문과 출신이 그 많은 연구를 어찌 다 감당하려고 일을 크게 벌이냐면서 매우 반대했다.

지도교수는 다혈질이라 뒤끝은 없는데 거침없이 내는 화에는 자존심이 무척 상했다. 그 순간 내가 선택한 학문의 길에 대한 회의가 짙게 밀려왔다. 수업, 세미나 준비, 채집, 실험, 자료 수집, 논문 준비, 두 아들의 사춘기 몸살, 집안일과 학업의 병행 등 많은 문제들이 숨죽이고 있던 차에 현미경 문제가 방아쇠를 당겨버렸다. 열흘 동안 실험실에 출근하지 않았다. 늘 긴장하며 전쟁처럼 살았던 생활을 접고 무위도식하니 이보다 더 좋을 순 없었다. 하지만 그 반항은 고작 열흘짜리였다. 애벌레 분류 연구를 포기하고 나와의 타협을 한 후 실험실에 복귀하니 한편으로 어깨가 가벼웠다. 하지만 광학현미경에는 한이 맺혀, 졸업 후 사비를 털어 구입했다.

◆ ◆ ◆

거대한 주제인 애벌레 연구를 포기한 후, 어른벌레 분류와 균식성 거저리의 생태 연구에 몰두했다. 하면 할수록 일은 줄어들지 않고 산더미처럼 쌓여만 갔다. 시간을 효율적으로 이용하기 위해 현미경을 구입해 집에 두고, 학교 실험실에서 검토하지 못한 표본을 집으로 가져와 관찰했다. 대학 입시를 앞둔 아들이 있어 학교 실험실에서 밤샘 작업을 할 수 없었기 때문이다.

낮에는 실험실과 야외에서, 밤에는 집에서 거저리와 함께한 세월만큼 연구의 결실에도 가속도가 붙었다. 한국산 거저리과의 기록 자료를 모두 분석했고, 채집이나 대여로 확보한 표본들도 관찰했다. 또 균식성 거저리를 키우며 애벌레와 어른벌레의 퍼즐 맞추기, 알-애벌레-번데기-어른벌레의 한살이 과정, 각 단계별 기간, 행동과 습성 등 새롭게 밝힌 사실들을 기록하며 학위논문의 근간을 차곡차곡 다져갔다.

대학원 입학 2년차에는 석사 학위논문을 썼다. 채집과 실험 등 많은 연구를 통해 얻은 자료 중 균식성 거저리가 대거 포함된 '르위스거저리아과'를 분류학적으로 검토하고 다듬어 〈한국산 르위스거저리아과에 대한 분류〉라는 논문을 썼다. 순조롭게 논문 심사를 통과하고 내 나이 마흔둘에 석사 학위를 받았다. 나는 석·박사 통합과정을 밟지 않았기 때문에 석사 졸업 후 박사과정 지원서를 내는 행정 절차를 거쳐 박사과정에 돌입했다.

대학원 입학 5년차(박사과정 3년차)에 이르자 몸과 마음이 한층 더 바빠졌다. 날것raw data으로 모아둔 연구 결과를 기반으로 분류 논문을 작성했고, 통계 처리, 사진 촬영과 그림 작업 등을 통해 연구 결과를 빈틈없이 가공하며 박사 학위논문을 작성해나갔다. 논문을 쓰다가 실험 자료가 부족하면 이를 보충하기 위해 재실험과

심층채집을 병행하니 몸이 열 개라도 부족했다. 무엇보다 초고를 완성하는 데 시간이 많이 걸렸다. 주제를 무엇으로 정하고, 어떤 제목을 뽑아야 하는지에 대한 고민도 컸지만, 지도교수, 실험실 동료들, 통계 전문가와 경륜 깊은 곤충 연구자들의 조언에 힘입어 우여곡절 끝에 초고가 완성되었다.

박사 학위논문의 주제는 두 가지로 정했다. 제1주제는 '한국산 거저리과의 분류'였고, 제2주제는 '균식성 거저리의 생태 연구'였다. 분류와 생태가 혼합되다 보니 내용이 방대하고, 이 둘은 접근 방식이 완전히 달라 논문 형식을 단일화하는 데 애를 먹었다. 초고는 아홉 차례의 수정을 거치면서 집약적인 논문으로 완성되었다. 학위논문을 작성한 기간은 내 인생에서 가장 혹독한 시절이었다. 매일매일 긴장의 연속이다 보니 위경련이 수시로 찾아왔는데, 송곳이 위를 관통하는 것 같은 통증으로 고통스러웠다. 특히 생태 연구 분야의 통계 처리가 큰 스트레스로 다가왔다. 결국 통계 작업은 전문가에게 용역을 주었지만, 통계 공부를 하느라 머리에 쥐가 날 정도였다. 박사과정의 3년은 하루하루가 전쟁 치르듯 드라마틱하게 지나간 짧고도 굵은 여정이었다.

시간에 쫓기다 보니 집안일은 까맣게 잊을 때가 많았다. 설상가상 두 아들은 심한 사춘기를 앓으면서 혼돈 상태를 겪고 있었다. 큰아들은 대학 입시에 실패해 방황하고, 작은아들은 대학 진학 대신 음식점 창업을 하겠다며 입시 공부를 거부하고 집 주변 식당에서 아르바이트를 했다. 총체적 난국이었다. 그런 두 아들과 의견 충돌이 격하게 일어나는 일이 많아 지옥 같았다. 아들 문제로 속은 새까맣게 타고, 학업을 포기할까 고민하는 날들이 늘어났다. 실로 자식 문제는 내 인생을 다 내놓을 수 있을 만큼 절대적이고 절절했다. 아들 생각만 하면 미안함과 죄책감에 눈물만 났다. 그럼에도 나는 강박증 환자처럼 장소와 시간을 가리지 않고 논문에 매달렸다. 제주도 출장 중 공항에서 기다리는 시간에도 노트북을 펼쳐 일을 했고, 심지어 자동차(코란도 구형) 화물칸에 간이 연구실을 차려놓고 채집 중 비가 올 때마다 노트북을 켜 논문 작업을 했다. 천신만고 끝에 박사 학위논문이 완성되었다.

대학원에 들어간 지 5년 만에, 박사과정에 들어간 지는 3년 만에 박사 학위를 땄다. 국내 분류학계에서 초유의 일이었다. 실로 5년이 50년 같았다. 박사 학위를 심사하는 날, '성골' 출신 심사위원의 노골적인 편견에 부딪혀 파란만장한 과정을 거쳤지만, 논문 심사는 통과되었다. 나는 곤충학계의 이방인, 아니 곤충계의 '6두품'쯤 되는 것 같다. 모두가 그런 것은 아니지만, 곤충계의 성골과 진골 출신들은 6두품에게 심히 배타적이다. 그 파란만장한 에피소드는 먼 훗날 어디선가 덤덤하게 토로할 기회가 있으리라.

박사 학위에 큰 의미를 두었던 것은 아니지만, 종이 한 장짜리에 불과한 학위증은 수많은 함의를 담고 있어 만감이 교차했다. 내게 이 학위증은 기득권에 저항하면서, 여성에 대한 편견에 맞서서, 배타적인 학계의 유리천장을 뚫으면서 전투적으로 연구해 얻어낸 결과물이었다. 뼛속까지 배어 있는 문과적 기질, 경력 단절, 전업주부 등 범상치 않은 이력을 딛고, 가족의 희생을 담보 삼아 곤충에 빠져 살았던 세월의 보상인 것 같아 기쁘고도 먹먹했다. 학위수여식(졸업식)에서는 대학원생 대표로 이학박사 학위증을 받았으니 이보다 큰 영광이 또 있을까. 제3지대의 곤충학자로 살아온 설움이 한 방에 날아갔다. 배타적인 곤충학계의 분위기 속에서 날 품어주고 진면목을 봐준 학교 측에도 무한한 경의를 표했다.

질문인 듯 질문 아닌

학위를 받고 나니 많은 변화가 생겼다. 우선 졸업을 했으니 5년간 고락을 함께했던 실험실과 이별해야 했고, 몇 군데에서 취업을 권유받은 터라 진로에 대한 고민도 해야 했다. 지인들은 강력하게 취업을 권유했지만, 취업은 하지 않기로 결정했다. 남들보다 15년 늦게 곤충계에 입문한 터라 내가 하고 싶은 연구를 위해 많은 시간을 확보하고 싶었다. 잠시 이화여자대학교 에코과학연구소에 몸담아보니 연구에 매진할 시간이 턱없이 부족했다.

사비를 털어 자그마한 오피스텔을 구해 여러 실험자재들을 구입하고 연구 장비를 세팅하며 개인 실험실을 차렸다. 나만의 공간에서 연구에 몰두하니 신세계였다. 학교 실험실보다 부족한 점이 많았지만, 홀로 연구하는 데 아무런 지장이 없었다. 대학원 생활에 얽매이지 않아 자유롭다 보니 졸업 전보다 더 바빴다. 학술지 논문 투고, 밀려드는 환경단체와 여러 대학의 강의 요청, 대중서 출간 일정 등을 소화하면서 연구의 폭을 넓혀갔다. 몸과 마음은 바빴지만, 연구 성과가 눈에 보이니 하루하루가 기쁘고 즐거웠다.

무엇보다 버섯살이 거저리에서 버섯살이 딱정벌레목 곤충으로 연구 범위를 넓힌 것은 가장 가치 있는 일이었다. 곤충 사육에서 얻은 자료를 바탕으로 버섯살이 딱정벌레목 곤충의 대부분을 분류학적으로 정리해 학술서로 출간했다. 또 딱정벌레목의 여러 과에 속한 미기록종과 신종을 찾아내 논문으로 발표했다. 그렇게 학회지에 발표한 논문이 60여 편이니 1년에 평균 3~4편을 쓴 셈이다. 난 대부분 홀로 곤충을 채집하고 연구하기 때문에 공동저자 없이 혼자(단독저자) 논문을 쓴다. 그래서 나는 거의 제1저자(논문의 작성자)이면서 교신저자(논문의 최종 책임자)인데, 무엇보다 제1저자인 게 뿌듯하다.

시대를 잘 타고나서인지, 국가 차원에서 기초과학에 관심을 기울여서인지 곤충 관련 프로젝트도 많아졌다. 그런데 버섯살이 곤충 연구자가 국내에 나 혼자다 보니 그 분야의 곤충들은 내 차지다. 수많은 버섯을 따와 그 속에 사는 곤충들을 찾아내고 키운 결과, 논문으로 발표한 미기록종은 150여 종이고, 신종은 4종이다.

또한 버섯살이 곤충은 미기록종種, species뿐만 아니라 미기록과科, family, 미기록족族, tribe, 미기록속屬, genus도 부지기수인데, 국내에 분류학자가 부족하다 보니 종수가 10종 내외인 '미소 과微小 科'에 대한 분류가 이뤄지지 않은 경우도 허다하다. 나는 몇 년 동안 채집한 표본과 자료를 바탕으로 미소 과를 과 수준으로 연구했는데, 얼추 세어보니 애버섯벌레과, 버섯벌레과, 긴썩덩벌레과, 애버섯벌레붙이과, 머리대장과, 허리머리대장과, 무당벌레붙이과, 애기버섯벌레과 등 꽤 많다. 이렇게 딱정벌레목에 대한 여러 연구를 하면서 국명(우리나라 이름)을 지어준 종은 200여 종에 이른다.

논문 출간과 더불어 시간을 쪼개 대중서도 썼다. 지금까지 학술서를 포함해서 30여 권을 써왔으니 가끔 내가 사람인지 연구하는 기계인지 헛갈릴 때가 있다. 그러다가 영광스럽게도 '한국의 파브르'라는 별명을 얻었다. 어느 월간지에서는 내 이야기를 파브르의 이야기와 비교해 평전 같은 기사를 써주었으니 나로서는 감개무량했다. 대중서를 집필한 덕분에 지명도가 높아졌다. 일간지, 월간지, 방송국 등 여러 매체에서 인터뷰와 출연 요청이 쇄도했다. 고민 끝에 '곤충 전도사'를 자처하며 얼굴이 나가는 텔레비전만 빼놓고 모든 매체의 인터뷰에 응했다.

텔레비전을 제외한 것은 안면도에 사구 곤충 조사를 나갔을 때의 경험 때문이다. 일 년에 세 번 있는 조사 기간에 같은 숙소에서 머물렀는데, 당시 숙소 주인이 텔레비전에 출연한 나를 알아보고 특별 대우를 해줬다. 그때부터 행동하기가 몹시 조심스러워졌다. 이불도 각지게 개어놓고, 쓰레기는 모두 모아 집으로 가져왔다. 그렇게 텔레비전 효과를 절감하고선 이후 출연은 고사했다. 그 대신 라디오 프로그램에서는 7년 가까이 매주 한 번씩 출연해 천일야화 같은 곤충 이야기를 풀어냈다. 괴력적으로 일해 몸은 힘들었지만 마음은 힘들지 않았다.

◆◆◆

어느 분야든 타 분야의 사람에 대한 배타적인 성향은 강하다. 특히 학계는 더 그런 듯하다. 자신들이 갈고닦아온 영역에 이방인이 들어오는 걸 반길 이는 그리 많지 않은 것 같다. 이방인을 대하는 태도는 다양하다. 이 분야에 왜 발을 들여놓았을까 하는 호기심, 과연 잘 해낼 수 있을까 하는 걱정과 의심, 먼저 시작한 우리들보다 훨씬 못할 것이라는 편견과 평가절하 등도 있다.

그런 면에서 나는 곤충계의 철저한 이방인이었다. 마흔 살에 발디뎌놓은 곤충학계에서 살아남기란 만만치 않았다. 자신들만의 전통과 기반이 튼튼한 학계는 제3지대의 사람에게 유리천장으로 느껴지기도 한다. 더구나 아직은 알지 못해 막막한 내 능력의 범위, 나이와 성별에 대한 주변의 편견, 사춘기에 접어든 아이들의 문제 등도 산적해 있었다. 내게 그 유리천장을 깨는 방법은 단 하나, 바로 실력을 쌓는 것이었다. 그러나 실력을 쌓아도 깨지지 않는 건 엇나간 편견인 듯하다. 그러한 편견을 극복하며 나만의 연구 결과를 쌓기까지 마음을 많이 다친 게 사실이다.

학위 과정 중에는 학교 간 학점교환제를 이용한 적이 있다. 연구에 꼭 필요한 과목인데 개설되어 있지 않은 경우, 이 제도를 이용하면 개설된 학교에 가서 공부할 수 있다. 나는 한 학기 동안 매주 어느 지방 대학교에 개설된 강의를 들은 적이 있는데, 오가며 길에서 보내는 시간이 많아 꼬박 하루를 소비해야 했다. 게다가 나는 나이가 많다 보니 어느 강의를 듣든 간에 첫날에는 담당 교수를 찾아가 인사를 했다. 그날도 강의 시작 전에 담당 교수실을 찾아 신고식을 했는데, 처음 만난 담당 교수는 나와 나이가 엇비슷해 보였다. 간단하고 의례적인 인사를 나누는 도중, 의외의 질문을 받고 매우 당황했다.

"자녀가 몇이에요?"

"아들 둘입니다."

"애들은 어찌하고 이리 돌아다니십니까?"

너무 당황해서 말문이 막혔다. 송곳보다 더 아픈 질문에 순간적으로 나는 두 아들에게 죄인이 되어 자괴감이 들었다. 내가 표본을 확보하기 위해 야외채집을 다니고, 여러 기관의 표본실을 찾아다니고, 지방의 대학까지 내려와 강의를 듣는 것이 그 교수의 눈에는 '돌아다니는 것'으로 여겨진 모양이다. 아이를 키우는 여성은 자신의 일을 위해 돌아다니지 말고 집에서 아이를 돌봐야 한다는 말로 들렸다. 더군다나 당시 큰아들은 대학 입시를 앞둔 고3이었기 때문에 심장이 찔린 것처럼 아팠다. 두 아들이 혹독한 사춘기를 보내는 것이 다 내 탓인 것만 같아 하루에도 몇 번이나 학업을 중단할까 말까 고민하며 자학하던 시기라 더 그랬다. 그 교수는 별 뜻 없이 내뱉은 말이었겠지만, 이미 자책감에 시달리던 나는 내적 갈등에 휩싸였다.

곤충 관련 프로젝트를 여럿 했을 때는 각종 회의에 참석하기도 했는데, 바닥이 좁다 보니 회의에서는 낯익은 연구자들을 자주 만난다. 내 박사 학위의 심사위원과도 가끔 조우한다. 심사 때의 불편함이 남아 있던 터라, 겉으론 살갑게 인사를 나누었지만 속은 편하지 않았다. 그런데 한 회의 중에 웃지 못할 일이 일어났다. 프로젝트에 참여하는 대학원생들과 책임연구자가 모두 모여 있는 자리에서, 자문위원인 A 박사가 해당 과제에 대해 자문하면서 나를 존경한다고 공개적으로 칭찬했다. 그 순간 모든 참가자들의 시선이 내게 향했고, 나는 갑작스러운 칭찬 모드에 당황했다. 딱 거기까지는 좋았다. 문제는 그 다음 발언이었다.

"회의 끝난 후에 정 박사님께 물어봐야겠어요. 언제 살림하고, 언제 아이 돌보고, 언제 이 많은 연구를 하는지 말이에요."

참가자들은 박장대소했지만 나는 불쾌했다. 의도는 충분히 이해하지만, 가부장적인 사고방식이 고스란히 묻어났기 때문이다. 나는 주부가 아니라 연구자다. 아직도 남성 연구자들은 여성 연구자를 진정한 연구자로 대하지 않는다는 걸 그때 새삼 깨달았다. 왜 '여성'에게 '유리천장'이라는 단어가 따라다니는지도 다시 한번 깨달았다. 가사일과 연구를 병행한다는 건 쉬운 일이 아니다. 즉, 주부와 연구자 역할을 둘 다 잘할 순 없다. 어느 하나를 포기하지 않으면 둘 다 부족할 수밖에 없다. 나는 주부를 포기한 지 오래였다.

말로 다 표현할 수 없는 편견은 피나는 노력을 통해 실력이 쌓이면서 수면 아래로 가라앉았다. 느슨하게 연구했다간 그 편견이 언제 떠오를지 모르기 때문에 한시도 연구를 게을리한 적이 없다. 가지 않은 길을 선택하며 얻은 나만의 경험은 뒤에 올 후배들에게 틈날 때마다 전해준다. 또한 내 개인의 역사가 그들의 거울이 될 수도 있겠다 싶어 지금껏 곤충을 분신처럼 달고 산다. 험한 길을 먼저 헤쳐 온 내가 탄탄한 실력을 갖춘 연구자가 되어야, 나와 비슷한 상황에서 출발하는 이들에 대한 편견이 줄어들지 않을까 하는 기대 때문이다.

한 학기에 서너 명의 학생들이 진로상담차 찾아온다. 대개 분류와 생태 연구 지망생이며, 여학생이 절반 이상이다. 그럴 때면 채집, 문헌자료 검색, 분류군 선택 등 분류 연구에 필요한 모든 사항을 내 경험과 더불어 이야기해준다. 마지막으로, 선택한 일을 미치도록 사랑하라고 당부한다. 학생들이야 정해진 코스대로 걷다 보면 상대적으로 큰 어려움 없이 목표에 도달할 가능성이 크다. 그런데 경력이 단절된 여성이나, 50세 이상의 일반인 중에서 곤충계에 입문하고 싶어 하는 사람에겐 굉장히 자세하게 조언한다. 스스로 믿음과 열정이 있는지, 영어 독해에 문제가 없는지, 연구에 몰두할 시간을 많이 확보했는지, 나이나 성별에 대한 편견 또는 학계의 배타성을 마주할 각오가 되어 있는지, 가족이 있을 경우 가족의 희생을 감안했는지 등을 체크해보라고 권한다. 물론 닥쳐올 난관을 예습한다고 해서 연구자의 고난이 덜어지진 않는다. 아무리 준비해도 학문의 길은 고행길이며 수행길이지만, 미친 열정을 잃지 않으면 이겨낼 힘이 생길 수도 있다.

좋아하는 일에도 DNA가 있다면

어렸을 적 꿈이 곤충학자였던 두 아들은 내게 곤충학자의 영감을 넘겨주고 각자의 길을 가고 있다. 특히 사춘기 바람을 맞고 방황하던 작은아들은 마음을 잡고 어렸을 적 꿈인 곤충학자의 길을 걷기 시작했다. 속을 새까맣게 태우던 두 아들이 각자의 길에 안착하니 세상을 얻은 것만큼 기뻤다. 나보다 자식이 잘되는 걸 보고 싶은 게 모든 부모의 심정이리라. 나는 성모님께 서툰 감사기도를 올렸다. 원래 두 아들의 꿈이 곤충학자 아니었던가! 다행히 작은아들은 작은 동물을 연구하게 되었으니, 어릴 적 꿈이 이뤄지고 있는 셈이다.

작은아들의 전공은 나와 비슷한 딱정벌레목 곤충으로, 박사과정에서는 사체, 나무껍질, 버섯 등에 사는 곤충을 포식하는 풍뎅이붙이과를 연구하고 있다. 풍뎅이붙이과 곤충을 찾기 위해서는 여러 채집 방법을 동원해야 한다. 횟집에서 썩어가는 생선 내장을 얻어다 바닷가, 나대지, 산 가장자리에 널어놓기, 동물 사체 뒤지기, 소똥이나 말똥 뒤지기, 소나 돼지의 간을 산 가장자리에 놓기, 버섯과 균사체 주변 뒤지기, 나무껍질 속 뒤지기, 비행간섭트랩(비행하는 곤충을 조사하기 위해 설치한 채집 도구) 설치하기 등 다양하다.

작은아들은 후각이 예민하지 않은 건지, 토 나올 만큼 썩은 냄새가 진동하는 사체나 똥도 척척 뒤진다. 표본을 구하러 발로 뛰며 열정적으로 동분서주하는 모습이 존경스럽다. 지금까지도 풍뎅이붙이에 푹 빠져 전국을 헤매면서 채집한 덕에 국내에 서식하는 풍뎅이붙이과의 표본을 거의 확보했고, 미기록종도 발굴해 논문으로 출간했다. 또 분자분석을 통해 풍뎅이붙이의 계통과 서식지 분화를 추적하는 실험을 준비하고 있다.

작은아들이 곤충 연구에 본격적으로 발을 들여놓으면서 난 날개를 달았다. 원래 작은아들은 새에 관심이 많아 어릴 적부터 전국을 다니며 100여 종의 새를 관찰했다. 내심 대학원에 진학해 곤충보다는 몸집이 큰 새를 연구하면 좋겠다는 바람이 있었는데, 결국 곤충 쪽으로 방향을 틀었다. 심지어 곤충분류학을 하겠다고 하니 내 입장에선 천군만마를 얻은 것 같았다. 곤충과 관련해 아들과 공유하는 부분이 많기 때문이다.

아들과의 관계를 굳이 설정하자면, 동료이자 조력자이자 보호자인 것 같다. 야외채집을 할 때는 보호자, 분류에 대해 토론할 때는 동료, 학문적인 어려움을 토로할 때는 함께 고민해주는 친구,

논문을 집필할 때는 필요한 표본을 만들어주는 조력자가 되어주니 말이다.

나와 아들이 연구하는 분류군은 서식 장소가 엇비슷하기 때문에 채집 장소도 겹친다. 내가 전공하는 버섯살이 곤충들과, 아들이 전공하는 어리방아벌레과와 풍뎅이붙이과 곤충들은 모두 썩은 나무 속, 버섯 속, 똥 속이나 사체에서 산다. 보통 아들은 아들대로 실험실의 스케줄에 맞춰서, 나는 나대로 내 스케줄에 맞춰 각각 채집에 나서지만, 연구의 효율성을 높이기 위해 곤충을 공동 채집할 때가 있다. 공동 채집은 공휴일 같은 때에 서로 형편에 맞춰 진행하는데, 장소는 주로 내가 운영하는 야외 곤충연구소, 강원도와 제주도 등이다.

나로선 아들과 동행하는 게 이로운 점이 훨씬 많아 바쁜 아들에게 같이 출장 가자고 조른다. 아들은 겁이 없는데, 특히 뱀을 무서워하지 않고, 체력도 좋기 때문이다. 게다가 나이가 들수록 도움받는 일이 점점 많아진다. 나는 어두컴컴한 숲속에 들어가면 5밀리미터 이하의 미소 곤충은 잘 보이지 않는다. 혹독한 현미경 작업 때문에 눈에 이상이 생겨 수술을 했고, 노안까지 와 번번이 곤충들을 놓치면서 야외채집에 비상이 걸린 것이다. 그런데 작은 아들이 야외채집에 합류하면서 신체적 한계가 어느 정도 커버되었다.

사구 정밀조사 등 내가 책임진 프로젝트를 위한 조사에도 동행해주었는데, 10여 년 동안 함께 야외조사를 나간 횟수는 셀 수 없을 정도다. 조사 내내 투정을 받아주고, 운전도 해주며 나를 살뜰히 챙긴다. 또 나는 표본을 예쁘게 만들지 못해서 논문용 사진을 찍을 때마다 고생하는데, 건조표본을 잘 만드는 아들이 곤충계에 입문하고 나서는 이런 부분이 많이 해소되었다.

물론 아들은 엄연히 소속된 학교가 있고, 훌륭한 지도교수의 가르침을 받고 있다. 그래서 만의 하나라도 아들의 지도교수에게 누가 되지 않으려 엄청나게 신경을 쓴다. 학교 일정과 겹치지 않는 공휴일에만 채집 동행을 하고, 아들이 연구하는 분류군과 연구 방법 등에 대해선 일절 훈수를 두지 않는다. 다행히 아들이 속한 분류계통 연구실은 모든 면에서 국내 최고라 할 정도로 뛰어나서 내가 신경 쓸 일이 하나도 없다. 그래도 곤충학계가 좁다 보니 학회에서 있었던 일, 논문 투고 등 아들에 관련된 일들이 내 귀까지 속속들이 들어온다. 질풍노도와 같은 사춘기 시절에 내 품을 벗어나려 했던 아들이 지금은 오히려 내 손바닥 안에 있으니, 이런 아이러니가 없다.

곤충의 끈으로 이어진 아들과의 동행은 추억 쌓기인 것 같다. 물론 봄날의 미풍같이 훈훈한 일만 있는 건 아니고, 심장이 쫄깃할 정도로 위험한 일화도 많다. 길 없는 길을 헤매고 다니는 곤충 찾아 삼만 리 여행은 고되지만, 모자간의 깊은 정을 다질 수 있어 눈물 나게 소중하다. 아들과 함께한 곤충 연구의 추억은 한 장 한

장 사진이 되어 책갈피에 차곡차곡 끼워지고 있다.

곶자왈의 밤

아열대성 기후의 제주도는 비가 잦은 탓에 습도가 높아 버섯이 많이 피어난다. 내가 발견한 것까지 포함해 이곳의 점균류나 버섯에서 처음 발견되어 논문으로 발표된 버섯살이 곤충은 얼추 계산해도 30종 이상이니, 버섯살이 곤충의 보고라 해도 틀린 말은 아니다. 작은아들과 동행할 때는 아들 또한 다양한 어리방아벌레와 풍뎅이붙이를 발견하며 좋아한다. 나는 이곳에서 처음 발견된 종들의 이름(국명)에 대부분 '제주'를 붙인다. 이를테면 '제주진주거저리', '제주무당벌레붙이', '제주가는버섯벌레' 등이다.

우리가 공항에 도착해 제일 먼저 찾는 곳은 소똥 밭이다. 제주도는 목장이 많아서 '똥 곤충'들의 천국이다. 목장엔 대형 접시만 한 소똥들이 여기저기 즐비하고, 싼 지 얼마 안 된 질척한 소똥을 뒤지면 손톱만 한 뿔소똥구리가 쌔고 쌨다. 운 좋으면 뿔소똥구리들 틈에서 멸종위기종인 애기뿔소똥구리도 만날 수 있다. 이 소똥구리들은 소똥 밑의 땅속에 땅굴을 판 뒤 질척한 똥을 아무렇게

나 뭉쳐 땅굴 속으로 가져간다. 수십 번 왕복하며 똥 뭉치를 나른 뒤 쌓인 똥에 알을 낳는다. 알에서 깨어난 애벌레는 평생 똥을 먹으면서 자란 후, 번데기를 거쳐 어른벌레로 변신한다. 땅굴은 직선이 아니라 약간 비스듬하고 구부러지게 파놓는데, 그 굴속으로 손가락을 넣으면 놀란 뿔소똥구리 어른벌레가 더 깊은 곳으로 들어간다.

뿔소똥구리 외에 여러 똥풍뎅이들도 소똥 속에서 산다. 이러한 애벌레들을 잡아먹기 위해 포식자도 날아오면서 소똥은 작은 생태계를 이룬다. 단골 포식자는 아들이 전공하는 풍뎅이붙이류이다. 아들은 풍뎅이붙이를 채집하기 위해 소똥이란 소똥은 다 뒤진다. 얇은 위생장갑을 끼고 마스크를 쓴 뒤 쪼그리고 앉아 리드미컬하게 소똥을 뒤지며 깨알만 한 풍뎅이붙이를 찾아낸다. 확실히 아들은 비위가 좋다. 몇 시간을 뒤지면서도 똥냄새에 불평하지 않는다. 나도 함께 앉아 위생장갑을 끼고 똥을 뒤적거리는데, 그 감촉이 썩 유쾌하진 않다. 소똥 특유의 냄새를 맡지 않으려 숨을 몰아쉬느라 힘들지만, 머리를 처박고 똥 속을 파고들어가는 곤충을 들여다보고 있으면 시간 가는 줄 모른다. 이 모든 작업은 손에 소똥을 묻혀야 하기 때문에 혼자서는 불가능하다. 대개 아들이 소똥을 뒤지고 나는 사진 촬영을 한다.

낮 시간에는 주로 인적이 드문 길을 다니며 곤충을 찾는다. 특히 곶자왈은 습기가 많아 미끄러운데, 비 온 후에는 더 그렇다. 돌멩이와 바위마다 이끼와 식물이 자라기 때문에 겉으론 멀쩡해도 잘못 디디면 미끄러지기 일쑤다. 또 뱀이 참 많다. 버섯은 오솔길 안쪽 숲속에 많은데, 그곳에 주로 뱀이 똬리를 틀고 있거나 길게 뻗치고 있다. 특히 비가 개고 난 뒤에는 몸을 말리려는 뱀들이 나뭇잎 사이로 햇살이 비치는 곳에 유난히 더 많이 나와 있는데, 하루에 여덟 번까지 본 적도 있다. 그런 날은 바닥에 떨어진 나뭇가지만 봐도 뱀의 환상이 보여 등짝이 서늘하고 머리털이 쭈뼛쭈뼛 솟는다. 긴 장화를 신고 다녀도 되지만, 등산화를 신었을 때처럼 발놀림이 민첩하지 못하고 오래 걸으면 발이 피곤하다.

마침 숲 안쪽 나무에 산느타리버섯이 다닥다닥 붙어 있다. 버섯 속의 곤충을 관찰하려고 이끼와 식물로 덮인 돌멩이 위로 올라가는 순간, 돌멩이가 흔들리고 장화 신은 발이 미끄러지면서 중심을 잃고 엎어졌다. 어깨에 맨 카메라가 바닥에 떨어지면서 카메라에 붙어 있는 스토로브(빛 조명)가 박살나고, 무릎을 심하게 다쳤다. 찢어진 옷 사이로 피가 줄줄 흐르는데 꼼짝도 못하고 엎어져 있었다. 놀란 아들이 뒷수습을 했지만 아찔한 순간이었다. 사람들이 거의 다니지 않는 장소라 만일 혼자 있었다면 어찌 되었을까 생각만 해도 끔찍하다.

저녁노을이 물러가고 깜깜한 밤이 오면 드라마틱한 야간채집이 시작된다. 곶자왈 숲은 야행성 곤충들의 천국이다. 특히 '어두컴컴한 밤에 돌아다니는 딱정벌레'라는 뜻의 '다클링 비틀'로도 불리는 거저리가 유난히 많이 나온다. 야간에 곤충을 관찰할 때는 반드시 손전등을 준비해야 한다. 깜깜한 숲속에 손전등을 비추어 보면 제주도를 대표하는 대왕거저리를 비롯해 제주호리병거저리, 등거저리, 극동맴돌이거저리, 산맴돌이거저리, 꼬마모래거저리, 폭탄먼지벌레 등이 제 세상을 만난 듯 나무 위나 땅 위를 어슬렁 어슬렁 걸어 다닌다. 특히 대왕거저리는 몸길이가 23~28밀리미터에 이르는 대형종이라 이국적인데, 손으로 살짝만 건드려도 시큼한 방어 물질을 배 꽁무니로 내뿜어 숲속은 냄새로 진동한다.

거저리를 뒤로 하고 다시 깜깜한 숲길을 걷는다. 풀벌레 노랫소리, '솥 적다, 솥 적다'며 애원하듯 울어대는 소쩍새 소리 ……. 두 시간 동안 걸으며 아무도 마주치지 않았으니 이 넓은 숲속에 나와 아들 단둘뿐인 것 같다. 이따금씩 바스락바스락 나뭇잎 부딪치는 소리, 끼르륵 끼르륵 나무줄기들이 부딪치며 내는 괴음이 들리면, 소름끼치게 무서워 한 발짝도 뗄 수가 없다. 나같이 담이 약한 사람은 절대로 혼자 다닐 수 없는 길이다. 그때마다 아들은 나뭇잎 부딪치는 소리라며 나를 안심시킨다.

얼마나 지났을까. 길옆 우거진 키 작은 나무의 잎 위에 멸종위기종인 두점박이사슴벌레가 늠름하게 앉아 있다. 제주도에서만 볼 수 있는 두점박이사슴벌레는 몸 색깔이 전체적으로 밝은 갈색이고, 얼굴에 점이 두 개 있다. 피부는 아주 매끈하다. 손전등을 비추니 나뭇잎 뒤로 숨는다. 그렇게 설렘 반 무서움 반의 상태로 곤

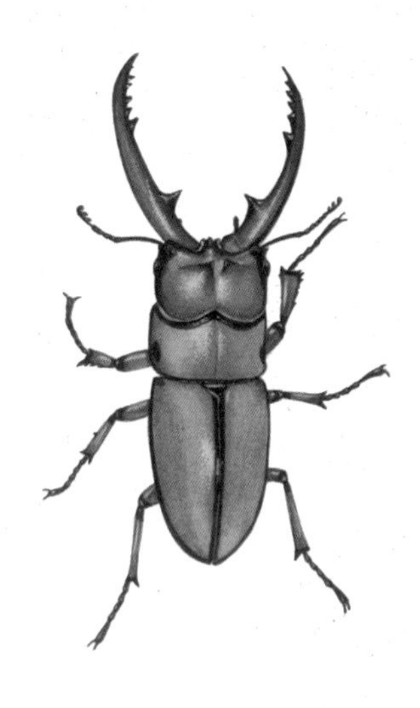

제주도에서만 볼 수 있는
늠름한 자태의 두점박이사슴벌레.

충들과 놀다 보면 어느덧 밤이 깊어 시간은 오밤중으로 달려간다.

◆ ◆ ◆

숲속은 어디가 길이고 어디가 숲 바닥인지 분간이 안 될 정도로 깜깜하다. 그때 운문산반딧불이 수십 마리가 나와 깜박깜박 반짝반짝 불춤을 춘다. 초여름밤의 하이라이트는 뭐니뭐니 해도 운문산반딧불이와의 만남이다. 경상남도 운문산에서 처음 발견되었기 때문에 이런 이름이 붙여졌다.

깜빡이 비상등을 켜고 달리는 자동차처럼 영롱한 불빛을 내면서 이쪽에서 저쪽으로 휘익 날아가는 반딧불이의 반짝임이 얼마

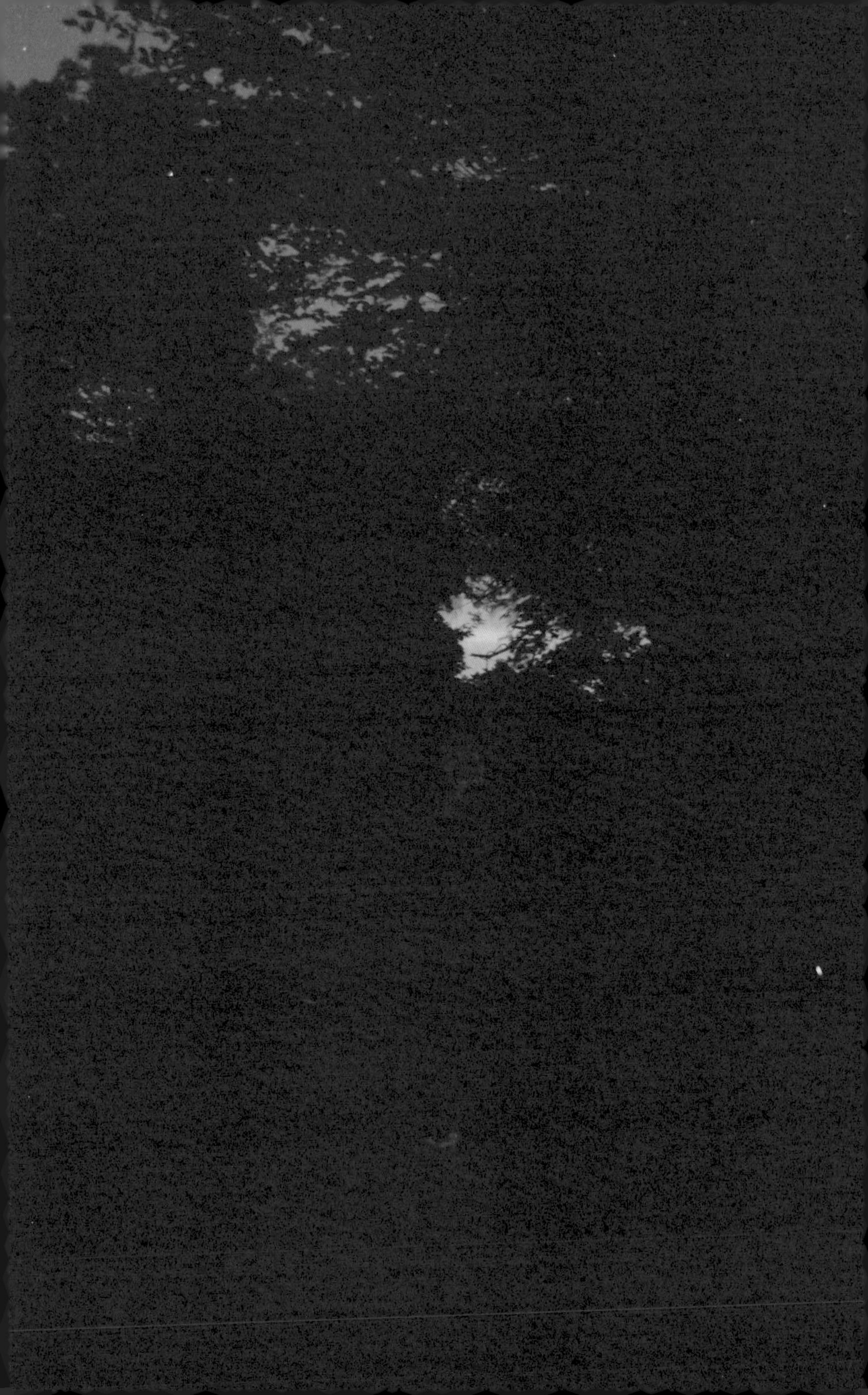

나 현란하고 강렬한지, 너무 아름다워 입이 다물어지지 않는다. 감히 손전등을 켜지 못하고 한자리에 서서 하염없이 감탄사만 연발하며 바라본다. 한 마리당 1분에 50번 이상 깜박이니, 수십 마리에서 수백 마리가 동시에 불빛을 내면 숨이 멎을 정도로 신비롭다.

반딧불이의 불춤은 우리나라 어느 곳보다 제주도 곶자왈에서 압도적이다. 개체수도 많거니와 상록의 키 큰 나무들이 빽빽하게 자라면서 수관부가 하늘을 가리고 있어 숲속이 그야말로 칠흑같이 깜깜하기 때문이다. 습도가 높은 탓에 반딧불이 애벌레의 밥인 달팽이류가 많은 것도 한몫한다. 보통 밤 10시가 넘어가면 곶자왈 숲속에서 반딧불이들이 불춤을 추기 시작하고, 밤 11시부터 새벽 2시 사이에 절정을 이룬다.

길 한 모퉁이를 돌자 또 운문산반딧불이 수십 마리가 불빛을 반짝반짝 내며 날아다닌다. 주체할 수 없는 감동이 연속적으로 밀려든다. 이곳이 바로 선계가 아닐까. 그렇게 한 시간이 넘도록 길을 걸을 때마다, 모퉁이를 돌 때마다 화려한 반딧불이 쇼가 질펀하게 펼쳐진다. 그날 오밤중에 본 운문산반딧불이는 어림잡아 천 마리가 넘었다. 제주도에 여기처럼 큰 운문산반딧불이 개체군이 몇 개 더 있다니 얼마나 기쁘고 다행인지 모른다. 잘 보존해 대대손손이 광경을 감상하면서 생명의 신비로움을 깨닫길 기도하고 또 기도한다.

밤이슬에 옷이 축축하게 젖을 무렵 재밌는 일이 벌어졌다. 반딧불이들이 잠시 깜박임을 멈춘다. 이삼 분 정도 지나자 나뭇잎에 앉아 있던 한 녀석이 빛을 내며 깜박깜박 날아오른다. 그러자 기다렸다는 듯이 또 다른 녀석이 깜박깜박 빛을 내며 날아오르고, 이어서 또 다른 녀석이 깜박깜박하며 날아오르고 ……. 마치 약속이나 한 것처럼 여기저기서 강렬한 불빛을 깜박이며 불춤을 춘다. 수십 마리가 차례차례 불빛을 내니 마치 크리스마스트리에 점등하는 것 같다. 그 모습이 얼마나 아름다운지 숨이 막힐 지경이다. 이는 '동조현상'이라고 하는데, 암컷을 효율적으로 유혹하기 위한 수컷들만의 행동이다.

특이하게 운문산반딧불이는 수컷만 날 수 있고, 암컷은 속날개가 없어 못 난다. 그래도 암컷과 수컷이 만나 사랑을 나누는 데는 아무 지장이 없다. 수컷이 날며 불빛을 깜박일 때, 그 불빛에 유혹된 암컷이 앉은 채 불빛을 깜박이면 만사형통이다. 암컷의 불빛을 발견한 수컷이 암컷에게 날아가면 되기 때문이다. 그래서 문명의 상징인 전깃불은 반딧불이에게 최악의 발명품이다. 깜깜해야 자신들의 교신수단인 불빛이 보여 배우자를 찾을 수 있는데, 대낮보다 환한 전깃불 때문에 아무리 불춤을 추며 구애를 해도 상대방이 인식하지 못한다. 불빛을 교신수단으로 삼은 반딧불이의 조상은 분명히 실수를 한 것 같다. 지구에서 생명체 출현 시기로 보면 자신들보다 훨씬 후배인 인간이 전깃불을 발명할 줄은 꿈에도 생각하지 못했을 것이다.

그나마 다행히 사람들은 반딧불이 불빛에 열광한다. 곤충을 혐오하는 사람도, 곤충을 무서워하는 사람도 일단 반딧불이의 불춤을 보면 가슴이 뛰고 따뜻해짐을 느끼는 것 같다. 그 덕에 요즘은 반딧불이 보호에 관심이 많다. 전북 무주군 설천면 일원의 반딧불이와 그 먹이 서식지는 일찌감치 천연기념물로 지정되었고, 각 지자체들도 앞다투어 반딧불이 서식지를 보호하며 생태관광을 추진한다. 반딧불이에 대한 관심이 많아질수록 서식지 보전운동이 가속화되고, 이 땅에 사는 반딧불이들도 살맛 날 것이다. 적어도 서식지에는 전깃불을 켜지 않을 테고, 농약을 뿌리지 않을 테니 말이다. 반딧불이 애벌레의 밥은 달팽이 같은 연체동물인데, 달팽이는 식물을 먹고 산다. 소중한 달팽이를 지키려면 살충제 살포는 금물이다.

운문산반딧불이의 궤적을 촬영하기 위해 무거운 카메라 장비를 챙겨왔다. 카메라 삼각대는 아들이 메고 다니긴 했지만, 촬영 장비가 야간 관찰을 하는 데 거추장스러운 건 사실이다. 배경이 좋은 곳에 카메라 장비를 세팅하고 촬영에 들어갔다. 촬영하는 방법은 별 궤적의 촬영법과 비슷하다. 감도 1250, 조리개는 최대 개방, 노출 시간은 30초로 세팅하고 20분 정도 연속 촬영을 했다. 원래는 1~2시간 연속 촬영 후 스타레일 프로그램에서 합성하면 되는데, 시간에 쫓기는 바람에 짧게 촬영했다. 그사이 아들의 시간도 멈춰 있다. 촬영할 때 손전등을 켜면 안 되기 때문이다. 그 덕에 우리는

20여 분 동안 찰칵찰칵 셔터 소리와 깜박이는 반딧불이의 불빛을 오롯이 즐겼다. 아마 죽어도 못 잊을 아들과의 추억 속 한 페이지리라.

촬영을 마치고 카메라 장비를 정리하느라 손전등을 켜는 순간, 10여 미터 앞 나뭇가지 사이로 커다란 빨간 불빛이 우리를 노려보고 있다. 6개다. 뭐지? 본능적으로 소름이 돋는다. 손전등을 껐다 켜니 그대로 있는데 조금씩 움직인다. 들개 세 마리인 것 같다. 자극하면 안 되니 서둘러 장비를 챙겨 버선발로 걷듯 조용조용히 출구 쪽을 향해 걸었다. 무서움에 심장이 쿵쾅쿵쾅 뛴다. 출구까지 걷는 동안 운문산반딧불이는 들개와 상관없이 영롱한 불빛을 깜박이며 우리를 배웅했다.

출구가 가까워오자 빽빽한 나뭇잎들이 만들어낸 수관부가 걷히고 말간 밤하늘이 드러난다. 훤한 하늘빛 때문인지 반딧불이는 더 이상 보이지 않는다. 반딧불이는 그들만의 세상에서 사는 것이다. 그런데! 한바탕 벌어진 반딧불이 축제의 여운이 가시기도 전에 시커먼 실루엣이 길을 가로막는다. 방목한 소들이다. 집채만 하게 큰 소 20여 마리가 길목 곳곳에 서 있다. 소는 육식성이 아니니 사람을 포식하지는 않겠지만, 깜깜한 밤 덩치 큰 소에 압도당하니 무섭다. 우회할 길도 없다. 밤새 소들과 대치할 수만은 없으니 정면 돌파해야 한다. 소들 사이로 아들이 앞서가고 내가 뒤따르는데, 소들이 머리를 상하로 움직이며 우리를 위협한다. 놀라 도망치듯 되돌아와 소들과 멀찍이 대치를 한다. 소들이 진정한 것 같아 다시 시도하자, 이번에는 소 몇 마리가 성큼성큼 쫓아온다. 우리는 또 도망치고 …….

그렇게 몇 십 분을 소들과 밀당을 하며 애를 태우는데, 몇 마리가 나지막한 관목의 잎을 뜯어 먹는다. 깜깜한 오밤중에 자지 않고 풀을 뜯는 모습이 신기해 잠시 대치 상황을 잊는다. 그러는 사이 빗방울이 떨어지기 시작한다. 마음이 급하다. 비가 더 쏟아지기 전에 이곳을 탈출해야 한다. 소들한테는 미안하지만 하는 수 없이 손전등을 소들에게 비춘다. 눈이 부시지도 않는지 소들은 그 자리에 서서 꿈쩍도 안 한다. 이번에는 아들과 동시에 손전등을 비추었다. 5분쯤 지났을까. 쌍라이트의 효과인지 맨 앞에 서서 우리를 응시하던 소가 뒷걸음질 친다. 난생처음 보는 소의 후진 광경이 우스워 우리는 깔깔 웃는다. 웃을 때가 아닌데 …….

다시 긴장하고 손전등을 비추며 소와 대치한 끝에 드디어 우두머리 소가 머리를 반대편으로 돌린다. 우두머리 소가 유유자적 울타리 근처로 걸어가자, 다른 소들도 따라서 이동한다. 얼마나 천천히 움직이는지 속이 터지지만, 그렇게라도 길을 내준 소들에게 무한한 감사를 보냈다. 이렇게 야간 관찰은 예상을 초월한 감동을 선사하지만 위험변수도 많다. 깜깜한 밤 아무도 없는 숲에서 어떤 참변이 일어날지 모르기 때문이다. 그렇게 곶자왈의 출구로 무사히 빠져나와 숙소에 도착했다. 긴장이 풀려 온몸이 늘어지듯 힘이 빠졌지만 반딧불이, 소떼와 보낸 추억의 밤을 생각하며 깊은 잠에 들었다.

과학책이 이래도 되는 걸까

'곤충' 하면 바로 떠오르는 사람은 프랑스 출신의 곤충 대부 파브르Jean Henri Fabre다. 파브르는 프랑스 프로방스의 세리냥에 있는 야생정원에서 오랫동안 무한한 인내심으로 곤충을 관찰한 뒤, 그를 토대로 역작《파브르 곤충기》를 썼다. 1877년부터 1907년까지 썼으니 곤충기를 완성하는 데 20년이 걸렸다. 어렸을 적엔 각색된 책을 읽었고, 대학원에 들어와서야 원본에 충실한《파브르 곤충기》열 권을 읽었다. 은사님이신 고 김진일 교수님이 나의 대학원 시절에 열 권의 원서를 번역했다.

일단《파브르 곤충기》의 방대한 규모에 놀랐다. 책에는 특히 단독으로 사는 벌들이 많이 등장한다. 파브르는 흙으로 집을 짓는 감탕벌부터 땅속에 굴을 파는 조롱박벌까지 단독으로 집 짓는 벌들을 열심히 실험하고 관찰한 뒤 그들의 생활상과 적응 과정을 상세히 썼다. 읽는 내내 그의 끈질긴 관찰력과 곤충을 향한 정열에 박수를 보냈다. 무엇보다 큰 감명을 받은 것은, 천대받으며 올바르게 평가되지 못했던 곤충들의 내밀한 삶을 보여줌으로써 대중들에게 곤충의 경이로움을 널리 알렸다는 점이다. 다만 곤충기에 등장하는 주인공들이 모두 프랑스 출신 곤충들이라서 조금 낯설었던 측면은 있었다. 게다가 한 꼭지에 여러 종의 곤충이 등장하다 보니 문단에서 문단으로 넘어갈 때 많은 인내심이 필요했다.

나는 석사과정 중에 출판사에서 몇 번의 출판 제의를 받은 적이 있다. 하지만 모든 면에서 사정이 여의치 않아 일언지하에 거절했었다. 대중서를 집필할 시간적·정신적 여력이 없었기 때문이다. 박사 학위를 받고 졸업한 후에도 출판 제의를 받았으나 역시 거절했다. 곤충계 바닥이 좁다 보니 출판사에서 나의 문과 이력을 알고 연락한 것 같았다. 영문학도 출신 곤충학자가 풀어낸 곤충 이야기는 기존의 곤충 관련 책들과 다를 거라고 생각한 것 같다. 여기에는 학위 과정 중에 도움을 많이 준 박해철 박사의 역할도 컸다. 박해철 박사는 무당벌레과를 분류한 곤충학자로《딱정벌레》라는 묵직한 대중서를 썼는데, 출간 작업을 하던 중 편집자에게 나를 소개한 것이 인연이 되었다.

그때만 해도 대중서 출간 작업을 바라보는 학계의 시선이 곱지만은 않았다. 특히 나처럼 인문학 전공자, 만학도, 여성 등의 배경을 지닌 연구자를 향한 싸늘할 정도로 배타적인 시선이 몹시 찜찜했다. 인세가 따르는 대중서 저술 작업은 곧 상업적인 활동의 연장선이었기에, 곤충학 입문 의도의 '순수성'에 흠잡힐 일은 하지 않기로 했다.

그러던 중 운명의 시간이 왔다. 나는 박사 학위를 받은 후 잠시 이화여자대학교 에코과학연구소에서 '생태복지'라는 프로젝트를 수행한 적이 있다. 내가 쓰던 공동 연구실 옆에는 유명한 최재천 교수의 연구실이 위치해 있었고, 공동 연구실의 출입문은 그 연구실과 인접해 있었다. 어느 날 점심식사를 하러 나가던 중에 복도에서 출판사 대표를 마주쳤다. 석사 시절에 원고 청탁 건으로 만났을 뿐이었는데, 단번에 서로를 알아봤다. 초면이나 다름없는 어색한 관계였지만, 마치 옛 친구를 만난 것처럼 서로 반갑게 인사를 나누었다. 차를 마시며 근황을 얘기하다 화제가 자연스럽게 원고 청탁으로 넘어갔다.

"바쁜 학위 과정을 마쳤으니 이제 책을 쓰셔야죠. 곤충 이야기를 풀어주십시오."

"글쎄요, 글을 써본 적이 없습니다. 또 연구에 쫓겨 책 쓸 시간이 없네요."

"곤충들에게 헌정하는 글이라 생각하고 쓰면 어떨까요?"

"시간을 주십시오. 좀 고민을 해볼게요."

나는 글다운 글을 써본 적이 없다. 초등학교 때 쓴 일기가 내 글의 전부였다. 더구나 연구에 매달려도 시간이 모자라는 마당에 대중서를 쓴다는 건 아무리 생각해도 불가능한 일이었다. 그래서 선뜻 내켜하지 않았고 시큰둥하게 반응했던 것이다. 수많은 부류의 사람들이 접하는 대중서를 쓴다는 건 위험한 도전인 것 같았다. 며칠 후 다시 출판사에서 연락이 왔고, 머뭇머뭇거리다 '그래, 내 인생의 첫 책이자 마지막 책을 써보자'고 맘먹고 원고 청탁을 수락했다.

주제는 우리나라에 사는 토종 곤충의 이야기로 정했다. 전업주부 시절, 곤충학자가 꿈이었던 두 아들과《파브르 곤충기》를 읽으면서 막연하게나마 한국 출신 곤충들의 삶은 어떤지 궁금했던 적이 많았다. 아쉽게도《파브르 곤충기》에 등장하는 곤충들은 모두 프랑스 출신이기 때문이다. 파브르가 프랑스 사람이니 당연한 일이다. 그래서 주변에서 흔히 볼 수 있는 친숙한 곤충들을 원고에 불러들였다. 그들과 오랜 세월 눈 맞추며 대화했던 이야기를 글로 풀어내니 집필 작업이 한결 수월했다. 집에서 곤충을 키우면서 얻은 소중한 데이터와 에피소드, 지금까지 연구된 논문 자료와 연구 자료 등을 익반죽해 원고를 썼다.

집필은 6개월간 지속되었는데, 낮에는 야외조사와 연구 프로젝트 등을 수행하고, 새벽에 시간을 쪼개 글을 썼다. 글을 쓰는 동안에도 야외에서 틈날 때마다 관찰하고, 직접 키우고 실험도 하면서 그들의 감춰진 사생활을 가감 없이 통역했다.《파브르 곤충기》와 문체도, 등장하는 곤충도, 실험 방법도, 서술 방법도 달랐지만, 우리와 똑같은 생명체이자 우리에게 외경심을 가득 불어넣는 곤충의 진면목을 많은 사람에게 알린다는 점은 일맥상통하는 것 같다.

사실 대중서를 쓰는 일은 시간과 노력이 많이 들어 가장 버거웠다. 책 원고의 작업은 논문 작업보다 열 배 이상 힘들다. 그렇다고 논문 작업이 쉽다는 것은 아니다. 논문 한 편이 나오기까지는 채집부터 원고 작성까지 피눈물 날 만큼 혹독한 과정을 거쳐야 한다. 그럼에도 책 원고 쓰는 게 더 어렵다. 논문은 내가 연구한 결과를 학회지의 형식에 맞춰 일목요연하게 작성하면 되지만, 책 원고는 누구든 쉽게 읽을 수 있도록 전문적인 내용을 일반인의 눈높이에 맞춰 여러 번 가공해야 한다. 어떤 날은 한 줄도 못 쓴 날도 있을 정도다.

하지만 지인, 지도교수, 동료 곤충학자, 학계의 원로 등 많은 사람의 응원과 부추김에 용기를 얻어 틈틈이 시간을 냈다. 나는 새벽형이라 새벽 4시 전이면 저절로 눈이 떠지는데, 동트기 전의 시간은 나에게 신기에 가까운 맑은 기운을 선물한다. 그 덕에 재작년에, 작년에, 지난달에, 일주일 전에, 엊그제 산과 들에서 만난 곤충들을 책상 위로 불러내 그들과 조곤조곤 나누었던 대화를 글로 옮겼다. 새벽마다 곤충들과 대화하는 호사를 누리니 그저 행복했다. 천일야화 같은 곤충 이야기가 새벽마다 내 컴퓨터에 쌓여갔다.

글이 잘 써질 때는 내가 곤충에 빙의된 것 같은 느낌이 들기도 했다. 그래서인지 논문처럼 딱딱한 글이 아니라 수필 같은 부드러운 글이 탄생했다. 마치 엄마가 아이에게 재미난 이야기를 조곤조곤 들려주는 것 같은 느낌이랄까. 문어체보다는 구어체에 가까웠다. 과학책이 이래도 되는 걸까? 과학 분야의 글을 이렇게 구렁이 담 넘어가듯, 은유와 의인법을 사용해 소설이나 수필처럼 써도 될까? 고민은 거듭되었지만, 나만이 즐기는 곤충들과의 대화를 오롯이 글로 옮기는 작업은 너무도 편했다. 곤충과 늘 대화하니 그랬으리라.

제일 고민스러웠던 부분은 용어 문제였다. 곤충학 용어, 아니 생물학 용어는 대부분 한자어로 되어 있어 한글세대나 곤충 입문자에게는 매우 어렵다. 흥미를 잃고 책장을 덮어버리게 할 때가 많다. 그래서 의미의 훼손이 일어나지 않는 범위에서 알아듣기 쉬운 한글, 또는 한글과 한자가 섞인 용어로 바꾸었다. 이를테면 곤충의 다리는 다섯 마디로 이뤄져 있는데, 제각각 명칭이 다르다. 사람의 허벅지에 해당하는 곤충의 '퇴절'은 '넓적다리마디'로, 종아리에 해당하는 '경절'은 '종아리마디'로, 발가락에 해당하는 '부절'은 '발목마디'로 바꾸었다. 그 외에도 입에 해당하는 '구기'는 '입' 또는 '주둥이'로, '촉각'은 '더듬이'로, '기문'은 '숨구멍'으로, '생활환'은 '한살이'로, '기주식물'은 '먹이식물'로, '성충'은 '어른벌레'로, '유충'은 '애벌레'로, '대악'은 '큰턱'으로, '소악'은 '작은턱'으로, '혁질부'는 '가죽질'로, '갑충'은 '딱정벌레'로 바꾸는 등 한 번만 들어도 찌푸림 없이 쉽게 닿아오는 용어들을 썼다.

많은 시간을 투자한 끝에 드디어 첫 원고가 완성되었다. 총 45종의 곤충 이야기가 세상에 알려질 날만 손꼽았다. 탈고를 마치자 두려움 반 후련함 반으로 복잡한 감정이 교차했다. 기존 과학책의 형식을 완전히 벗어난 원고가 웃음거리는 되지 않을까, 과학적 오류가 있지 않을까 등등 수많은 걱정이 꼬리에 꼬리를 물었다. 하지만 이미 주사위는 던져졌으니 책과 관련된 일들은 잊고 해오던 연구에 몰두했다.

그러던 어느 날, 편집자로부터 장문의 메일이 왔다. 1차 교열을 마친 후 느낀 소회를 차근차근 적은 글이었는데, 나로선 충격이었다. 하등동물인 곤충에게 사람보다 더 치열하고 드라마틱하며 감동적인 삶이 있다는 걸 처음 알았다며, 교열하는 내내 눈물을 쏟았다고 했다. 그리고 독자들이 평생 책꽂이에 꽂아둘 만큼 예쁘고 가치 있는 책으로 만들겠다고 했다. 나로선 대성공이었다. 편집자는 최초의 독자이다. 최초의 독자로부터 감동적인 소감과 더불어 극찬을 받았으니 대성공이 아니고 뭐가 더 있을까. 더 바랄 게 없었다. 짐 하나는 던 셈이었다.

출간 작업은 계획대로 착착 진행되어 《곤충의 밥상》이라는 책으로 꽃피는 봄날에 모습을 드러냈다. 보도자료가 배포되자, 10여 개 일간지에서 인터뷰 요청이 쇄도했다. 기자들이 내 개인 연구소에 찾아오고, 난생처음 사진기자에게 사진도 찍혀보았다. 수많은 질문들이 쏟아졌고, 나는 곤충들과 대화하는 톤으로 조곤조곤 답을 했다. 가장 많이 나온 질문은 늦은 나이에 곤충학계에 입문한 계기와 인문학에서 자연과학으로 전공 분야를 바꾸게 된 이유 등이었다. 그 과정에 성차별, 전공 차별, 나이 차별 등은 없었는지에 대한 질문도 간간이 나왔다. 가장 인상 깊었던 기자는 한 일간지의 문화부 소속이었는데, 곤충을 싫어하는데도 인터뷰를 위해 450여 쪽의 책을 3일에 걸쳐 다 읽었다고 했다. 이제는 길을 걷다가 풀잎 하나 나뭇잎 하나도 허투루 보지 않고 곤충이 살고 있는지 살펴봐야겠다고 했다. 그 말을 듣고 기뻤다. 평소에 관심을 두지 않던 곤충을 한 생명으로 받아들이는 것처럼 보였기 때문이다. 역시 펜의 힘은 강하다는 걸 느꼈다. 내가 쓴 글자 하나하나가 모여 뭇 사람들의 마음을 움직일 수 있으니까.

내 책을 두고 학계에서도 의견은 분분했지만, 대체로 환영하는 분위기였다. 폭이 넓은 연구자는 용기와 격려를 해줬고, 폭이 좁은 연구자는 묘하게 날을 세우기도 했다. 사소하게 제목을 탓하는 곤충학자도 있었다. 책 내용에 대해서는 일언반구도 없이, 왜 '곤충들의 밥상'이 아니라 '곤충의 밥상'이라고 했는지 메일로 질문해왔다. 아마 그분은 내가 이미 문법과 어법에 강한 인문학도 출신인 걸 잠시 잊은 듯했다. 책을 내고 나서 곤충학계보다는 오히려 다른 과학 분야의 연구자들로부터 무한한 격려를 받았다.

대중서 출간 이후 나는 날개를 달았다. 방송 출연, 각종 매체 인터뷰, 일간지의 칼럼 기고, 특별 강연과 학교 강의 등 몸이 열 개라도 모자랄 만큼 바빴다. 하지만 징그럽게 취급당하는 곤충들이 우리 이웃임을 많은 사람들에게 알리는 일이 즐거웠다. 아무도 관심

갖지 않는 곤충을 세상 사람들에게 알리는 일은 우리와 공존하는 곤충을 보전하는 데 꼭 필요한 일이다. 누군가 해야 할 일인데, 그 기회가 조직에 얽매이지 않은 제3지대 곤충학자인 나에게 온 것이라 생각했다. 불모지나 다름없는 곤충계의 저변 확대를 위해 내가 할 수 있는 일은 다하자며 마음을 다잡았다.

《곤충의 밥상》은 우연찮게 내 인생의 처음이자 마지막 책이라고 생각하면서 집필했지만, 후에 그 책이 밀알이 되어 '정부희 곤충기' 시리즈가 탄생했다. 나로선 너무도 영광스러운 일이다. 프랑스에는 프랑스산 곤충의 이야기를 담은 《파브르 곤충기》가 있다면, 한국에는 한국산 곤충의 이야기를 풀어낸 '정부희 곤충기'가 생긴 것이다. 최소 열 권을 목표로 틈나는 대로 원고를 쓰고 있다. 《곤충의 밥상》을 필두로 물속 곤충, 모래살이 곤충, 풀을 먹는 곤충, 나무를 먹는 곤충, 버섯을 먹는 곤충, 쓰러진 갈참나무를 분해시키는 곤충, 곤충들의 생존 전략, 먹이식물과 곤충의 관계 등을 주제로 해마다 한 권 이상 출간했다.

시리즈를 집필하면서 가장 신경 쓴 것은 '주인공' 선발이었다. 한반도에 사는 토종 곤충을 우선으로 선별했고, 토종 가운데서도 희귀한 곤충보다는 우리 주변에서 흔히 볼 수 있는 곤충을 뽑았다. 처음엔 떠밀리듯 시작한 대중서 쓰는 일이 지금은 평생 지고 가야 할 숙명이 되었다. 내 역할이 곤충통역사이니 그렇다. 하지만 아이러니하게도 곤충기를 쓰고 있는 사이에도 생태계가 파괴되고 온난화가 진행되고 있어, 곤충기에 등장한 주인공들이 몇 십 년 후에는 이 땅에서 사라질 위기에 몰리지 않을까 두렵다.

죽은 너구리를 나뭇가지로 덮어두었다

내 연구의 절정기는 50대인 것 같다. 괴력적인 속도로 달려도 건강에 큰 문제가 없던 시기이기도 하다. '정부희 곤충기'를 쓰면서 나만의 야외 곤충연구소를 만들고 싶은 생각이 이따금씩 들던 중 쉰세 살 되던 해에 실행에 옮겼다. 늘 야외로 돌아다니며 관찰할 수 있으니 굳이 개인 연구소를 차릴 큰 이유는 없었으나, 전국으로 누비다 보니 베이스캠프가 필요했다. 곤충을 찾아다니는 것도 좋지만, 안방으로 불러들여 곁에 두고 관찰하고 싶어 욕심을 부렸다. 그러려면 곤충 손님이 찾아오도록 밥상을 차릴 공간이 필요해서, 사재를 털어 양평 산자락에 개인 야외 곤충연구소(정식 명칭: 우리곤충연구소) 터전을 마련했다.

야외 연구소의 기본 콘셉트는 '곤충과 식물의 공생'이다. 따라서 곤충을 유인하는 식물을 심고 가꾸는 작업이 우선되어야 한다. 연구소 부지로 점찍은 산 밑의 마을은 원래 계단식 천수답이었으나 현재는 과수원, 전원주택 몇 채가 들어서 있다. 아직 입주하지 않은 땅들엔 잡초가 무성히 자라고 있어 산골 분위기가 매우 진하게 풍긴다. 무엇보다 그 마을은 막다른 길에 위치해 더 이상 도로가 연결되지 않는다. 거주민 이외의 사람들이나 차들의 출입이 없으니 조용하고 한적하다.

풀들만 무성히 자란 땅에 야외 연구소를 차린다는 것은 어쩌면 무모한 도전이었다. 우선 부대시설이 전혀 갖춰지지 않은 날땅을 샀기 때문에 많은 비용과 시간을 들여 토목공사를 했다. 땅의 경계지에 석축을 쌓고, 우물을 파고, 전기를 끌어들이고, 배수관 공사를 하는 등 평생 한 번 할까 말까 한 작업을 했다. 지인의 도움이 없었으면 어마어마한 토목공사를 무사히 끝내지 못했을 것이다. 게다가 여느 귀촌인 또는 귀향인이 겪듯이 나도 텃세를 겪었다. 공사차량이 드나드는 길이 갈라진다는 이유로 민원이 제기되는 바람에 공사가 중단되기도 했다. 마음고생을 심하게 하면서 연구소 조성을 포기하려고도 했지만, 우여곡절 끝에 기초공사를 마쳤다. 정원 조성 중 틈틈이 쉬기도 하고, 실내에서 곤충 관찰 작업을 하기 위한 5.5평짜리 농막용 컨테이너도 들여놓았다.

기초공사가 끝난 후, 본격적으로 정원을 만들기 시작했다. 정원의 주제는 '곤충의 밥상'이었다. 내 첫 책의 내용과 같은 콘셉트다. 정원에 곤충들이 먹을 다양한 밥을 차릴 심산이었다. 밥만 차려놓으면 일부러 초대하지 않아도 밥 먹으러 스스로 찾아올 테고, 나는 그 곤충들과 눈 맞추며 관찰하면 되니까. 하지만 공사로 흙이 벌겋게 드러난 부분만 빼고 온통 잡초로 뒤덮인 땅은 심정적으로 사하라사막보다 더 넓어 보였다. 이 넓은 땅을 무슨 수로 다 채울까 날마다 고민했다. 더구나 천수답이었던 터여서인지 흙이 단단해 호미질 하는 게 만만치 않았다. 무엇보다 자갈돌과 자잘한 돌멩이들이 마당을 메우고 있어, 호미질을 한번 하면 돌멩이가 몇 개씩 딸려 왔다. 그래서 우선 마당에 널린 돌멩이부터 골라내고 식물을 심기 시작했다. 경계지와 정원 군데군데에 키 작은 나무(관목)를 주로 심고, 울타리 안쪽은 구획을 지은 후 각각의 꽃밭마다 서로 다른 식물을 심었다. 30대 초반부터 야생화에 관심이 생겨 우리나라 식물을 공부했는데, 그 덕을 이때 톡톡히 보았다.

곤충의 한살이를 관찰하려면 식물을 떼놓고 이야기할 수는 없는 법이다. 내가 선택한 식물은 곤충들이 좋아하는 먹이식물이다. 토종 곤충을 불러들여야 하니 일단 원예종 식물은 보류하고 대부분 토종 식물을 심었다. 물론 원예종은 척박한 환경에 잘 적응하고 개화 기간이 길어서 어른벌레(나비나 꽃등에 같은 곤충들)의 훌륭한 밥이긴 하다. 그러나 꽃은 어른벌레가 잠시 들러 먹는 밥이라서, 실제로 곤충들의 한살이가 성공적으로 완성되려면 애벌레의 밥이 필요하다. 초식성 곤충의 경우 애벌레의 밥은 거의 토종 식물이다.

문제는, 토종 식물은 까다로워서 환경이 조금만 바뀌어도 잘 자라지 못한다는 점이다. 즉, 사람이 인공적으로 만든 환경에서는 잘 크지 않는다. 이제 막 조성이 시작된 정원은 나무가 자라기 전이라 그늘이 없고, 온도가 산속보다 높은 편이어서 그늘식물이 땡볕을 견디지 못한다. 이렇게 생육조건이 취약하면 토종 식물은 잘 자라지 못하고, 결국 무성히 자라는 잡초에 치여 죽는다.

그럼에도 인터넷을 검색해 주문하거나 꽃시장을 찾아다니며 구해서 정원 마당에 심었다. 지인들의 도움도 받았다. 생태해설사들은 고맙게도 자신의 마당에서 자라는 토종 식물들을 나눠주고, 씨앗도 받아 주었다. 나 또한 곤충 조사차 야외로 나갈 때마다 산과 들에서 자란 식물의 씨앗을 받아와 연구소 정원에 뿌렸다. 처음엔 모종 몇 개 심어봐야 티도 안 났지만, 시간이 가면서 정원은 모습을 갖춰갔다. 곤충 조사 나가랴, 논문 작업하랴, 책 쓰랴, 야외 연구소 조성하랴 몸이 열 개라도 부족했다. 정원 일도 하던 사람이나 하지, 연구소에서 식물을 심고 온 날은 온몸이 너무 아팠다. 고관절에 문제가 생기고, 손목의 인대가 늘어나서 병원 치료를 받았다. 힘들어서 울기도 많이 울었다.

엎친 데 덮쳐 시간이 흐르면서 정원에 잡초가 자라기 시작했다. 나는 정원에 상주하는 것이 아니라서 일주일에 한 번꼴로 들러 식물을 가꾸는데, 솔직히 역부족이다. 잡초를 이길 재간이 없어 여름에는 잡초와 동거를 한다. 잡초는 메뚜기들의 밥이기도 하니까. 어떤 때는 잡초를 뽑고 식물에 물 주고 가꾸느라 곤충을 관찰할 시간이 없다. 주객이 전도된 느낌이다.

그래도 가족들이 힘이 되어주었다. 특히 청년으로 자란 두 아들이 두 팔 걷어붙이고 나서서 함께 연구소를 가꿨다. 작은아들은 곤충뿐만 아니라 식물에도 관심이 많고, 체력도 좋아서 주로 식물 심는 일을 담당한다. 또한 뒷산에 곤충을 유인하는 비행간섭트랩을 설치해 그곳에 서식하는 곤충을 몇 년째 모니터링하고 있다. 정원을 가꾸는 일은 힘에 부치지만, 식물들은 때마다 잊지 않고 꽃을 피워 우리를 기쁘게 하니 노동력을 투자할 만하다.

◆◆◆

몇 년이 지나자 곤충의 먹이식물 200여 종 이상이 정원의 주인으로 자리 잡았다. 150여 종은 직접 선별하고 구해서 심었고, 주변에 사는 다양한 풀들 50여 종도 끼어들어 마당의 식구가 되었다. 철마다 꽃이 끊임없이 피고 지고, 어디선가 날아온 씨앗이 싹틔운 원예종과 잡초 등 수많은 생물로 북적이면서 저절로 풍요한 생태 마당이 되었다.

밥상을 차려놓으니 곤충들이 제 발로 찾아왔다. 먹이가 풍부하니 초대하지 않아도 냄새를 맡고 찾아온 것이다. 내가 정성껏 차려놓은 먹이식물을 곤충이 와서 먹다니! 그럴 줄 알았지만 막상 찾아오니 신통방통했다. 연구소의 식물 밥상에 오는 곤충은 다른 곳에서 만나는 곤충과 느낌이 사뭇 다르다. 탱자나무에는 호랑나비와 제비나비, 인동에는 제이줄나비와 검정황나꼬리박각시, 갯

기름나물(방풍나물)과 왜당귀에는 홍줄노린재와 산호랑나비, 백합에는 백합긴가슴잎벌레, 박하에는 박하잎벌레, 쥐똥나무와 개회나무에는 왕물결나방과 큰쥐박각시, 복사나무에는 대왕박각시, 철쭉에는 극동등에잎벌, 조팝나무에는 굵은줄나비와 별박이세줄나비, 백당나무와 불두화에는 세욱갈고리나방, 등칡에는 사향제비나비, 참빗살나무에는 노랑배허리노린재가 찾아왔다.

밥 먹으러 오는 곤충들은 계절마다 다르다. 곤충이 식물의 생애주기에 맞추기 때문이다. 봄에는 앵초, 복수초, 조팝나무, 나도냉이, 서양민들레 등 봄꽃들이 우르르 피어나기 때문에 꽃을 먹는 나비, 파리, 하늘소, 하늘소붙이 등이 날아오고, 연한 잎을 먹는 나방과 나비의 애벌레들도 많이 나타난다. 여름에는 마타리, 원추리, 노랑원추리, 패랭이꽃, 백리향, 부용꽃, 구릿대, 꼬리풀 등 여름꽃이 만발해 호랑나비와 은줄표범나비 같은 나비와 꿀벌, 호리병벌, 감탕벌, 나나니벌, 말벌 같은 여러 벌들이 찾아온다.

가을엔 귀뚜라미, 땅강아지, 사마귀, 방아깨비 같은 메뚜기들이 판을 친다. 특히 귀한 손님은 반딧불이다. 두 종이 정원에 찾아오는데, 운문산반딧불이는 6월에, 늦반딧불이는 추석 무렵인 9월에 정원을 무대 삼아 불춤을 추며 날아다닌다. 늦반딧불이 애벌레들은 여름 석 달 밤 내내 정원 풀밭에서 달팽이를 잡아먹으며 산다. 애벌레도 깜박깜박 불빛을 내며 기어 다닐 때는 하늘에 총총 떠 있는 별이 땅에도 떨어진 것 같은 느낌이다. 여기가 별천지가 아닐까.

곤충이 많으니 포식자도 들끓는다. 두더지, 청개구리, 참개구리, 심지어 뱀(살모사, 유혈목이, 누룩뱀)도 있다. 장마 기간에 간간이 햇살이 들면 뱀들이 석축의 돌 위에 앉아 일광욕을 하는 끔찍한 일도 있다. 또한 새들도 마당을 드나든다. 곤충이 많아지니 새들이 몰려오면서 정원은 곤충의 밥상도 되고 새의 밥상도 되어버린 것이다. 내가 사랑하는 곤충을 잡아먹는 새들이 밉지는 않다. 작은 정원에서 생태계가 제대로 돌아간다는 뜻이니까. 겨울 동안 꿩 가족은 아예 정원 뒷산에서 보금자리를 틀었다. 고라니도 있었으나, 전원주택이 하나둘 들어서면서 깊은 숲으로 들어갔다.

정원을 조성한 지 4년째 되는 해에는 한 켠에 자그마한 연구소 건물을 지었다. 연구용 또는 쉼터용으로 요긴하게 사용했던 컨테이너 농막을 철거하니 시원섭섭했다. 연구소 안에 현미경 등 간단하게 실험관찰 장비를 세팅하니, 정원에 찾아온 곤충을 실내에서도 정밀하게 관찰할 수 있게 되었다. 그리고 뒷산에는 비행간섭트랩과 말레이즈트랩(이동하는 곤충을 조사하기 위해 필드에 설치한 채집 도구)을 설치해 일 년 내내 정원 주변 숲속에 사는 곤충들을 조사한다.

몇 년에 걸쳐 연구소가 완성되자 감회가 새로웠다. 조경적으로 매우 평범하고 겉으로 봐서는 버려진 풀밭같이 보이지만, 곤충의 먹이식물이 자라며, 곤충들이 날마다 밥 먹으러 찾아오는 세상에 하나뿐인 정원! 이 정원은 나의 연구소요 안식처다. 이 모든 식물과 곤충은 모두 DSLR 카메라에 기록된다. 60밀리미터 렌즈에 외장형 플래시 두 대를 달아놓고 매우 높은 해상도로 촬영한다. 이는 나의 개인 연구소에 대한 기록도 되지만, 먼 훗날 한반도 중부지방의 곤충 기록도 되리라. 곤충들과의 만남을 오래오래 추억하기 위해 틈나는 대로 정원일기도 쓰고 있다.

해가 바뀌어도 변함없이 곤충들은 철 따라 들락거렸다. 그러던 어느 날, 올 것이 오고 말았다. 정원에 위기가 찾아온 것이다. 개발의 바람은 정원을 비켜가지 않았다. 처음 조성할 때만 해도 주변이 한적하고 인적이 드물어 곤충들이 제법 많았는데, 연구소 인근의 땅들이 주인을 맞으면서 환경이 바뀌고 있다. 특히 연구소 경계와 인접한 바로 아래 땅에서는 대대적인 공사가 몇 달에 걸쳐 진행되었다. 자그마한 이동식 가옥을 짓는데 어마어마한 토목공사를 했다. 더구나 땅 주인의 인성은 돌이킬 수 없을 만큼 비상식적이다. 연구소를 자기 땅처럼 드나들고, 심지어 연구소의 땅까지 침범했다. 경계지에 쌓아놓은 석축을 마구 헌 다음, 그 돌들을 자신의 땅 쪽으로 옮겨 쌓을 정도였다. 군청에 민원을 넣었더니 땅 주인은 막말과 협박을 하며 민원취소를 요구했다. 욕설도 서슴지 않았다. 준법정신이라곤 털끝만치도 없었고 안하무인이었다.

우여곡절을 겪으며 사건은 일단락되었지만, 정원에 터를 잡았거나 마실 오는 곤충들의 고통이 시작되었다. 아랫집은 자신의 땅 주변을 모두 포장했다. 흙을 안 밟고 살겠다는 심산인 것 같았다.

땅이 시멘트에 묻히는 바람에 땅강아지, 굼벵이, 개미, 늦반딧불이 애벌레가 몰살되었고, 그 여파는 우리 정원까지 미쳤다. 더구나 장작불을 피워 고기를 구워대니 그 연기가 고스란히 연구소로 날아온다. 환한 전깃불을 오밤중까지 켜놓는 바람에 불빛으로 소통하는 반딧불이는 사라져가고, 야행성 곤충들이 전깃불을 향해 날아가 그곳에서 죽음을 맞이한다.

안타까울 뿐 내가 대처할 일은 별로 없다. 연구소 운영을 멈출까 잠시 고민도 했지만, 수많은 시간 동안 정원에 투자한 피눈물 나는 노력과 열정이 아까워 마음을 다잡는다. 비록 곤충들이 줄어든다 해도, 주변 환경이 더 나빠진다 해도, 세상에 하나밖에 없는 곤충의 밥상인 내 연구소에 찾아오는 곤충들을 지키고 보살펴야 한다. 내 건강이 허락하는 날까지 늘 그 자리에서 곤충들을 맞이할 것이다.

2014년 1월 24일

눈이 왔다.

눈 그친 후 햇볕이 내리쬐어 마치 봄처럼 따스했다.

눈 이불을 군데군데 덮고 있던 민낯의 땅과 처음 만났다.

느낌이 참 따스하다.

동서로 긴 직사각형에다 앞산과 좀 바투 있어 맘에 걸렸지만,

정남향에 양지바른 언덕 같은 땅이라 맘에 들었다.

한 걸음 한 걸음 발 디딜 때마다 눈 위로 늑대거미들이

부리나케 기어 말라비틀어진 풀숲으로 도망친다.

곤충은 이 추운 겨울에 코빼기도 안 보이는 …….

거미는 곤충보다 추위를 덜 타나 보다.

2014년 3월 2일

땅을 사겠다고 결정했는데, 땅 주인이 뜸을 들인다.

소식이 없다.

2014년 3월 15일

땅 주인과 만나 계약을 했다.

드디어 꿈의 야외 곤충연구소를 손에 쥐었다.

이제부터 곤충의 밥상만 차리면 된다.

2014년 3월 30일

토목공사가 한창이다. 풀숲에 너구리 사체가 있다.

사체에 송장풍뎅이와 구더기가 바글바글하다.

죽은 너구리를 편편한 마당 한구석에 놓고,

동네 사람들이 치울까 봐 나뭇가지로 덮어두었다.

너구리가 분해될 때까지 찾아오는

곤충들을 관찰하기 위해서다.

2015년 4월 13일

봄이 오는 소리가 제법 크게 들린다.

마당에서 세잎양지꽃, 서양민들레, 큰개불알풀꽃, 할미꽃 등이

꽃을 피우고 있다.

양지바른 언덕에선 취나물 새싹이 얼굴을 내밀고

두릅나무 새싹이 파릇하게 올라온다.

땅바닥에서 벌처럼 붕붕
날아다니며
짝을 찾던 풀색꽃무지.

뒷산은 벚꽃이 만발해 마치 벚꽃 병풍을 두른 것 같다.
풀색꽃무지 백여 마리가 뒷산 벚나무 아래 땅바닥에서 짝을
찾느라 벌처럼 붕붕 소리를 내며 날아다닌다. 장관이다.
마당엔 아이누길앞잡이, 멧팔랑나비, 청띠신선나비, 네발나비,
호랑나비와 배추흰나비 들이 이리저리 날아다닌다.

2015년 9월 3일

어제 《과학동아》 기자가 방문했다. 파브르 서거
100주년 기념으로 '한국의 파브르' 원고를 쓰기 위해
마무리 인터뷰를 하러 왔다.
잡초로 우거진 마당을 보여주기 미안했지만,
나름 얻어간 게 있을 거라 생각하고 위안 삼는다.

오후 4시

어차피 풀과의 전쟁에선 대패했으니 풀 뽑는 건 포기하고,

마당에서 곱게 자란 봉숭아 씨앗을 받는다.

이게 웬걸, 어두컴컴한 하늘에서 빗방울이 하나둘 떨어진다.

그러다 말겠지 하며 계속 봉숭아 씨앗을 받는다.

어렸을 적 뒤꼍 꽃밭에서 종이봉투에 정성스레 씨앗을 받던

내 모습을 떠올리며.

굵은 빗방울이 후드드득, 앞이 안 보일 정도로 무섭게

쏟아진다.

번쩍번쩍 번개가 앞산에 꽂힌다.

잇달아 우르르 쾅쾅쾅 천둥까지 내리쳐 대지를 흔든다.

컨테이너가 흔들거릴 정도로.

무서워 오들오들 떨고 있는데, 강아지는 천하태평 잘 잔다.

아마 천둥의 주파수가 강아지에겐 크게 들리지 않나 보다.

짐을 싸서 서울 집으로 돌아가려는데,

내 짐과 강아지 짐이 많아 포기.

비가 그치길 기다린다.

오후 6시

무섭게 쏟아지던 비가 보슬비로 변했다.

생강차 한 잔과 빵 한 조각으로 저녁을 때운다.

불도 안 켜고 청승맞게 앉아 있으니
어느새 사위는 시꺼먼 어둠으로 감싸인다.
순간 마당에 번쩍 불빛이 일어난다. 늦반딧불이다!
한순간 하늘을 향해 부웅 뜨더니 이내 쉬익쉬익 마당을
가로질러 날아다니며 불춤을 춘다.
보슬비가 오는데도 아랑곳하지 않고 잘도 날아다니며
어여쁜 불춤을 춘다.
하나 둘 셋 넷 …… 여섯 마리이다.
오늘 밤 마당은 늦반딧불이에게 야외무대 사용을 흔쾌히
허락한다. 대관료도 없이.

암컷을 못 찾는지 아홉 시가 넘도록 날고 또 날며 열심히
사랑의 불빛 문자를 쓴다. 암컷은 어디에 앉아 있을까? 분명
수컷 여러 마리가 나는 걸 보고 있을 텐데 …….
그렇게 어둠은 짙어지고 보슬비는 여전히 보슬보슬 내린다.

2015년 9월 6일 아침 6시

연구소 정원의 주인 딱새가 밤새 안녕하시냐고 꼬리로 나무를
타다닥 치며 인사한다.
부지런한 녀석이다. 새끼인지 어미인지 모르겠다.
그간 숙원 사업이었던 디딤돌을 깔았다.
곤충과의 산책길이다.

풀들이 무성하게 자라면서 뱀이 마당에 내려와 놀고 쉰다.
유혈목이와 세 번 마주치고선 더 이상 마당을 걸을 수가 없다.
생각 끝에 디딤돌을 놓으면 보호색 띤 뱀을 밟을 염려가
없을 것 같다고 결론을 내렸다.
큰아들과 작은아들이 그 무거운 디딤돌 100여 개를 들어다
옮겨 돌 산책길을 만들었다.
산책길 옆에서 야생화들이 얼굴을 드러낸다. 얼마나 좋고
고마운지 …….
가을꽃들이 거의 진다.
구절초와 산국 꽃까지 지고 나면 올해의 야생화들은 고된
일정을 마친다. 내년을 기약하며.
벌써 로제트 잎들이 삐죽이 얼굴을 내민다.
세월은 바야흐로 갈무리의 계절로 치닫고 있다.
세월무상을 어찌 탓하랴.

2016년 4월 24일 새벽 4시

아직 하늘엔 별들이 총총 떠 있다.
북두칠성이 보이고 봄 별자리가 또렷이 보인다.
다섯 시. 호랑지빠귀가 호 호 호 구슬프게 운다.
뒤이어 박새와 딱새가 아름다운 곡조를 뽑아낸다.
창문 너머로 아스라이 여명이 밝아온다.

뒷산엔 벚꽃이 의연하게 밤을 잘 보내고

아름다운 자태를 선보인다.

희끗희끗 …… 마당을 둘러싼 벚꽃이 손이 잡힐 듯

코앞에서 피어 있다.

어느새 조팝나무는 하얀 꽃을 다 피어내 분 향기를 풍긴다.

어릴 적 맡았던 엄마 분내다.

세잎양지꽃은 끝물이라 시들어간다. 그래도 이쁘다.

마당엔 기다리고 기다리던 풀또기가 삼십 송이 꽃을 피우고

있다.

아마 내년에는 저 나뭇가지가 보이지 않을 정도로 필 테지.

공을 들이던 앵초꽃이 활짝 피었다. 얼마나 앙증맞은지.

아직 곤충은 많이 보질 못했다. 와서 하루 종일 일만 하다 보니.

오늘도 어제 못 심은 식물을 마저 심어야 한다.

대충 심고 해가 나면 오늘은 꼭 곤충을 봐야지.

어제 먹부전나비가 기린초 주변을 맴도는 걸 봤는데.

아마도 알을 낳은 것 같다.

너무도 아름다운 이곳.

2016년 4월 30일

뒷 창문을 여니 하얀 조팝나무 꽃들이 선녀처럼

고고하게 피어 있다. 산언덕에 앉아 나를 밤새

내려다봤나 보다. 얼마나 청초한지.

복사꽃도 서운했던지 몇 송이 피었다.

내년에는 분홍색으로 만발해 산언덕을 물들이겠지.

경사면엔 꽃잔디가 낙엽 속에서 환하게 피어 있다.

까마귀가 아까부터 목 놓아 운다.

여긴 까마귀가 참 많다.

오늘도 얻어온 식물을 심고 이름표도 달아줘야겠다.

뒷산 언덕에서 흙이 쓸려 내려온다. 두 아들이 산에서

낙엽을 주워 경사면에 뿌렸다.

그 덕에 흙이 습하고 쓸려 내리지도 않는다.

2017년 5월 2일 아침 6시

오밤중부터 비인 듯 안개인 듯 …… 비가 내린다.

빗줄기가 얼마나 가느다란지 안개가 바람에

날아다니는 것 같다.

오밤중부터 호랑지빠귀가 어지간히도 울어대더니

그만 목이 쉬었나 보다. 울음을 멈췄다.

딱새가 아름다운 노랫가락을 뽑는다.

마당을 순례라도 하는 것처럼

이 나무 저 나무 날아다니며 노래 부른다.

오늘은 딱새가 주인이고 나는 나그네다.

구역마다 다르게 차린
곤충들의 5월 밥상 지도

3월 말에 딱새가 컨테이너 틈에 집을 지었다.

이미 부화한 아기 새들이 나지막하게 재잘댄다.

나그네인 내가 자신의 집을 허락 없이 들어왔다는 경고 소리다.

미안해서 컨테이너 문을 못 연다.

오늘은 우리 컨테이너에 다섯 생명이 숨을 쉬고 있다.

강아지, 딱새 엄마, 딱새 아기 둘, 그리고 나.

2017년 5월 19일 새벽 4시

오랜만에 왔더니 풀이 마당을 가득 메우고 있다.

라일락이 흐드러지게 피고, 앵초꽃, 금낭화, 두메양귀비가

꽃을 피웠다. 너무도 아름답다.

메발톱 꽃이 피기 시작한다.

개망초가 기린 목마냥 쭈욱 자랐다. 개망초도 엄연한 생명인데,

이 녀석은 세가 강해 다른 풀들이 잘 자라지 못하게 방해한다.

오늘도 얻어온 식물들은 심어야 한다.

돌아가신 부모님은 새벽이 되면 일하러 밭으로 나가셨다.

시원하고 해가 들지 않으니 일하기에 딱 좋았던 거다.

지금 내가 부모님이 하던 식으로 한다.

이제 풀 심으러 나가야지.

밤 11시

오늘은 야간채집을 했다.

자그마한 나방, 우단풍뎅이가 많이 날아왔다.

렌지소똥풍뎅이, 털보잎벌레붙이, 무당벌레붙이도

반갑게 날아왔다. 불빛에 날아든 곤충들과 눈 맞추느라

밤 열 시까지 불빛 아래서 서성였다.

곤충이 많아 아름다운 밤, 행복한 밤이다.

2017년 8월 20일 새벽 5시 30분

밤새 앓다 일어났다.

잡초와의 전쟁에서 대패. 이 땅을 산 걸 후회했다.

내 허리, 아니 어깨만큼 자란 풀들.

바랭이, 강아지풀, 망초, 또 모르는 풀들.

그 풀들 사이에 뱀이 숨어 있을까 생각만 해도 소스라친다.

그리 많이 심어댔던 풀꽃들은 잡초에 가려 안 보인다.

어제는 장장 일곱 시간 풀 뽑기 작업을 했는데 표도 안 난다.

저 풀들을 어쩔꼬.

밤 8시

늦반디불이가 날았다.

올해 처음 날았다. 뒤꼍의 산자락을 왔다갔다 ……

그렇게 한 시간을 날아다녔다.

아마도 암컷을 못 찾았나 보다. 마당에도 내려왔다가

이내 뒷산으로 날아다녔다.

아직은 연구소 산언덕이 쓸 만한가 보다.

풀과의 전쟁으로 지친 내 영혼이 잠시 편해졌다.

다시 마음이 바뀌어 이 땅을 산 걸 후회하지 않는다.

변덕이 죽 끓듯 한다.

귀뚜라미 소리들이 뒤엉켜 들려온다.

누가 누군지 모르겠다. 낯익은 소리는 아닌데, 누굴까.

수십 마리가 뒤엉키니 잘 모르겠다.

몇 주 전까지만 해도 분주하던 딱새들이 보이지 않는다.

마당에 사는 곤충들로 새끼를 키운 뒤, 아마 다른 곳으로

이사를 갔나 보다.

나는 곤충들의 밥상을 차렸고,

곤충들은 새들의 밥상을 차린 셈이다.

어디 가서든 잘 살길.

2018년 8월 23일 밤 7시

부드러운 노을이 서쪽 하늘에 걸쳐 있다.

부드러운 주황색 …… 분홍 기가 섞여 있어 참 낭만적이다.

겹겹이 줄지어 선 산 능선은 보랏빛.

능선 실루엣이 마치 지렁이가 기어간 자국처럼 유려하다.

좀 있으면 늦반딧불이가 날 테다.

아름다운 불빛을 맞이하기 위해 노을이 저리도 곱나 보다.

멧비둘기가 저 산 너머에서 끼루룩 꾸꾸 끼루룩 꾸꾸

구슬프게 울어댄다. 모든 생명이 고요히 쉬는,

밤을 준비하며 침잠하는 아름다운 저녁.

전원주택 지붕들 사이에서 하얀 연기만 나면 옛 시절이 다시

살아올 것만 같다. 아궁이에 불 때서 저녁밥을 짓던 시절 …….

몇 십 년 전이던가.

바로 어제 일처럼 눈앞에 하얀 연기가 모락모락

굴뚝에서 피어나는 것 같다.

2019년 9월 4일 새벽

밤새 내리던 비가 그쳤나 보다.

왕귀뚜라미 울음소리 청아하다.

안개가 산허리부터 산머리까지 뒤덮고 있다.

봄에 북적이던 새들은 어디로 갔을까.

오늘 새벽엔 윗집에서 꼬끼오 닭 울음소리만 흘러나올 뿐

새들의 지저귐 소리가 없다.

내 연구소 정원에 사는 곤충들 다 잡아먹는다고 눈 흘겼더니

삐졌나 보다. 이제 가을이니 여름철새는 떠나고,

텃새도 제 갈 길을 갔나 보다.

쓸쓸하다.

2019년 9월 24일

가을꽃들의 잔치다.

구절초 막 피어나고, 벌개미취는 최성기 지나고,

참취꽃 만발하고, 용담꽃도 만발이다. 덩달아 나비들이 춤춘다.

네발나비, 은줄표범나비, 호랑나비 2세대,

산호랑나비 2세대, 줄절팔랑나비 멋쟁이나비, 부전나비,

암먹부전나비, 남방부전나비가 나와 나풀나풀 춤춘다.

그런데, 먹부전나비가 안 보인다. 왜일까.

정원에 먹부전나비 애벌레의 밥인 돌나물 등

다육식물이 제법 많은데.

2019년 10월 2일 밤 9시 30분

먹구름이 흰구름으로 변했다.

집채만 한 구름이 쪼개지고 또 쪼개지고.

그 사이로 별들이 얼굴을 디민다.

얼마 만에 보는 별들인가. 너무도 청초하고 산뜻하다.

저녁 바람이 차가운데 고개를 뒤로 힘껏 젖히고

한참 별을 본다. 강아지를 안고 별을 센다.

밤 1시

밖이 참 밝다. 박꽃처럼 온 세상이 하얗다.

배부른 반달이 휘영청 떠 있다. 보름달보다 더 밝은 건 왜일까.

"달 밝은 하늘 밑 어여쁜 네 얼굴

달나라 처녀가 너의 입 맞추고 ……"

노래가 입에서 흥얼거려진다.

뒷산이 살빛이다.

마당에 핀 구절초도 살빛이다.

온 세상이 살빛이다.

내 그림자를 밟으려 마당을 이리저리 걷는다.

이 달빛을 두고 방에 들어갈 수 없어서.

몹시 춥지만, 달빛이 아까워 마당에서 홀로 달 놀이를 한다.

새벽 4시

달이 서쪽으로 넘어가고, 동쪽 하늘의 밝은 별이 눈에 들어온다.

무슨 별? 아! 장구 모양이구나. 오리온 별자리다.

이 별자리는 겨울철에 제값을 발하는데,

10월에는 동쪽에 자리 잡는다.

너무도 밝은 별 …… 너무 아름다워 가슴이 쿵쾅거린다.

Chapter 3

벌레를 사랑하는 기분

호불호가 없다는 것

"이랴! 쭈쭈쭈쭈쭈 …… 이랴! 쭈쭈쭈쭈 ……"

앞에선 누런 소가 쟁기를 끌며 뚜벅뚜벅 걷고, 뒤에선 아버지가 리드미컬한 재촉 소리를 내며 쟁기를 운전하고, 일곱 살 꼬마는 그 뒤를 졸졸 따른다. 멀쩡했던 논바닥은 쟁기가 지나갈 때마다 파도가 밀려와 부서지는 것처럼 뒤엎어지고 뒤엎어져 속살이 나온다.

흙이 갈아엎어지던 찰나, 흙 속에 있던 땅강아지 한 마리가 올라와 햇빛에 눈이 부신지 소스라치게 놀라 허둥댄다. 겁에 질려 흙 속으로 다시 들어가려고 머리를 땅에 박은 채 쇠스랑 같은 앞다리로 땅을 파며 버둥댄다. 그런 녀석이 눈에 꽂힌 어린 꼬마는 얼른 땅바닥에 주저앉아 조막만 한 손으로 냉큼 움켜잡는다. 땅강아지는 꼬마의 손아귀에서 벗어나려 꼬무락거리며 안간힘을 쓰다가 손가락 틈을 빠져나와, 뚝 떨어져 쏜살같이 흙 속으로 파고든다. 그런 녀석을 다시 잡아 놀다가 놓치면 녀석은 흙 속으로 또 들어가고 ……. 그렇게 땅강아지와 놀다 보면 어느새 논 끝까지 갔던

소와 아버지가 유턴해서 되돌아온다. 아버지는 달구지를 논 한쪽에 세워놓고, 소를 그늘로 데려가 쉬게 한 후 다른 일을 하신다.

아버지를 따라다니다가 심심하면 논둑길 옆의 논도랑으로 간다. 논도랑 속은 보물창고다. 물이 깊지 않아 신발을 벗고 들어가면 이것저것 볼 게 많다. 우렁이, 미꾸라지, 몰개, 물방개, 소금쟁이, 송사리 ……. 어른 손톱보다 더 큰 물방개가 나타나면 와! 물방개다! 하며 흥분한다. 쏜살같이 물을 가로질러 헤엄치는 물방개는 참 늠름하다. 그리고 희한하게도 물속에서 물구나무를 잘 선다. 머리는 바닥 쪽을 향하고, 배 꽁무니는 표면을 향한 채 비스듬히 서 있을 때가 많다. 그때마다 배 꽁무니 주변에는 물방울이 맺혀 있다. 나중에 곤충학자가 되고 나서 안 사실이지만, 물방개는 아가미가 없어서 숨을 쉬기 위해 배 꽁무니로 공기를 모으는데, 이때 물구나무를 서야 물 밖 공기를 가져올 수 있다. 물구나무 선 물방개를 조막만 한 손으로 잡아본다. 몸이 굉장히 딱딱하지만 미끈거려 그만 놓친다. 물속을 빠르게 헤엄쳐 도망치는 모습이 잠수함 같다.

그때다. 엄지손톱만 한 우렁이가 바닥에 발을 내밀고 발자국을 내며 굼실굼실 기어간다. 물속을 살금살금 걸으면서 우렁이를 잡으려고 손을 물속에 넣자마자, 흙바닥 속에 숨어 있던 미꾸라지 몇 마리가 우당탕 달아나면서 흙탕물이 되어버린다. 순식간에 아수라장이 된 도랑 속. 우렁이는 보이지 않고, 물풀 사이에서 엄지손가락만 한 곤충들이 슬금슬금 기어 나와 내 다리 위로, 손 위로 기어 온다. 사마귀처럼 생긴 게아재비와 장구애비다. 더듬이를 휘휘 저으며 기다란 다리로 겅중겅중 엉금엉금 기어오르는 녀석이 너무도 귀여워 손가락으로 꼭 잡는다. 앗! 녀석이 내 손가락을 콕 찌르며 쏜다. 따갑고 아프다. 겁에 질려 마구 뿌리치니 손에 붙었던 게아재비가 물 위에 뚝 떨어져 허우적허우적 물속으로 도망친다.

돌이켜 생각해보면, 내 유년시절은 곤충들과 혼연일체가 된 삶이었던 것 같다. 방 안에 곤충이 들어오는 건 예사였고, 방문을 열고 나가면 마루에도 토방에도 곤충이 있었다. 넓은 마당엔 지렁이, 지네, 노래기 등 수많은 벌레들이 제집 드나들 듯 돌아다녔다. 어떤 때는 뱀이 담장 밑에 똬리를 틀 때도 있다. 시멘트 길, 아스팔트 길이 있는지도 몰랐던 시절이다. 대문 밖의 모든 길은 흙길이라 길옆 풀밭은 봄부터 가을까지 곤충들로 북적거렸다. 그래서 내게 곤충은 늘 곁에 있는 존재, 더럽지도 무섭지도 않은 가족 같은 존재이다. 여름날 평상에 앉아 저녁밥을 먹을 때는 국과 반찬에 곤충이 떨어졌지만 한 번도 더럽다고 생각해본 적이 없다. 내 생활의 일부이니 그러려니 하며 살았던 것 같다. 다만 재래식 화장실에 구더기가 버글버글 모여 있는 장면은 비위가 상하는 걸 넘어 공포스러웠다. 그러면서도 왜 쟤네들은 더러운 똥 속에 사는지 궁금할 때가 많았다.

학교에서 돌아온 후 일과는 대부분 미루나무와 함께였다. 부모님은 들에 일하러 나가셨기에 혼자 노는 데 익숙했다. 학원은 꿈도 못 꾸던 시절이라서 학교 숙제를 다 해도 시간이 많이 남았다. 심심하면 소꿉놀이도 하고, 빨랫줄 바지랑대에 앉아 쉬는 잠자리를 쫓기도 한다. 그러다 제비꽃으로 꽃반지를 만들어 끼고, 아까시나무 잎줄기로 앞 머리카락을 돌돌 말아 펌도 하다 보면 금방 저녁이 오고 부모님도 집에 돌아오신다. 어둑어둑 땅거미가 지고 나면 하늘엔 달이 뜨고, 달이 없는 날엔 수많은 별들이 차례차례 떠오른다. 별과 달은 늘 미루나무에 걸려 있다. 나뭇가지에 걸린 달이 각도에 따라 다르게 보이는 게 그렇게 신기할 수가 없었다. 그 신비로운 모습을 보기 위해 마루에 앉아보기도 하고, 담 밑에 앉아보기도 하고, 나무와 정면으로 서보기도 하고 …….

미루나무에 걸린 달과 씨름할 때면 곤충들도 신이 난 듯 희미한 남포등이 걸린 마루로 날아온다. 부우웅 날아와 마룻바닥에 뚝 떨어지는 녀석은 대개 사슴벌레나 풍뎅이다. 어머니는 사슴벌레를 집게벌레라고 불렀다. 아마 뿔(실제로는 입을 이루는 네 개 기관 중 '큰 턱'이다)이 집게처럼 길게 뻗어나와 그리 부른 것 같다. 그래서 지금도 사슴벌레를 보면 집게벌레라는 말이 툭 튀어나온다. 집게벌레와 사슴벌레는 촌수가 멀어도 한참 먼 남남인데 말이다. 뒤집힌 몸을 일으키느라 버둥대는 사슴벌레를 손가락으로 잡으니 집게 같은 뿔로 내 손가락을 꽉 무는 바람에 바로 내동댕이친다. 풍뎅이도 바닥에 뒤집힌 채로 날개를 펴서 마당 쓸 듯 빙글빙글 돌고 있다. 잡아서 손바닥 위에 올려놓고 살짝 주먹을 쥐면 손안에서 꼬무락거린다. 그 느낌이 싫지 않았고, 무섭지도 않았다. 그렇다고 좋지도 않았고, 차라리 무덤덤했다. 산 밑의 시골집은 벌레들과 공존할 수밖에 없는 환경이었기 때문에 호불호 감정이 없었던 것 같다.

농약을 안 친 탓에 고추 줄기와 잎에는 벌레들이 다닥다닥 붙어 있다. 그것도 수십 마리씩이나. 녀석들은 고추 딸 때 살짝 스치기만 해도 후드득 땅으로 떨어진다. 심지어 만지면 고약한 냄새를 풍기기까지 한다. 그땐 누군지 모르고 그냥 벌레라고만 생각했는데, 지금 생각하니 꽈리허리노린재였다. 꽈리허리노린재는 고추밭의 단골손님으로 고추, 토마토, 가지 같은 가지과 식물의 즙만 쪽쪽 빨아먹고 산다. 사람들이 먹는 농작물을 해치니 농부들에겐 눈엣가시다. 당시만 해도 자급자족하던 시절이라 가족들이 먹는 농작물에는 농약을 거의 치지 않았다. 지금으로 치면 유기농 재배를 한 것이다. 그래서 텃밭뿐 아니라 집 주변 들판이나 산에는 곤충들이 들끓었다.

내가 산골 출신이어서 좋은 건, 이렇듯 벌레를 벌레로 보지 않게 되었다는 점이다. 공기가 늘 곁에 있듯이, 벌레도 늘 내가 사는 공간이나 다니는 길목에서 으레 만나는 존재였기 때문이다. 그러니 벌레를 봐도 징그럽거나 생경하거나 무섭지 않다. 그렇다고 예쁘거나 감동적이지도 않다. 그저 내 주변에 있는 한 구성원일 뿐이다. 어찌 보면 벌레와 나를 구분하지 않고 무덤덤한 혼연일체로 살아온 어린 시절이 오늘날의 나를 만들지 않았을까 생각해본다.

◆◆◆

날아가는 새만 봐도 까르르 웃었던 고등학생 시절, 별안간 맨 뒤쪽 갈참나무 아래에 앉아 있던 친구가 꺄악~~ 으윽! 외치는 바람에 고요한 평화가 깨졌다. "왜 그래?" 하며 돌아보니 친구 손에 사슴벌레가 들려 있다. 수업 시간인 걸 망각하고 우리는 본능적으로 벌떡 일어나 그 친구에게 갔다. 정말로 집게 같은 뿔이 머리에 달려 있다. 여름밤마다 우리 집 마루 등불에 날아와 부딪쳐 뚝 떨어지던 사슴벌레다. 누가 먼저랄 것도 없이 사슴벌레를 만져보려 손을 내민다. 사슴벌레가 흔한 데다, 다들 시골에서 살다 보니 곤충에 대한 두려움이나 혐오감이 없어서 지렁이를 봐도 놀라지 않는다. 무서워하기는커녕 되레 학대에 가까울 정도로 함부로 다뤘다.

나도 그 틈에 끼어 덥석 사슴벌레를 잡았더니 뿔을 가위 벌리듯 좌우로 움직이며 위협한다. 장난기가 발동해 손가락을 뿔 사이에 넣었더니 꽉 조인다. 겁이 나고 아파 손을 털지만, 요 녀석이 뿔을 펼칠 생각을 안 한다. 당황한 내 모습에 친구들은 박장대소를 한다. 내친김에 사슴벌레의 몸을 잡으니 다리 여섯 개를 사방으로 휘저으며 도망가려고 발버둥을 친다. 힘이 참 대단하다. 몸은 갑

옷을 입은 것처럼 딱딱하니 웬만한 공격을 받아도 상처 입지 않을 것 같다. 몸을 에워싼 피부(표피세포)가 단단한 큐티클로 이뤄졌기 때문이다.

사슴벌레를 갈참나무 줄기 위에 놓아줬더니 어기적어기적 걸어 위쪽을 향해 올라간다. 한 친구가 그런 녀석을 손가락으로 톡 건드리자, 순식간에 바닥으로 뒤집힌 채 뚝 떨어진다. 뒤집힌 녀석은 꼼짝도 안 하고 바닥에 등을 댄 채 누워 있다. 나뭇가지로 녀석을 건드려보지만 요지부동. 심지어 몸에 힘이 들어가 경직되어 있다. 녀석이 죽은 줄 알고 침울해 있는데, 다리가 꼬물꼬물 움직인다. 우리가 약속이나 한 듯 함께 안도감을 느끼며 환호하는 사이, 사슴벌레는 몸을 뒤집은 뒤 성큼성큼 걸어 저쪽으로 도망간다. 사슴벌레처럼 곤충은 위험에 맞닥뜨리면 대개 가사상태에 빠진다. 말하자면 가짜로 죽는 것인데, 죽은 척하는 게 아니라 실제로 혼수상태에 빠진다. 그리고 일정한 시간이 흐르면 다시 활동을 한다.

이때 걸리는 고작 몇 분이 천적을 따돌리는 데 도움이 될까? 그렇다. 개구리나 새 같은 포식자의 입장에서 봤을 때, 움직이던 사냥감이 갑자기 아래로 뚝 떨어진 후 움직이지 않으면 시야에서 사라지므로 사냥에 실패할 확률이 크기 때문이다. 한바탕 해프닝이 벌어지고 나니 어느덧 체육 수업도 끝이 났다. 우린 다시 오솔길을 걸어 학교로 귀환한다.

학교가 집에서 멀리 떨어져 있었기 때문에 등교할 때는 새벽별을 보았고, 하교할 때는 깜깜한 하늘을 수놓은 많은 별들을 보았다. 어두운 길을 한 걸음 한 걸음 걷다 보면 내 그림자가 아스라이 보인다. 별빛에도 그림자가 생긴다는 건 이미 터득한 데다, 깜깜해서 학습 메모장도 읽을 수 없으니 등하굣길 세 시간만큼은 별 그림자를 즐기며 자연과 함께할 수 있었다. 별을 바라보면 가슴이 울렁였고, 바람이 살갗을 스치면 긴장했던 세포들이 꿈틀거렸다. 아까시나무 꽃향기가 코끝에 머물면 답답했던 가슴이 편안하게 녹았고, 불춤을 추며 논 위를 날아다니는 반딧불이를 보면 이루 말할 수 없는 신비감이 샘물처럼 퐁퐁 솟았다. 또 풀벌레들의 웅장한 합창 소리를 들으면 뜻 모를 환희감이 밀려와 가슴이 벅찼다.

초여름에는 들판에 개망초 꽃이 흐드러지게 피어났는데, 보름달이라도 뜰라 치면 개망초 밭은 환상적이었다. 〈메밀꽃 필 무렵〉의 메밀 꽃밭이 소금 뿌려놓은 것처럼 허옇다면, 개망초 꽃밭은 떡가루를 뿌려놓은 듯 하얗다. 그런 날이면 중학교 때 읽었던 셰익스피어의 〈한여름 밤의 꿈〉 속 서정적인 장면이 떠올랐다. 그렇게 나의 하굣길은 한 편의 서정시였고, 입시 스트레스의 피난처였다.

도시에서 전학 온 단짝 친구와는 가끔 백마강의 백사장을 걷곤 했다. 학교와 20분 거리라서 언제든 맘먹으면 갈 수 있었다. 드넓은 하얀 모래밭을 걸으며 수다를 떨기도 하고, 쪼그리고 앉아 개미귀신이 분화구처럼 파놓은 개미지옥을 헤집어보거나, 말뚝 위에서 쉬는 고추잠자리를 잡다가 넘어지기도 했다. 눈 오는 날에는 궁남지에 갔었는데, 눈 덮인 궁남지의 설경은 너무도 아름다웠다. 축축 늘어진 버드나무 수십 그루가 에워싼 연못의 중앙에는 전각이 그림처럼 떠 있었고, 전각과 오솔길 사이에는 다리가 놓여 있어 운치가 있었다. 연꽃으로 가득 찬 오늘날 행사장 같은 모습과는 비교도 안 될 정도로 고즈넉하고 아름다웠다. 이렇게 나를 이완시켜줄 자연의 장치가 없었다면 어쩔 뻔했을까? 돌이켜 생각하면 끔찍하다.

다시 만난 세계

아들 둘을 키우는 동안 나란 존재는 깡그리 잊혔다. 남자아이 둘을 키우는 일은 만만치 않다. 하루 종일 아이들과 씨름하려면 체력도 부족하거니와, 간간이 찾아오는 산후우울증과 육아 스트레스에 정신까지 혼미해진다. 그래도 두 아들을 보면 눈에 넣어도 안 아플 정도로 사랑스러웠다. 영문학 전공을 살려 간간이 번역 일을 시도해봤지만, 육아와 일을 겸한다는 건 불가능에 가까웠다. 그렇게 교사의 꿈을 접고 번역 작업도 과감히 포기하고 나니, 선택의 폭이 넓어졌다. 어느 기업가의 "세상은 넓고 할 일은 많다"라는 말이 딱 맞았다.

돌아보면 삼십 대에 제일 잘한 일은 아이들에게 다양한 체험학습을 시켜준 일인 것 같다. 일주일에 한두 번씩 틈날 때마다 산으로 들로 박물관으로 공원으로 데리고 나갔다. 서울에서 조금만 벗어나거나 변두리로 가면 나무와 풀이 우거진 곳이 많았다. 한강 주변도 자연스럽고 건강한 하천 생태의 모습을 어느 정도 간직하고 있었다. 한강 둔치는 비가 많이 오면 물이 넘쳐 잠겼지만, 평소에는 갖가지 풀과 관목으로 덮여 있었다. 메뚜기, 사마귀, 풍뎅이, 나비, 딱정벌레 등 많은 곤충들이 터를 잡고 살았다. 풀이 자라는 한 뙈기의 땅만 있어도 곤충들은 살아갈 수 있으니, 드넓은 한강 둔치는 곤충들의 천국이었다.

나는 초록빛 자연과 접하는 순간부터 숨통이 트였고, 아이들은 흙이 있는 들판이나 오솔길에서 신나게 뛰어놀며 자연을 자연스럽게 접했다. 나는 길바닥이나 산비탈에 핀 꽃들이 너무 예뻐 감탄하는데, 희한하게 아이들은 꽃에 관심이 없었다. 함께 쪼그리고 앉아 이 꽃 저 꽃을 들여다보며 관찰할라 치면, 어느새 아이들의 시선은 식물이 아닌 움직이는 곤충에게 꽂혀 있다. 한 줄로 줄지어 가는 개미를 보면 두 눈을 반짝이며 환호했고, 톡톡 튀는 메뚜기를 보면 손으로 잡아 주머니에 넣기 바빴다. 기도 자세로 앉아 있는 사마귀를 보면 팔뚝 위에 올려놓았고, 나무 위에 붙어 있는 매미를 보면 잡아달라고 떼쓰기 일쑤였다.

어디를 가든 아이들은 풀숲으로 들어가 곤충을 관찰하느라 정신이 없다. 노는 데 정신을 놓친 아이들의 얼굴은 흙 반 땀 반이다. 나는 아이들을 쫓아다니며 주머니에 든 메뚜기를 놓아주자고, 통속에 넣은 가재를 물속으로 돌려보내주자고 설득하기 바빴다. 집에 돌아오면 책을 펴고 그날 만났던 곤충과 물고기가 있는지 찾아보았다. 곤충 책을 들여다보는 아이들의 눈은 초롱초롱 빛난다.

한글을 아직 깨우치기 전이었지만 그림과 사진만 보고도 책이 전하려는 메시지를 흠뻑 받아들였다. 해를 거듭하면서 아이들의 곤충 사랑은 더욱 커져갔고, 우리 가족은 캠핑 장비를 마련해서 주말이면 본격적으로 산을 찾았다. 그때만 해도 캠핑족이 거의 없어 풍광 좋은 곳에 텐트를 치고 늘 한적하게 자연을 만끽할 수 있었다. 야생화와 곤충의 천국에서 두 아들은 지치지도 않는지 밥 먹는 시간만 빼고 산 아래 풀밭을 헤매고 다닌다.

산속의 밤은 빨리 온다. 풀벌레들의 합창 소리가 숲속을 가득 메운다. 주변에 불빛 하나 없으니 하늘의 별들은 순식간에 떠오른다. 어렸을 적 시골집 마당에서 봤던 하늘을 숲속에서 내 가족과 함께 본다. 수많은 별 아래에서 마음속은 그리움으로 들끓지만, 아이들은 별 감흥이 없는 듯 덤덤한 것 같았다. 시간과 공간은 다르지만 내 어린 시절 추억을 내가 낳은 아이들과 공유하는 것 자체가 좋았다. 어쩌면 그 시간이 나에겐 치유의 시간이었다. 이따금씩 찾아오는 육아 스트레스도 눈 녹듯 사라져서 살 것만 같았다. 자연 속에서 보내는 하룻밤은 점점 희미하게 잊혀가는 나 자신을 돌아보고, 잃어가는 건강도 재충전하는 시간이었다.

그날 밤, 별을 본 뒤 우리 가족은 일찌감치 잠자리에 들었다. 얼마나 지났을까? 고라니의 처절한 울음소리에 깜짝 놀라 잠에서 깼다. 본능적으로 옆에 잠든 아이들에게 손을 뻗었는데 휑하다. 가슴이 덜컥 내려앉아 손전등을 켜니 정말 아이들이 없다. 텐트를 빠져나오니 칠흑같이 어둡다. 손전등을 이리저리 비추며 아이들 이름을 부른다. 다행히 계곡 건너편 숲속에서 인기척이 난다. 아! 애들이 저기 있구나! 가슴을 쓸어내린다.

"이 깜깜한 밤에 거기서 뭐하는 거야?"

"사슴벌레 찾아요!"

목소리만 들어도 몹시 들떠 있다. 여전히 계곡 너머 산기슭에서 고라니의 처절한 울음소리가 들린다. 필시 무슨 위험한 일이 고라니에게 벌어진 것 같다. 풀을 헤치고 숲속으로 들어가니 두 녀석이 손전등을 위아래로 비추며 갈참나무 줄기에서 곤충을 찾는다.

"무섭지도 않아? 이 밤에 사고라도 나면 어쩌려고 그래?"

"안 무서워요. 톱사슴벌레 찾았어요."

두 아들은 마치 세상을 다 얻은 것처럼 기뻐하며 호들갑을 떨었다. 과연 톱사슴벌레가 나무껍질 위에 붙어 있다. 나 모르게 아이들이 집에서 꿀을 가져왔고, 낮에 숲속을 답사하면서 참나무 줄기에 꿀을 덕지덕지 발라둔 모양이다. 책에서 사슴벌레가 밤에 활동하고, 달달한 나무진이나 과일즙을 먹고 산다는 정보를 알아낸 것이다. 과연 나무줄기에는 꿀이 묻어 있고, 톱사슴벌레 수컷, 개미 몇 마리, 풍이 한 마리, 고려나무쑤시기가 모여 있었다(그때는 곤충 이름을 몰랐지만). 손전등을 비추니 불빛을 피해 다들 나무껍질 속으로 도망친다.

아이들은 톱사슴벌레에 꽂혀 있어 좀처럼 갈참나무를 떠날 생각을 하지 않는다. 하는 수 없이 관찰한 후에 놓아주기로 약속하고, 톱사슴벌레를 통에 담아 텐트로 돌아왔다. 특히 작은아들은 소유욕이 강해 곤충만 보면 소유하고 싶어 해서 애를 먹었다. 곤충의 집은 자연이라는 사실을 설명해주어도, 어려서인지 좀처럼 소유욕이 제어되지 않아 설득하느라 힘들었는데 크면서 나아졌다. 유치원 들어갈 무렵에는 곤충을 함부로 대하는 또래친구들을 말리는 등 곤충 사랑이 남달랐다.

초등학교 시절 내내 큰아들의 꿈은 곤충학자였다. 큰아들의 영향을 받아 작은아들 또한 유치원 다닐 때부터 꿈이 곤충학자였다. 산 문턱이 닳도록 주말마다 산에 다녔고, 곤충에 대한 아이들의 집착은 더욱 짙어졌다. 나는 보호자 역할만 했을 뿐 곤충에는 관심이 없었다. 내가 할 수 있는 일은 곤충도 한 생명이니 함부로 대하지 않게 도와주는 것뿐이었다. 곤충을 만지거나 괴롭혀 스트레스를 주지 않게 감독했고, 생명의 소중함을 깨우치도록 관찰일기를 쓰게 했다. 무엇보다도 곤충의 한살이를 관찰하고자 집으로 데려오면 야외 환경과 비슷한 곤충 집을 마련해 스트레스를 덜 받게 하고, 며칠 관찰한 후에는 곧바로 서식지에 놓아주게 했다.

한번은 두 녀석이 한강 둔치에 놀러갔다가 왕사마귀 애벌레를 키워보겠다고 데려왔다. 나는 곤충에 대해 문외한이긴 했지만, 어렸을 적 사마귀가 메뚜기 잡아먹는 걸 봤기 때문에 사마귀가 사냥할 수 있는 환경을 만들어주면 좋겠다는 생각을 했다. 그래서 아이들과 함께 베란다에 흙이 든 화분을 여러 개 모아놓고, 그 화분에 강아지풀과 돌콩 등 잡초를 풍성하게 심었다. 그리고 풀밭에서 톡톡 튀어 다니는 섬서구메뚜기들을 데려와 화분에 놓아주고, 관찰 통에 있던 사마귀 애벌레도 풀어주었다. 섬서구메뚜기들은 풀을 먹고, 사마귀는 그 메뚜기를 잡아먹었다. 하루에 메뚜기 두세 마리가 사라졌다. 아이들은 날마다 메뚜기를 잡아다 베란다에 풀어놓았고, 사마귀는 포식하며 잘 자랐다. 사마귀는 희한하게도 허물을 여러 번 벗었는데, 허물을 벗을 때마다 몸집이 커져서 데려온 지 3주가 지나니 처음 몸길이의 세 배나 될 정도였다. 아이들은 날마다 일일이 그림으로 그리면서 관찰일기를 썼다. 그렇게 몇 년 동안 아이들의 일기에 등장한 주인공은 대부분 곤충이었다.

◆◆◆

아이들이 곤충에 빠져 있을 즈음, 아이들과 취향이 달랐던 나는 문화유적답사에 흥미를 갖기 시작했다. 어느 날 우연히 전철역 내 옆자리에 앉아 《시대를 담는 그릇》이라는 책을 읽던 대학생의 영향이 컸다. 책장을 넘길 때마다 언뜻언뜻 보이는 고건축 사진과 그림이 마음을 사로잡았다. 그날 서점에 들러 그 책과 문화유적에 관련된 책 몇 권을 사와 읽었는데, 찻잔 속의 태풍처럼 마음속에서 알 수 없는 소용돌이가 일었다. 그 후로 틈날 때마다 서점에 들러 유적과 관련된 책이란 책은 구입해 읽은 뒤 가고 싶은 곳들을 메모했다. 또 신문에 난 유적 관련 기사들을 스크랩하면서 유적답사 여행을 준비했다.

첫 여행은 순조롭게 진행되었다. 어차피 주말에 산과 들로 나갔던 터라 행선지를 유적지로 바꾸는 건 일도 아니었다. 유적지는 대개 산속이나 인적 드문 오지에 있으니 자연도 만끽하고, 아이들아 좋아하는 곤충도 보고, 유물도 볼 수 있어 일석삼조니 이보다 더 좋을 순 없다. 가까운 곳은 한 달에 두어 번 당일 코스로, 먼 곳은 국경일이나 방학 등 상황에 맞춰 1박 2일 또는 2박 3일 코스 일정으로 다녔다.

맨 먼저 찾은 곳은 서산 지역이었다. 고등학교 시절 국사 교과서에서 봤던 서산 마애불의 미소를 실제로 봤을 땐 숨이 멎는 줄 알았다. 아! 돌이, 차가운 화강암이 웃으며 내게 말을 걸다니! 본존불 몸에 걸쳐진 가사는 실제 얇은 옷처럼 조각이 섬세했고, 햇빛의 방향에 따라 바뀌는 부처님의 천진난만한 미소는 역대급이었다. 서산 마애불 인근의 폐사지 풍경도 너무 그윽했다. 여기저기 널려 있는 화강암 유적들이 지금은 사라지고 없는 먼 옛날의 모습을 상상하게 만들었다. 폐사지의 풀밭에는 풀꽃들이 피어 있고, 그 꽃으로 나비들이 날아들고, 땅바닥에는 이름 모를 곤충들이 기어 다녔다. 아이들은 유물은 보는 둥 마는 둥, 움직이는 곤충들을 찾아다녔다.

그 후로 여행을 마치고 집에 돌아오면 다음 여행을 준비했다. 가보지 않은 여행지에 대한 기대감 때문에 가슴이 설레고 뛰기까지 했다. 아이들과 치열하게 하루 일과를 보낸 후, 밤이 되면 다음 여행지와 관련된 자료를 정리했다. 컴퓨터가 보급되지 않은 시절이라 인터넷 자료의 검색은 불가능했으니 책이나 신문 등을 찾아 일일이 손글씨로 자료를 만들었다. 보통 한 지역의 자료를 얻기까지 10여 권의 책을 읽어야 했지만, 전혀 힘들지 않고 되레 너무 행복했다. 자료를 만드는 내내 몸속에선 엔도르핀이 쑥쑥 솟아나왔다. 점점 반경을 넓혀 김제, 고창, 변산반도, 나주, 영암, 강진, 해남, 경주, 울진, 청도 등을 다녔다. 5년여 동안 강원도에서 제주도까지 웬만한 유적지를 방방곡곡 찾아다니며 말 없는 돌멩이들과 대화를 나누었다. 폐사지, 사찰, 서원에 있는 돌들에서 사람의 온기를 느꼈다. 같은 장소도 계절별로 찾아다니며 다른 맛을 만끽했다.

그렇게 유적지와 유물의 아름다움에 푹 빠져 전국 곳곳을 찾아다니며 역동적인 삼십 대를 보냈다. 화강암을 깎아 만든 탑과 부도 같은 아름다운 돌 작품에서 이름 모를 석공의 숨결을 느끼고, 나무를 이용해 지은 자연친화적인 건물에서 조상의 뚝심을 보았다. 덤으로 산속 폐사지 주변에서는 자연과 대화하는 호사를 누렸다. 다행히 아이들도 잘 따라주었다. 으레 주말이나 쉬는 날은 답사 여행을 기정사실화했고, 문화유적뿐 아니라 곤충들과도 맘껏 놀았다. 특히 작은아들은 새에도 관심이 많아 쌍안경과 필드스코

프를 들고 다니며 새를 관찰했다.

그런 시간들이 축적되면서 내 인생에 놀랄 만한 반전이 일어났다. 인문학 골수분자인 내가 자연에 눈을 뜬 것이다. 자연이나 생태 관련 분야는 아이들 몫이라고 생각했는데, 가랑비에 옷 젖듯이 대자연이 몸과 마음속에 스멀스멀 기어들었다. 쫓아낼 수도 없을 정도로 자연에 매료되어가고 있었다. 길가에 올망졸망 핀 야생화, 경쾌하게 지저귀는 새소리, 땅속에서 불쑥 솟아오른 매혹적인 버섯, 계곡물을 헤엄쳐 다니는 물고기 들이 어느덧 내 속에 들어와 나와 하나가 되어갔다.

큰 계기는 이른 봄 언 땅을 뚫고 고고하게 핀 처녀치마 꽃과 맞닥뜨릴 때였는데, 이후부터 우리나라에 자생하는 식물에 관심이 생겨 전국의 산과 들을 누비며 식물 공부를 했다. 지금이야 도감이 풍년이지만 그 당시는 흔하지 않았던 시절이라 야생화 이름을 몰라서 애를 태우기도 했다. 식물도감을 어렵게 구해 식물들을 하나씩 하나씩 알아갔다. 다행히 야생화는 원래 피었던 자리에서 또 피고 지니, 해마다 그 자리에 가고 또 가면서 야생화의 매력에 푹 빠져 살았다. 마치 주술에 걸린 듯 야생화에 미쳐 몇 년을 보냈다.

내친김에 전문가의 강의를 듣기도 하고, 기회가 닿을 때마다 전문가를 찾아가 도움을 받으면서 식물뿐만 아니라 새, 버섯, 물고기 등을 동시다발적으로 공부했다. 그래도 식물이나 새는 공부할 만했다. 식물은 움직이지 못해 항상 그 자리에 있으니 올해 못 봐도 내년에 다시 방문하면 볼 수 있고, 새는 훌륭한 도감이 출간되어 있는 데다 몸집도 큰 편이라 쌍안경이나 필드스코프만 있으면 잘 관찰할 수 있었다. 게다가 운 좋게도 한국 최초의 생태공원에서 자원봉사활동을 할 기회가 생겨, 자연 생태에 대해 체계적으로 공부해볼 수 있었다. 자원봉사자의 역량을 키워주기 위해 초빙된 전문가들의 도움을 받기도 했다. 어느새 유적답사는 뒷전이 되어 말없는 돌과의 대화는 점점 줄어들었고, 대자연과의 벅찬 대화는 기하급수적으로 늘어났다.

그렇게 몇 년이 지나자, 어지간한 식물과 새와 버섯의 이름은 꿰뚫게 되었다. 그러던 어느 날, 식물이 보이니 곤충이 보이기 시작했다. 야생화에 날아온 곤충들이 하나둘 눈에 띄기 시작했다. 희한하게 특정한 식물에서는 같은 곤충을 발견했다. 그 곤충들이 누군지는 몰랐지만 저마다 개성 있게 생겨서 마치 외계인을 만난 듯했다. 사람과 닮은 구석이라곤 하나도 없는 곤충 몸이 어찌 저리도 세밀하게 디자인되었을까? 몸길이가 1센티미터도 안 되는데 있을 건 다 있고, 몸 색깔은 어찌나 아름답게 치장했는지 볼수록 묘한 기분이 들었다. 그렇게 야생화를 만날 때면 어김없이 곤충을 찾게 되었고, 어느새 야생화와 곤충 그리고 나의 삼각 동행이 시작되었다.

울고 싶지 않은 밤

곤충은 종수가 많은 데다 종마다 개성이 강해 얘깃거리가 많다. 몇 날 밤 아니 몇 달 밤을 새워도 흥미진진하다. 하지만 다른 동물에 비해 몸집이 작고, 부정적인 이미지를 얼른 떠올리는 사람들이 많아서인지 훈훈한 미담은 적은 편이다. 기억을 더듬어보니, 곤충이 등장하는 유명한 이야기가 있다. 바로 이솝우화 속 〈개미와 베짱이〉다. 날마다 쉬지 않고 일만 하는 성실한 개미와, 여름날 그늘에 앉아 노래만 부르는 게으른 베짱이를 대비시켜, 부지런히 앞날을 준비하며 살아가라는 교훈을 준다. 그런데 아무리 그렇더라도, 베짱이는 자신이 게으름의 상징으로 여겨지는 게 억울할 것 같다.

베짱이는 알-애벌레-어른벌레로 불완전변태를 하는 곤충으로, 봄부터 가을까지 살다가 겨울이 오기 전에 죽는다. 봄에 알에서 깨어나면 3개월의 기나긴 애벌레 시절 동안 천적을 피해 열심히 식사만 하며 살다가, 무더운 여름에야 비로소 어른벌레가 된다. 베짱이는 어른벌레가 되어야만 노래를 부를 수 있다, 그것도 수컷

자신을 찾아와달라며
노래하고 또 노래하는
풀숲 그늘의 수컷 베짱이.

만. 이러한 어른벌레의 임무는 번식이다. 그런데 어른벌레는 수명이 짧아 가을이 지나면 죽기 때문에 그전에 자신의 유전자를 남겨야 한다.

베짱이 수컷은 조상 대대로 암컷 배우자를 만나기 위해 노래를 불러왔다. 암컷 배우자는 수컷이 노래를 불러야만 관심을 보일 뿐, 다른 행동에는 일절 반응이 없다. 그래서 수컷은 눈만 뜨면 풀숲 그늘에서 어딘가에 있을 암컷을 향해 노래를 부르고 또 부른다. 아무리 노래를 불러도 암컷의 심사에 통과하지 못하면 수컷은 총각 신세를 면치 못하고 죽는다. 유전자 남기기에 실패하는 것이다. 그러니 절박한 베짱이 수컷은 암컷이 자신을 찾아올 때까지 노래를 부를 수밖에 별 도리가 없다. 그런 베짱이를 보고 사람들은 베짱이가 태평하게 노래나 부르면서 유유자적한 삶을 산다며 부러워하기도 하고 질투하기도 한다.

그럼 개미는 어떠한가. 밖에 나와 일하는 개미는 일개미다. 개미는 계급사회를 이루기 때문에 개미집에는 알 낳는 여왕개미가 있고, 업무를 분담하는 일개미들이 산다. 일개미는 눈코 뜰 새 없이 일만 한다. 집에 있는 동생 애벌레를 먹여 살리려면 아침부터 저녁까지 허리가 휘어지도록 먹이를 실어 나르고, 집 확장공사도 해야 한다. 사람들은 일개미가 부지런하다고 칭찬하지만, 일개미는 제발 하루라도 쉬며 휴식을 취하고 싶을지도 모른다.

베짱이나 일개미나 삶의 패턴은 다르지만 궁극적으로 추구하는 종착역은 같다. 베짱이는 자신의 소중한 유전자를 남겨 가문을 유지하기 위해 노래를 부르고, 개미는 자신의 유전자를 공유한 가문을 번창시키기 위해 동생들을 돌보며 뼈 빠지게 일한다. 어떤 곤충이든 모두 살아남기 위해, 대를 잇기 위해 자신에게 주어진 역할을 미련할 정도로 성실하고 진정성 있게 해낸다.

곤충의 삶을 가만히 들여다보면 우리가 배울 점이 많다. 무엇보다 곤충은 욕심이 없다. 진정한 무소유자이다. 자신이 먹을 양만 먹고 남의 음식을 절대 탐내지 않는다. 밥이 없어 굶어 죽으면 죽었지 남의 음식을 훔치지도 않는다. 법 없이 사는 동물이라서 그런지, 곤충계에는 경찰이 없다. 먹고 남은 음식을 저장하지도 포장해가지도 않지만, 남는 음식을 나눠주는 자선사업가도 아니다. 피해를 주지도 받지도 않는 쿨한 동물이다.

곤충이 욕심이 없는 데는 그만한 이유가 있지만, 그 이유는 결코 철학적이지 않고 단순하다. 조상 대대로 저마다 밥을 정해놓고 먹어왔기 때문이다. 식물을 먹는 곤충, 다른 곤충을 포식하는 곤충, 버섯만 먹는 곤충, 썩은 나무만 먹는 곤충, 사체만 골라먹는 곤충, 똥 만찬을 즐기는 곤충 등 종마다 먹잇감이 정해져 있어서 절대로 남의 식탁을 넘보지 않는다. 예를 들면 어른 호랑나비는 꿀만 먹고, 솔나방 애벌레인 송충이는 솔잎만 먹고, 장수하늘소 애벌레는 썩은 나무 조직만 먹고, 흑진주거저리는 버섯만 먹는다. 뇌 용량이 작기 때문인지 요령을 부릴 줄 모르고, 사기를 칠 줄도 모르고 그저 주어진 현실에 만족하며 산다. 그런 의미에서 곤충은 젠틀맨이다.

◆◆◆

매미도 노래를 잘 부르는 가수다. 초여름부터 추석 즈음까지 노래를 부르는데, 종마다 나오는 시기가 다르다. 매미가 노래를 부르는 데는 온도가 매우 중요하다. 최소한 섭씨 26도 이상이 되어야 노래를 부르니 확실히 여름 곤충이다.

우리나라에서 가장 먼저 나오는 매미는 산지에 사는 소요산매미, 도심이나 산지에서 사는 털매미다. 소요산매미는 지-잉 깽 지-잉 깽 타카타카타카 하고 노래하는데, 멜로디가 단순하지 않고 끝 소절을 특이하게 마무리하기 때문에 한 번만 들어도 기억하기 쉽다. 찌이이~~쓰 찌이이~~ 하고 노래하는 털매미는 6월부터 9월까지 어디서나 노래한다. 그리고 여름이 무르익어 가면 본격적으로 명가수 매미들이 등장한다. 참매미는 맴 맴 맴 매엠--- 맴 맴 맴 매엠---, 말매미는 쏴아아~~~, 쓰름매미는 쓰름 쓰름 쓰름, 애매미는 어씨 어씨 ~~~ 쥬쥬쥬 ~~~ 츠르르르 하며 고난도의 변주곡을 소화한다. 유지매미는 기름 끓듯 지글지글 ~~~ 하며 노래를 부른다. 그러다가 가을이 되면 마지막 주자인 늦털매미가 찌이~~~ 하며 10월까지 노래한다.

매미들은 본래 주행성이라 낮에만 노래를 부르고 밤에는 쉰다. 베짱이나 귀뚜라미처럼 매미도 수컷만 배근육을 이용해 노래 부르고, 암컷은 노래를 못 부른다. 심사위원석에 앉은 암컷은 수컷이 애타게 부르는 노랫소리를 듣고 수컷을 선택한다. 매미는 보통 키 큰 나무에 붙어 노래하기 때문에 소리가 들려도 우리 눈에는 잘 띄지 않는다. 그래도 매미 소리가 들리면 잠깐 걸음을 멈추고 소리 나는 나무를 꼼꼼히 들여다보자. 운 좋으면 배를 떨며 노래하는 수컷을 만날 수 있다. 그럴 땐 방해하지 말고 조심

소요산매미

털매미

참매미

말매미

쓰름매미

애매미

유지매미

늦털매미

스럽게 휴대폰으로 촬영하는 것도 소리를 익히는 데 굉장히 도움이 된다. 반복해서 듣다 보면 나도 모르게 각기 다른 종의 매미 소리를 구분할 수 있으니까.

매미가 땅속에서 기어 나와 날개돋이(우화)를 하는 경이로운 순간을 한 번이라도 본다면, 그 벅찬 감동은 무엇에 비교할 수 없을 정도로 크게 차오른다. 매미의 날개돋이를 보려면 해가 뉘엿뉘엿 지는 저녁 여덟 시쯤이 적당하다. 매미는 공원, 아파트 화단, 산, 들판 등 어디에나 쌔고 쌜 정도로 많으니 시간에 맞춰 아주 천천히 걸으면서 나무줄기를 살피면 날개돋이 장면을 구경할 수 있다(267쪽 참조).

운 좋게 이 순간과 마주한다면 절대로 괴롭히면 안 된다. 휴대폰으로 촬영한다고 불빛을 과도하게 비춰도 안 되고, 건드려도 안 된다. 그저 숨죽이고 바라만 봐야 한다. 날개돋이 과정은 보통 한 시간 넘게 진행되는데, 중간에 손으로 잡거나 괴롭히면 중단한다. 물론 우화에 실패한다고 죽는 건 아니고, 장애를 갖게 된다. 신이 허락한 시간 동안 불구의 몸으로 살다 죽는 것이다. 매미 본연의 습성대로 살지 못하니 얼마나 고통스러울까.

모두가 그런 건 아니지만 어떤 사람들은 시끄럽게 울어대는 매미를 원망한다. 가뜩이나 여름밤은 무더워 잠을 설치는데 매미가 밤늦게까지 울어대니 짜증낼 만도 하다. 심지어 새벽부터 울어대는 매미가 꿀맛 같은 아침잠도 훼방을 놓으니, 사람들은 매미 울음소리 때문에 시끄러워 죽겠다며 화를 낸다. 그러나 단도직입적으로 말하면, 주행성인 매미가 밤낮을 가리지 않고 우는 이유는 사람에게 있다. 조상 대대로 낮에만 노래해온 매미 앞에, 탄생 순서로 보면 후배인 인간이 별안간 나타나 전깃불을 발명했기 때문이다.

수컷 매미의 임무이자 의무는 짝짓기를 통해 자신의 유전자를 남기는 것이다. 그래서 암컷을 유혹하려고 노래를 부르지만, 암컷이 반응하지 않는다. 살날은 고작 열흘뿐인데, 짝을 구하지 못한 수컷의 마음은 엄청나게 조급하다. 그런데 문명화가 진행될수록 전깃불이 도시의 밤을 낮처럼 밝힌다. 가로등은 해질 무렵부터 여명이 틀 때까지 켜져 있고, 건물에도 환한 불이 켜져 있다. 매미들은 비록 대낮처럼 밝진 않지만 제법 환한 도시의 밤 불빛에 적응한다. 그러니 짝을 찾지 못한 수컷은 쉬어야 할 밤을 낮으로 착각하고 암컷을 향한 세레나데를 부른다. 실제로 가로등이 없는 깊은 산골에선 밤에 매미가 울지 않는다.

특히 열대야는 높은 온도를 좋아하는 매미에게 선물이다. 7월과 8월의 도시는 낮이고 밤이고 덥기는 매한가지다. 더욱이 인간의 활동으로 온난화가 진행되고, 그에 따라 열대야도 더 심해졌다. 또 매미의 개체수가 많은 것은 도시의 생태계가 파괴되어 매미의 천적이 사라진 것도 한몫한다. 결국 문명화 과정에서 일어난 인간의 활동이 매미를 밤에도 울게 만든 셈이다. 낮에만 울던 매미들이 영문도 모른 채 밤에도 울어야 하니 얼마나 힘들까. 사람들의 영향으로 밤에 울 뿐인데, 사람들은 그런 사실을 모르고 애꿎은 매미들만 원망한다.

◆◆◆

초여름이면 강이나 호수 같은 물가에 사는 사람들은 밤마다 불빛에 날아드는 벌레들 때문에 못 살겠다며 불편을 호소하곤 한다. 특히 음식점에서는 영업에 지장이 많다며 난처해한다. 본능적으로 벌레를 징그러워하는 곤충 혐오자가 아니더라도, 밥상 위에 떨어지는 걸 환영할 사람은 없다. 그 벌레는 대부분 하루살이다.

하루살이 어른벌레는 하루만 사는 게 아니라 육상에서 일주일 정도 산다. 하지만 애벌레는 몇 년 동안 물속에서 살기 때문에 하루살이는 어엿한 수서곤충이다. 생애 아주 잠깐 육상에 사는 하루살이 어른벌레가 음식점 불빛, 건물의 불빛, 가로등으로 날아드는 이유한 단 하나, 짝을 찾기 위해서다. 하루살이 어른벌레는 입이 퇴화되어 아무것도 안 먹고 오로지 번식을 위해 생존할 뿐이다. 물속에서 애벌레 단계가 끝나면 수백 마리, 수천 마리가 한꺼번에 날개돋이(우화)를 한 뒤 불빛을 보면 본능적으로 날아온다. 그리고 불빛이나 표지물 주변에서 집단으로 모여 춤을 추며 짝을 찾는다. 특히 해질녘이 되면 말뚝처럼 높이 솟은 지표물 주변에 모여

춤을 춘다. 살아 있는 시간이 짧으니 암컷과 수컷이 만날 기회가 많은 무도회를 여는 것이다.

대개 수컷이 무도회를 주선해 떼 지어 튀어 오르고, 위로 올라갔다 아래로 내려왔다 춤을 추며 암컷을 무도회에 초대한다. 이렇게 해야 암컷이 수컷을 쉽게 발견할 수 있다. '나 홀로 춤'보다는 '집단 춤'을 추는 게 짝을 유혹하는 데 유리한 것이다. 현란한 수컷들의 집단 춤을 본 암컷은, 근처 풀밭이나 나무에 앉아 있다가 날아올라 집단 춤에 동참하며 맘에 드는 짝을 고른다. 짝짓기 후 수컷은 그 자리에서 죽어 아래로 툭 떨어지고, 암컷은 물로 날아가 3000개의 알을 낳고 죽는다. 명이 짧으니 번식도 속전속결이다.

전 생애를 물속에서 사는 하루살이 애벌레는 조류algae나 식물 부스러기를 먹고 산다. 그 자신 또한 수많은 물속 생물의 먹이가 되므로 담수 생태계에서 매우 중요한 역할을 한다. 특히 종마다 사는 곳이 다양해 물속 환경과 수질오염 정도를 가늠하는 지표종으로 이용된다. 차갑고 깨끗한 계곡에서 사는 애벌레, 완만히 흐르는 강물에서 사는 애벌레, 퇴적층이 많거나 오염된 물에서 사는 애벌레 등 종에 따라 애벌레의 서식지가 달라서 물의 오염 정도를 판단할 수 있다.

조상 대대로 전수받은 생활사가 이러하니 하루살이 어른벌레가 물가의 불빛에 날아드는 건 당연하다. 물 주변은 대대로 하루살이의 터전이다. 애벌레가 물속에서 살기 때문에 육상으로 거처를 옮긴 어른벌레도 산란 장소인 물 가까이에서 살 수밖에 없다. 그런데 여러 이유로 그 물가 땅을 사람들이 점령하기 시작했다. 그런데도 하루살이는 자신의 터에 자리 잡은 사람들을 불편해하지 않고, 되레 그들이 켜놓은 불빛을 무도회장으로 이용한다. 그러다가 졸지에 사람들이 뿌린 살충제나 살충도구에 의해 처참한 죽음을 맞는다. 원주민인 하루살이들의 입장에선 억울할 뿐이다. 자신의 터전에 침입한 외부인에게 영문도 모른 채 가문이 멸망할 만큼 참혹한 피해를 입으니 말이다. 아마 하루살이는 씨가 마르지 않는 한, 사람의 호불호와 관계없이 물가 건물의 불빛에 날아들 것이다. 물과 물가 언덕은 그들의 집이기 때문이다.

하루살이와의 공존은 힘든 걸까? 생명은 다 존재 의미가 있다. 그들을 평가하는 기준은 인간의 기준일 뿐이다. 하루살이는 사람에게 아무런 해를 주지 않으니 뇌 용량이 큰 사람들이 통 크게 양보하면 될 일이다. 그들의 터전에서 조금 떨어진 곳에 건물을 지으면 되고, 하천을 오염시키지 않으면 된다. 하루살이가 이 땅에서 사라져 먼 훗날 전설 속의 곤충이 되기 전에 생각을 바꾸고 손을 써야 한다.

대벌레는 죄가 없다

"등산하다가 멈춰 쉬려고 하면 하늘에서 툭툭 떨어진다니까. 의자에도 다닥다닥 붙어 있고 정말 징그러워서 못 살겠어."

"말도 안 된다. 진짜 말도 안 된다. 벌레 비처럼 떨어져 ……."

"저 밑에 내가 한 움큼 죽여놓고 왔어."

"징그럽죠. 의자에 앉아 있다 보면 옷에도 달라붙고 ……. 운동기구에 아저씨들이 서 있으면 등으로 기어올라가는 거야."

"너무 많이 나무를 갉아먹어. 잎을 다 갉아먹잖아."

2020년 여름, 여러 매체에서 서울 도심에 대벌레 떼가 출몰했다는 기사가 대서특필되었다. 대벌레는 서울 시민들의 쉼터인 공원까지 몰려와 정자에, 운동기구에, 의자에, 심지어 CCTV 카메라에까지 점령군처럼 달라붙어 있었다. 건물의 기둥을 따라서 수십 마리가 엉켜 붙어 있고, 의자에도 수백 마리가 뒤엉켜 있어 장관을 연출했다. 등산로 바닥에도 온통 대벌레 천지라 밟히는 게 대벌레일 정도로 엄청 많았다. 몇 마리만 있으면 눈에 잘 안 띄었을 텐데,

떼로 출현한 데다 사람의 몸을 타고 기어 다니기까지 해 많은 사람들이 혐오감을 느꼈던 것 같다.

당연히 민원이 제기되었고, 곧바로 관청은 대벌레 퇴치 작전에 들어갔다. 살충제를 뿌리고, 끈적거리는 롤트랩을 나무줄기에 붙이면서 대대적으로 소탕 작전을 펼쳤다. 결국 대벌레는 떼죽음을 당하고 말았다. 아까운 대벌레들이 순식간에 사람들의 미움을 받으며 몰살당했다. 도대체 대벌레가 사람에게 어떤 피해를 주었기에 한순간에 죽음을 당해야 하는지 발만 동동거린다.

산과 들을 다니며 20년 넘게 야외 관찰을 했지만, 나는 그렇게 많은 대벌레를 본 적이 없다. 자타가 공인하는 필드 작업의 대가인 나도 야외 관찰 중에 대벌레를 본 날은 일 년 중 손에 꼽을 정도다. 그것도 한 번에 너덧 마리를 볼까 말까인데 ……. 환경적인 문제를 떠나, 서울 도심에 천여 마리의 대벌레가 떼로 나타난 것은 굉장한 일이라서 심정적으로는 축하하고 싶을 정도이다. 나라면 생태투어 프로그램을 만들어, 코로나19에 답답해하는 어린이들이나 시민들이 나뭇가지를 닮아 신기하게 생긴 대벌레와 함께 즐거운 시간을 보내도록 주선했을 것 같다.

대벌레는 몸속에 독 물질이 없어서 사람에게 아무런 피해를 주지 않는다. 다만 정서적으로 징그럽게 느끼는 사람이 있을 뿐이다. 징그럽다는 것도 그렇다. 마음을 손바닥 뒤집듯이 조금만 바꾸면 징그러운 마음도 신기한 마음으로 바뀔 텐데 ……. 아쉬움이

든다. 그렇다고 대벌레가 식물을 죽이기라도 했나, 사람들이 먹는 농작물을 다 먹기라도 했나! 초식성 곤충이라 식물 잎을 먹긴 하지만, 나뭇잎은 다시 돋아날 수 있고, 다행히 서울 도심에는 과수원 같은 농장이 적어서 실질적 피해는 그리 많지 않을 것 같다.

그런데 대벌레가 왜 갑자기 서울 도심에 나타났을까? 대벌레의 출몰을 두고 의견이 분분했다. 심오한 생태계의 변화를 인간이 이렇다 저렇다 해석할 수는 없지만, 여러 원인이 있는 것은 분명하다. 우선, 기후온난화가 원인인 것 같다. 대벌레는 일 년에 한살이가 한 번 돌아가는 곤충이다. 봄에 알에서 깨어나 애벌레 시기를 거쳐, 여름 이후에 어른벌레로 우화한다. 어른벌레는 가을에 알을 낳는데, 알은 그 상태로 월동에 들어간다. 알의 수는 700~800개 정도인데, 온난화의 영향으로 봄철 기온이 올라가 부화율이 높아진 것 같다.

다음으로는 도시 생태계가 균형을 잃었기 때문이다. 건강한 생태계는 생산자(식물) – 1차 소비자(초식 곤충) – 2차 소비자(초식 곤충의 포식자) – 3차 소비자(최상위 포식자로 새 또는 포유동물)가 유기적으로 먹이사슬을 형성할 때 이루어진다. 그러나 현재 도시는 개발과 사람의 지나친 간섭으로 환경 변화에 취약한 종들이 사라졌고, 그 자리를 적응력 강한 미국선녀벌레 같은 외래종이나 환경 변화에 잘 적응하는 파리 같은 곤충들이 차지했다.

또한 사람들이 식물을 지나치게 사랑하면서 식물을 먹는 곤충을 퇴치하고자 살충제를 뿌리는 바람에 곤충과 거미 같은 생물들이 죽어나간다. 죽어가는 곤충 중에는 사마귀 같은 포식자도 있다. 수많은 생물들이 사라지니 상위 포식자인 개구리나 새도 점점 도시를 떠난다. 그러다 보니 초식 곤충인 대벌레가 떼 지어 나타나도 이들을 사냥할 천적들이 부족하다. 즉, 온난화로 대량 번식한 대벌레들이 개체수 조절에 실패하면서 먹잇감인 식물을 찾아 사람들이 활동하는 공원까지 내려온 것이다.

종 다양성이 떨어져 경쟁자가 줄어든 탓도 있다. 살충제 살포 등으로 도시 주변은 숲속보다 종 다양성이 현저히 떨어진다. 대벌레는 식물의 종류를 가리지 않는 초식성 곤충인데, 대벌레와 먹이 경쟁을 하는 곤충이 줄어드니 많이 나타난 것 같다. 마지막으로, 대개 단성생식을 하는 대벌레의 특성도 영향을 준 것 같다. 대벌레는 수컷이 없어도 산란하는 데 지장이 없다. 게다가 암컷의 비율이 수컷에 비해 매우 높다. 한 기관에서 여러 세대를 지속적으로 사육(계대사육)한 결과, 암컷의 비율이 98퍼센트였다. 암컷 홀로 알을 낳는 단성생식을 하면 수컷을 찾는 시간, 수컷과 짝짓기 하는 시간도 절약되어 번식에 매우 유리하다.

대벌레는 어떤 곤충인가? 위장술의 대가이다. 가늘고 기다란 몸으로 느릿느릿 움직이면 마치 나뭇가지가 바람에 흔들리는 것처럼 보인다. 볼품없이 몸만 기다란 대벌레는 앉아 있는 폼이 너무도 비장해, 바라보고 있으면 나도 모르게 킥킥댈 때가 많다. 잎 위에서 가운뎃다리와 뒷다리는 있는 대로 벌린 뒤, 앞다리는 '앞으로 나란히' 자세로 쭉 뻗치고 앉아 있으면 눈에 잘 띄지 않는다. 더듬이는 구슬을 촘촘히 실에 꿰어놓은 것같이 앙증맞고, 겹눈은 동그라니 귀엽다. 날개는 퇴화되어 없다. 그래서 알몸이 노출되어 배마디와 마디를 잇는 연결막이 다 보여 마치 대나무줄기 같다. 우리나라에서는 대나무를 닮았다 해서 대벌레라 부르고, 중국에서는 '대나무마디 벌레'라는 뜻의 '죽절충竹節蟲'이라 부르며, 서양에서는 지팡이를 닮았다며 '지팡이 벌레stick insects'라고 부른다.

납작 엎드려 있는 대벌레를 살짝 건드리니, 깜짝 놀라 여섯 다리에 힘을 주고 팔굽혀펴기 준비 자세처럼 몸을 일으켜 세운 뒤 좌우로 몸을 살살 흔든다. 마치 나뭇가지가 바람에 나부끼는 것 같다. 그러니 말벌이나 새 같은 천적들은 살아 있는 생명이 아니라 나뭇가지인 줄 알고 지나쳐버린다. 몸속에 독 물질도 없고, 천적과 맞서 싸울 무기도 없고, 단지 몸을 나뭇가지로 위장해 살 궁리를 하는 녀석이 참 지혜롭다. 또 대벌레는 천적에게 잡히면 대개 잡아먹히지만, 때로는 다리 하나를 뚝 떼어버리고 도망칠 때도 있다. 마치 도마뱀이 적을 만났을 때 자신의 꼬리를 잘라버리고 도망치는 것처럼. 잘린 다리는 다행히도 허물을 벗을 때 다시 돋아난다. 물론 돋아난 다리가 온전히 다 자라진 않지만, 그런대로 다리의 역할은 한다.

가을에 대벌레는 알을 땅 위에 뿌려 낳는다. 아무리 곤충이라지

만 참 무책임하다. 나뭇잎 위에 앉아서 한 번에 100~130개의 알을 낳아 낙하산 투하하듯이 떨어뜨린다. 알은 2~3밀리미터로 작은데, 생긴 게 마치 식물의 씨앗 같아서 땅 위에 있어도 눈에 잘 안 띈다. 알은 무슨 일이 있어도 추운 겨울을 무사히 견뎌내야 한다.

◆◆◆

곤충은 잘 몰라도 '꼽등이'라는 이름을 들어본 사람은 많을 것이다. 사람들은 꼽등이만 보면 죽여야 할 대상으로 생각한다. '꼽등이 괴담'이 있을 만큼 한때 꼽등이에 대한 혐오 표현은 극에 달했고, 영화 〈연가시〉의 개봉 이후로 꼽등이에 대한 공포는 더욱 커졌다. 연가시가 꼽등이 몸에서 나오는 걸 보고, 꼽등이의 연가시가 사람 몸에 감염될 수도 있다고 오해하는 바람에 사람들은 꼽등이를 더 미워했던 것 같다.

꼽등이는 족보상 베짱이나 여치처럼 여치아목에 속하지만 수컷이 노래할 줄 모른다. 비빌 날개가 없기 때문이다. 꼽등이는 곤충의 특징 중 하나인 날개 네 장이 모두 퇴화되어 없다. 그래도 긴 더듬이와 긴 다리, 암컷의 경우 노출된 산란관 등 여치류의 특징을 지니고 있다. 어찌 보면 귀뚜라미와 모습이 비슷해서 꼽등이가 귀뚜라미 사촌이라고 말하는 사람들도 있는데, 틀린 말은 아니다, 다 여치아목 식구니까. 이름은 어법상 '곱등이'라고 부르는 게 맞지만, 처음 이름을 지은 사람이 '꼽등이'라고 했기 때문에 꼽등이로 불러야 한다. 선취권 때문이다. 곤충의 이름은 어법에 맞지 않더라도 처음 붙여진 이름이 우선권을 갖는다.

꼽등이는 이름처럼 등짝이 심하게 굽었다. 등이 굽은 곤충은 오직 꼽등이뿐이다. 습하고 어두운 지하실, 낙엽 아래, 돌 밑이나 동굴 같은 곳에서 살아 몸 색깔은 거무튀튀하다. 더듬이는 제 몸길이보다 세 배나 길며, 날개는 없고 다리는 아주 길다. 날개가 없으니 천적을 만나면 날아서 도망갈 수가 없다. 그래서 알통처럼 불거진 뒷다리의 힘으로 툭툭 튄다. 더구나 실처럼 가는 더듬이를 휘휘 젓고 다니니 사람들은 그런 꼽등이를 보고 기겁을 한다. 또 어떤 때는 배 꽁무니에서 철사처럼 긴 연가시까지 나오니 기절초풍을 한다.

그런 꼽등이에겐 반전의 매력이 있다. 꼽등이는 우리 주변을 깨끗이 청소해주는 환경미화원의 역할을 도맡아 한다. 잡식성이라 아무거나 잘 먹는다. 특히 작은 생물의 사체, 썩은 열매나 식물, 음식쓰레기 등을 가리지 않고 먹어치운다. 그것도 사람의 눈에 띄지 않게 밤에 먹는다. 야행성이라 그렇다. 모든 생명은 태어나면 언젠가는 죽는데, 고맙게도 꼽등이나 파리 같은 분식성 곤충들은 사체를 먹어치우고 분해해서 식물의 거름으로 되돌려준다. 생태계에 없어서는 안 될 꼭 필요한 존재이다.

더구나 꼽등이에겐 독이 없어 사람에게 아무런 해를 주지 않는

알고 보면 힘도 없고
겁도 많은 꼽등이. 날개가 없어
뒷다리로 도망을 다닌다.

다. 사람이 먹는 식량이나 채소는 입에도 안 댄다. 겁도 많아서 사람들을 보면 심기를 건드리지 않으려 재빨리 도망친다. 게다가 아무 힘이 없어 연가시에게 꼼짝없이 기생당하는 피해자이다. 연가시는 곤충이나 거미 같은 절지동물에게만 기생하는데, 호모사피엔스에게도 기생한다고 오해받는다. 연가시는 결코 척추동물인 호모사피엔스에게 기생하지 않는다. 그러니 누명 쓰고 사는 꼽등이는 얼마나 억울할까. 역지사지다. 내가 한 번쯤 곤충의 입장이 되어보면 곤충 한 마리 한 마리 소중하지 않은 게 없다.

애벌레의 시간

고작 열흘 정도밖에 살지 못하는 어른벌레를 보며 수명이 짧다고 안타까워하는 사람들이 많다. 하지만 보이는 게 다가 아니다. 어른벌레가 되기 전 애벌레의 시기는 매우 길거나, 적어도 어른벌레의 수명보다는 길다. 애벌레의 시기는 종마다 짧게는 일주일부터 17년에 이르기까지 다양하다. 어른벌레의 수명이 길어야 평균 보름 정도인 것에 비하면 굉장히 긴 편이다. 우리나라에 사는 대부분의 곤충은 애벌레로 10~11개월을 보내는데, 식물의 잎을 먹는 나비나 나방의 애벌레 기간은 보통 2~3주이지만, 썩은 나무를 먹는 하늘소나 사슴벌레의 애벌레 기간은 최소한 열 달 이상이다. 하루살이 애벌레나 잠자리 애벌레도 물속에서 열 달 이상 산다.

애벌레는 곤충의 발달 단계 중 한 과정이다. 곤충은 사람처럼 한꺼번에 자라지 않고 여러 단계를 거쳐 자라며, 단계별로 분업이 잘 되어 있다. 알, 애벌레, 번데기, 어른벌레의 역할이 제각각 나뉘어 있어 각자 할 일만 하면 된다. 알은 배발생을 잘 수행해 부화에 성공해야 하고, 애벌레는 열심히 먹고 성장해야 하며, 번데기는 애벌레에서 어른벌레로 넘어가기 위한 가교 역할에 집중하며, 어른벌레는 자손을 퍼뜨리는 번식 역할에 주력한다.

이때 종에 따라서 '불완전탈바꿈'(안갖춘탈바꿈, 불완전변태) 또는 '완전탈바꿈'(갖춘탈바꿈, 완전변태)을 거치는데, 차이는 번데기 단계가 있느냐 없느냐다. 번데기 시절이 없는 3단계의 '불완전탈바꿈'은 주로 하등한 곤충 무리에서 일어나며, 대표적으로 메뚜기류, 사마귀류, 대벌레류, 잠자리류, 노린재류, 바퀴류가 있다. 번데기 시절을 포함해 4단계를 거치는 '완전탈바꿈'은 주로 고등 진화한 곤충 무리에서 일어나며, 나비류, 딱정벌레류, 파리류, 벌류, 날도래류 등이 대표적이다. 이렇게 단계별 성장을 거쳐 살아가다가 수명을 다하면 죽는데, 이 주기를 '한살이'라고 부른다.

한살이에서 가장 중요한 단계는 곤충이 성장하는 애벌레 시기다. 그래서 애벌레의 첫 번째 임무는 먹는 일이고, 두 번째 임무도 먹는 일이고, 세 번째 임무도 먹는 일이다. 먹고 성장하며 어른벌레 시기에 사용할 에너지를 비축하는 시기라고 할 수 있다. 그래서 모든 애벌레들이 알에서 깨어나자마자 탐욕스러울 만큼 끊임없이 먹어댄다. 잠자고 쉬는 시간을 빼면 먹고 싸는 일의 반복이다. 먹고 몸집이 커지면 허물을 벗고, 또 먹고 몸집이 커지면 허물을 벗으며 성장한다(탈피). 이때 탈피와 탈피 사이의 기간을 '령'이라고 한다. 알에서 깨어난 애벌레는 1령 애벌레이며, 허물을 한 번씩 벗을 때마다 령이 추가된다. 보통 나비류나 노린재류는 5령 애벌레가 마지막 단계이고, 딱정벌레류 애벌레는 3~4령 애벌레가 마지막 단계이다. 완전변태 곤충의 경우 번데기가 될 때까지, 불완전변태 곤충의 경우 어른벌레가 될 때까지 애벌레는 끊임없이 먹는다.

멸종위기종으로 지정된 장수하늘소나 비단벌레의 애벌레는 큰 몸집 때문인지 썩은 나무 속에서 4~5년을 살아야 비로소 애벌레 시절을 청산하고 번데기로 변신할 수 있다. 이동이 수월치 않은 애벌레가 깜깜한 나무 속에서 사는 일은 간단치 않다. 우선 나무가 엄청나게 커야 애벌레를 4~5년 먹여 살릴 수 있는데, 생태계가 파괴되어 우리나라에 그런 고목은 별로 없다. 설령 있다 해도 환경미화 차원에서 고목을 치워 없앨 수도 있고, 장작불 땔감용으로 사용할 수도 있다. 그래서 애벌레 기간이 긴 종은 도태될 가능성이 높다.

반면 애벌레의 수명이 길어서 이득을 보는 종도 있다. 대표적인 종이 북미에 사는 17년 주기매미다. 17년 주기매미는 말 그대로 애벌레가 땅속에서 17년 동안 뿌리즙을 먹다가 땅 밖 세상으로 나와 어른벌레가 된다. 어른벌레의 수명은 아무리 길어봤자 보름인데, 이 기간에 짝짓기를 한 후 알을 낳고 죽는다. 보름 동안 살자고 땅속에서 17년을 살다니! 하지만 17년 동안 땅속에 있다가 땅 위로 올라오면 천적 대부분은 죽거나 먹잇감을 바꿀 수도 있다. 자신의 생활 주기와 천적의 생활 주기를 다르게 함으로써 천적과 부딪힐 기회를 줄이는 것이기도 하다. 13년 주기매미도 애벌레가 13년 동안 땅속에서 살다가 밖으로 나와 어른벌레가 된다. 이들 주기매미와 달리, 한국에 사는 매미의 애벌레는 짧게는 1년, 길게는 5년 동안 땅속에서 산다.

애벌레들이 살아가는 방법은 각양각색이다. 살아남기 위해 할 수 있는 것은 다 동원한다. 온몸에 털을 달고 사는 애벌레, 똥을 뒤집어쓰고 '나는 똥이니 먹지 마'라고 광고하는 애벌레, 몸에 눈알무늬를 그려놓고 '나는 뱀이다'라고 천적에게 으름장을 놓는 애벌레, 어미가 빚어놓은 똥덩어리 속에서 평생을 사는 애벌레, 나무속이나 땅속에 틀어박혀 천적의 눈을 피하는 애벌레 등 생존 전술이 다채롭다.

봄날 산길이나 들길을 걷다 보면 나뭇잎이나 풀잎에 털 많은 나방 애벌레들을 만날 때가 많다. 보통 사람들은 징그럽다며 비명을 지르기도 하고, 하찮은 애벌레라며 함부로 대한다. 그런데 곤충에게 털은 신경과 연결된 감각기관이다. 곤충은, 특히 애벌레는 털이 있어야 살 수 있다. 털은 온도, 습도, 천적의 체온 등 주변의 정보를 알려주기 때문이다. 애벌레의 생명줄인 털을 모두 없앤다면 목숨만 살아 있지 애벌레 구실을 할 수 없다. 따라서 이토록 중요한 털을 징그럽다고 하는 것은 애벌레에 대한 예의가 아니다. 많은 부분 퇴화되긴 했지만 사람에게도 털은 있다. 다만 사람은

북슬북슬한 송충이.
애벌레에게 털은
감각기관이자 생명줄이다.

뇌 용량이 크다 보니 털 감각기관을 사용하지 않아도 다양한 도구와 방법을 연구해 생존할 수 있는 것이다. 그리고 애벌레의 꿈틀거림도 싫을 수는 있으나, 알고 보면 나방 애벌레는 다리가 여덟 쌍이기 때문에 기어가는 모습이 꿈틀거릴 수밖에 없다. 아마 애벌레 입장에서는 두 발로 걷는 사람의 걸음걸이가 더 징그럽다고 할지 모른다. 역지사지다.

다행히 우리나라에 사는 애벌레들은 독나방과 쐐기나방만 빼고 몸에 독성이 없다. 북슬북슬한 애벌레의 털을 만져도 두드러기도 생기지 않고 그저 멀쩡하다. 그런데 징그럽다는 이유로 관련 기관에 민원을 넣는다. 공무원은 곤충보다 민원을 더 무서워한다. 그래서 사람들이 다니는 곳엔 어김없이 정기적으로 살충제 세례를 퍼붓는다. 애벌레들은 부지불식간에 떼죽음을 당한다. 이러한 살충제는 곤충뿐만 아니라 곤충의 천적까지 죽이고, 토양오염을 일으키고, 비 온 후에는 수질오염까지 시켜 결국 많은 생물을 몰살시킨다. 곤충에 대한 따뜻한 마음이 열리지 않는 건 어쩔 수 없다. 징그러우면 고개를 돌려 안 보면 될 일이다. 굳이 민원까지 넣어 많은 무고한 생명을 몰살할 일은 아니다.

우여곡절을 거치며 길고 긴 애벌레 시절을 성공적으로 견딘 애벌레는 드디어 번데기 혹은 어른벌레로 변신한다. 여름날 저녁에 참매미의 날개돋이(우화) 장면을 보고 숨이 막힐 정도로 감동한 적이 있다. 땅속에서 살던 애벌레가 땅 밖으로 나온 뒤 나무줄기로 성큼성큼 걸어가 자리를 잡더니 날개돋이를 시작한다. 놀라운 건 매미 애벌레는 땅속에서 '천 리'를 본다는 점이다. 땅 밖의 날씨가 맑고, 온도가 높고, 습도가 적당해야 비로소 땅 위로 올라온다.

카메라 렌즈를 통해 본 매미의 날개돋이 장면은 환상 그 자체였다. 등 쪽의 탈피선이 갈라지자 등과 머리가 서서히 허물에서 빠져나오기 시작한다. 옥색 머리에 동그란 두 눈이 까맣게 빛나고, 두 눈 사이에 홑눈 세 개가 루비 보석처럼 박혀 있다. 참 청초하고 아름답다. 맨눈으로 보면 움직이지 않는 것 같지만, 카메라 렌즈를 통해서 보면 아주 미세하게 떨면서 날개와 다리가 허물에서 슬슬 빠져나오고, 이어 통통한 배가 빠져나온다. 아직 날개는 구겨진 휴지처럼 꼬깃꼬깃 뭉쳐 있다. 허물에서 빠져나올수록 중력의 힘을 이용하려고 몸은 자꾸 뒤쪽으로 젖혀진다.

50분쯤 지나자, 배 꽁무니만 남기고 몸이 거의 빠져나왔다. 이제 뒤로 젖힌 몸을 윗몸일으키기 하듯이 움직이면 배 끝이 허물에

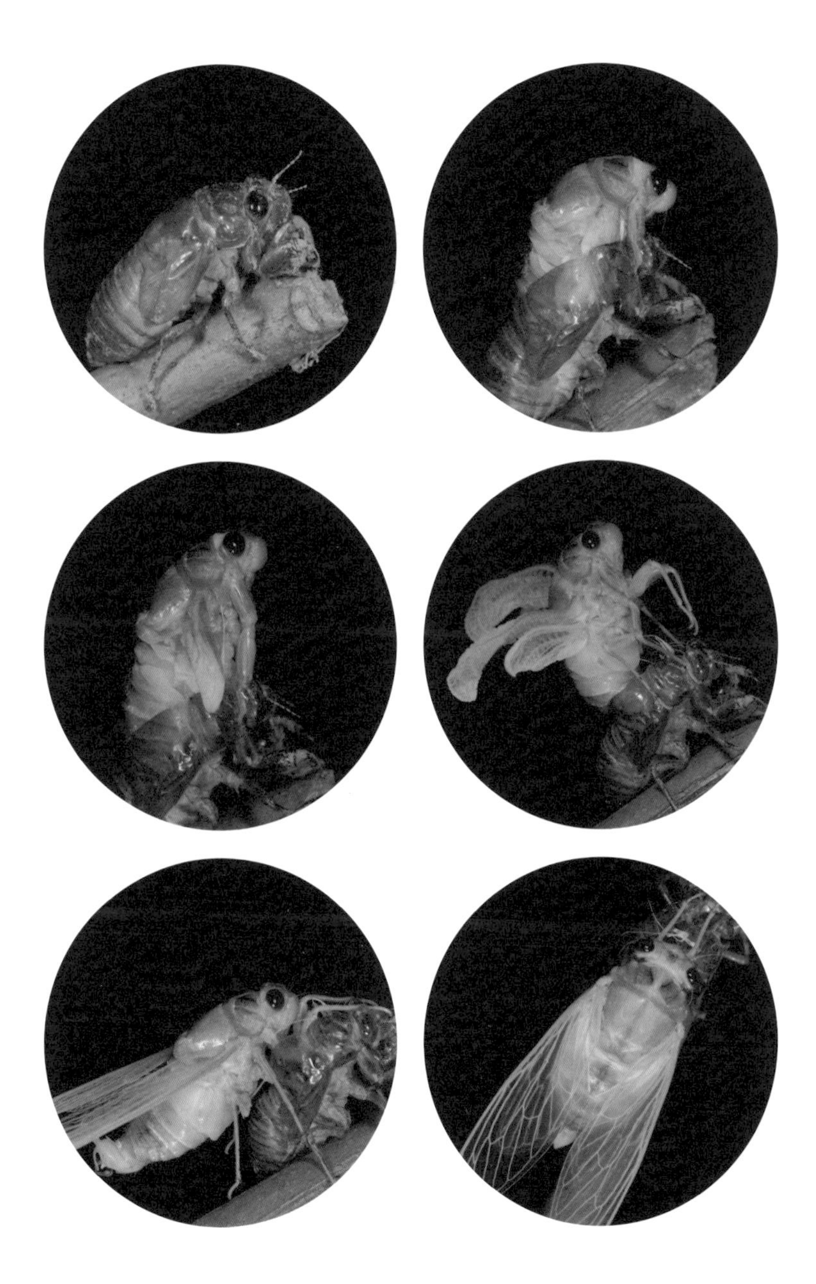

서 완전히 빠져나온다. 이제 남은 건 날개 펴기. 쉬지도 못하고 혈림프(사람의 피에 해당)를 펌프질 해 날개맥으로 보내며 쭈그러진 날개를 다림질하듯 곱게 편다. 눈부시게 아름다운 옥색 날개가 펼쳐지자 내 입에선 아! 아! 감탄사만 맴돌 뿐 그 외경심을 표현할 길이 없다. 여섯 다리로 나무줄기를 꽉 잡고 젖 먹던 힘까지 다 짜내서 허물 속을 탈출하는 데 걸린 시간은 무려 1시간 20분이었다. 살짝만 건드려도 다칠 것 같은 말랑말랑한 몸은 굳어지려면 몇 시간이 걸린다. 새벽이나 되어야 몸과 날개가 딱딱하게 굳어 힘찬 날개짓을 하며 날아갈 수 있다.

'곤충 멍' 때리는 법

"곤충들한테도 투표권이 있다면 아마 정 박사가 곤충 대통령에 당선될 것 같아. 곤충의 수가 엄청나게 많아 몰표가 나올 것 같아, 허허허."

언젠가 한 모임에서 어떤 분이 내게 농담을 건네며 곤충 수가 많다는 것을 에둘러 표현한 적이 있다. 그렇다. 곤충은 지구 곳곳에 있다. 현재까지 알려진 동물은 세계적으로 약 150만 종인데, 그중 곤충이 약 100만 종을 차지한다. 게다가 곤충은 다산왕이라 자손을 많이 낳으니 개체수도 많다. 지구에 사는 개미를 불러 모아 한 줄로 세우면 지구를 몇 바퀴 돌리고도 남을 정도다. 진정 지구의 주인이라고 할 수 있다. 한국에도 1만 8000종이나 될 만큼 많다. 우리 곁의 곤충을 안 보는 날이 하루도 없을 정도다. 하다못해 집 싱크대에 숨어 있는 바퀴라도 만났을 테니까.

보고 싶어도 보기 싫어도 눈에 띄니, 어떤 면에서 곤충은 가장 가까운 이웃이다. 그러나 곤충에 대한 사람들의 감정은 극과 극이다. 예쁘다며 호기심을 보이는 사람도 있고, 징그럽다며 진저리를 내고 도망치는 사람도 있다. 하지만 사람들이 그러든 말든 눈치 없는 곤충은 늘 그 자리에서 묵묵히 살아간다. 그런 곤충을 언제까지 내칠 수는 없을 터. 좋든 싫든 늘 마주치는 곤충들과 친해지는 방법은 없을까? 우선 제일 어렵고도 제일 쉬운 일은 마음을 바꾸는 것이다. 자연 세계를, 특히 곤충을 바라보는 시선은 마음먹기에 달려 있다. 잘만 하면 작은 거인 곤충으로부터 경이로움이라는 깜짝 선물을 받을 수 있다.

앉아보기

요즘은 유튜브를 비롯한 인터넷 공간, 책 등 매체가 발달해서 곤충과 만나는 방법이 널려 있다. 하지만 곤충과 친해지려면 뭐니뭐니 해도 밖으로 나가 직접 만나는 게 좋다. 바쁜 일상에 잠시 쉼표를 찍고 틈날 때마다 생태적으로 우수한 공원, 하천 둘레길, 마을 뒷산의 오솔길, 들길, 산길을 걸어볼 일이다. 지금 안 되면 내일, 내일 안 되면 모레, 모레 안 되면 그다음 날 …… 빠르면 빠를수록 자연의 생경함을 맛볼 수 있다.

걷다 보면 곤충들이 하나둘 눈에 띈다. 안 보고 싶어도 어떤 식으로든 우리 눈에 들어온다. 그런데 한 가지 명심할 것은, 천천히 걸어야 한다는 점이다. 곤충은 나비나 잠자리를 제외하면 몸길이가 대개 1센티미터 미만이므로 빨리 걸으면 지나치기 쉽다. 그래서 나는 사람들에게 늘 이렇게 권한다.

"뜀박질하면 나 자신만 보이고, 뛰다가 걸으면 나무와 숲이 보이고, 걷다가 서면 자연의 대합창 소리가 들리고, 서 있다가 앉으면 작은 우주가 보인다."

빈 땅이나 숲길에 자라는 풀 한 포기는 소우주다. 식물을 먹고 사는 곤충은 30퍼센트나 차지할 만큼 많아서 우리 주변에 사는 식물에는 항상 곤충이 얹혀살고 있다. 곤충들은 편식쟁이라서 초식성이더라도 제각각 좋아하는 밥이 정해져 있다. 토끼풀을 먹는 곤충이 따로 있고, 쑥을 먹는 곤충이 따로 있다. 이렇게 자신이 좋아하는 식물들을 정해놓고 먹기 때문에, 지나가다가 풀이든 나무든 잎을 살살 떠들어보면 화들짝 놀라는 곤충과 눈을 맞출 수 있다.

봄이면 소리쟁이 잎이 개울 옆, 둑길, 강 둔치 등 전국의 빈 땅에서 토끼 귀처럼 쑥쑥 솟아오른다. 3~5월에 소리쟁이 잎을 뒤적이면 어김없이, 아니 십중팔구 좀남색잎벌레를 만날 수 있다. 몸 크기가 콩만 하게 작으니 쪼그리고 앉아야 눈을 맞출 수 있는데, 운 좋으면 알, 애벌레, 어른벌레 모두와 해후할 수 있다. 특히 삼사월에는 이 잎 저 잎에서 암컷과 수컷이 엉겨 붙어 짝짓기를 하느라 정신이 없다. 희한하게도 이미 짝짓기 중인 부부를 덮치는 괴한 수컷이 한두 마리가 아니다. 심할 때는 암컷 한 마리에 수컷 너덧 마리가 몰려와 암컷의 등 위에서 격투가 벌어진다. 암컷이 풍긴 성페로몬에 이끌려 온 수컷들이니 경쟁이 뜨겁다. 괴한 수컷은 발로

봄철
소리쟁이 잎을
뒤적이면 만날 수 있는
좀남색잎벌레.

신랑의 목을 끌어당기고 멱살도 잡지만, 신랑은 떨어지지 않으려 안간힘을 쓴다. 그런데 등 위에서 수컷끼리 난투극이 벌어지든 말든 암컷은 머리를 소리쟁이 잎에 박고 식사 삼매경에 빠져 있다.

사람의 눈과 생각이 아닌 곤충의 눈높이에 맞춰서 그들을 진지하게 바라보면 감동의 수치는 무한대로 올라간다. 좀남색잎벌레의 개체수가 워낙 많다 보니 잎사귀 뒷면에 알을 분만하는 어미, 노란 알 무더기, 알에서 깨어난 까만색 애벌레를 심심찮게 볼 수 있다. 먹을 게 있으면 포식자도 꼬이는 법. 좀남색잎벌레를 잡아먹기 위해 거미가 잎 주변을 어슬렁거리고, 무당벌레도 알을 먹으러 찾아온다. 풀 한 포기에 이렇듯 먹이망이 형성되니 이게 소우주가 아니고 무엇일까.

버드나무는 더 큰 우주이다. 버드나무는 웬만한 산책길에 서 있을 정도로 흔한데, 이 버드나무만 찾아오는 곤충들이 제법 많다. 이름도 쉬운 버들잎벌레는 봄이면 버드나무에 세 들어 살며 한살

이를 마친다(58쪽 참조). 봄부터 5월까지 알, 애벌레, 번데기, 어른벌레의 4종 세트를 볼 수 있다. 그래서 곤충 입문자들에게는 늘 버드나무 앞에 10분만 서보라고 권한다. 버드나무가 크니 쪼그리고 앉을 필요도 없다. 그냥 서서 요즘 유행하는 '나무 멍'을 때리다 보면 버드나무에 깃들어 사는 곤충들을 최소한 10종 이상 볼 수 있다. 아는 만큼 보인다. 그리고 보이는 만큼 관심이 생기고 사랑하게 된다.

카메라 활용하기

낮에 활동하는 곤충들은 밤에 잔다. 물론 밤에 활동하는 야행성 곤충은 낮에 쉰다. 낮 곤충을 관찰하려면 오전이 좋다. 밤새 자느라 배가 고프기 때문에 오전에 나와 식사를 한다. 특히 어른벌레의 임무는 번식이다. 안타깝게도 대부분은 수명이 길어야 열흘 정도로 짧아서 식사 장소가 곧 맞선보는 장소가 되기 때문에, 오전 시간은 골드 타임이다.

곤충은 변온동물이라 체온이 30도 정도가 되는 최적의 시간대가 있는데, 봄과 가을철은 해가 떠 온도가 제법 올라가는 오전 열 시 이후이고, 여름철은 아홉 시쯤이다. 나비들은 체온을 올리기 위해 이 시간보다 일찍 나와서 햇빛을 등에 진 채로 날개를 활짝 펼쳐 일광욕을 한다. 그래서 나비를 관찰하거나 사진을 찍으려면 오전 일찍 나가는 게 좋다.

사진은 표본 못지않게 중요한 기록 자료이다. 우리나라에서 이러이러한 곤충이 살았다는 증거가 되기 때문이다. 학술적 가치와 별개로, 사진 촬영은 곤충과 친해지는 효과적인 방법이기도 하다. 휴대폰 카메라의 성능이 나날이 업그레이드되어 이제는 언제 어디서나 곤충 사진을 찍을 수 있다. 위쪽, 옆쪽, 앞쪽에서 다양한 각도로 사진을 찍다 보면 곤충의 아름다움에 빠져들 수 있고, 사진 속 곤충들의 이름을 도감이나 책 등을 이용해 찾다 보면 지식도 늘어난다. 욕심을 더 부려, 실제 카메라를 이용할 수 있다면 더 좋다. 휴대폰 사진 자료보다 카메라 사진 자료가 기록 자료로서 가치가 더 높다. 최근 들어 곤충 사진을 찍는 애호가들도 부쩍 늘고 있다. 곤충의 아름다움에 푹 빠져 살아서 좋고, 사진 찍는 고급 취미를 가져서 좋고 일석이조다.

관찰할 때는 맨눈보다는 휴대용 돋보기를 이용하는 게 좋다. 곤충은 몸집이 작기 때문이다. 돋보기가 없을 경우, 카메라를 이용해 곤충의 여러 부분을 접사촬영하면 신비롭게 생긴 곤충의 모습을 제대로 감상할 수 있다. 곤충의 머리에는 겹눈, 더듬이, 입틀 같은 감각기관이 포진해 있는데, 이 부분을 집중적으로 관찰하는 것도 묘미다.

곤충의 겹눈은 수천 개 이상의 낱눈이 모여 이루어져 있다. 전체적으로 겹눈의 표면은 오톨도톨하다. 오톨도톨한 부분이 모두 낱눈이다. 겹눈의 모양은 다양해서 선글라스처럼 커다란 눈도 있고,

메뚜기처럼 타원형의 눈도 있고, 찌그러진 콩팥 모양의 눈도 있다. 또 사람으로 치면 코에 해당되는 더듬이의 모양도 각양각색이다. 나방 수컷의 깃털 같은 더듬이, 베짱이의 실 같은 더듬이, 하늘소의 채찍 같은 더듬이 등 종마다 생김새가 다르다. 더듬이로 온도, 습도, 천적의 체온 등 주변 환경을 감지할 수 있기 때문에 곤충들은 더듬이를 휘휘 젓고 다닌다. 입 또한 종마다 달라서 나비의 입은 빨대같이 생겼고, 노린재나 매미의 입은 가느다란 침처럼 생겼다. 찬찬히 들여다보면 더듬이나 겹눈 정도는 눈에 들어올 것이다. 그렇게 자주 보다 보면, 사람과 다르게 생긴 곤충의 모습에 애정을 느낄지도 모른다.

노래 듣기

초여름부터 가을까지 풀밭이나 나무에서는 날마다 풀벌레들의 합창 소리가 울려 퍼진다. 노래 부르는 곤충들은 대부분 메뚜기목 식구들이다. 환경이 날로 파괴되고 온난화가 심해지고 있지만, 메뚜기들은 풀밭만 있으면 도시에서든 산골에서든 아직까지 흔하게 보인다. 우리나라에 사는 메뚜기목 식구는 모두 176종으로, 크게 메뚜기아목과 여치아목으로 나뉜다. 더듬이 길이, 다리 모양, 수컷이 소리를 낼 수 있는지 여부, 암컷의 배 끝에 붙은 산란관의 노출 여부를 잘 들여다보면 누가 메뚜기류이고 여치류인지 금방 알 수 있다.

〈 메뚜기인지 여치인지 헷갈릴 때 구분하는 법 〉

	메뚜기아목	여치아목
더듬이	몸길이보다 짧고, 두꺼운 채찍 모양	몸길이보다 길고, 가느다란 실 모양
소리	방아깨비 등 일부 종만 냄	수컷만 냄
	앞날개와 다리를 비비는 방식	앞날개를 서로 비비는 방식
고막 위치	첫 번째 배마디(뒷다리 위쪽)	앞다리
암컷 산란관	안 보임(배 속)	보임(배 끝)
산란	거품에 싸서 한꺼번에 낳음	날개로 하나씩 낳음
종류	방아깨비, 벼메뚜기, 섬서구메뚜기, 팥중이, 콩중이, 밑들이메뚜기, 삽사리 등	여치, 베짱이, 실베짱이, 쌕쌔기, 긴꼬리, 귀뚜라미, 철써기, 땅강아지, 꼽등이 등

메뚜기목 가운데 노래하는 종은 대개 여치아목에 속한다. 수컷이 노래를 부르고, 암컷은 노래를 못하는 대신 수컷의 노랫소리를 기가 막히게 잘 듣는다. 짝짓기에 대한 결정권을 가진 암컷은 얼굴을 보는 게 아니라 소리를 듣고 수컷의 건강 상태를 판단한다. 수컷은 4장의 날개 중 겉날개 2장을 현악기처럼 비벼서 노래를 부르는데, 여치처럼 낮에 노래하는 종이 있고, 귀뚜라미처럼 주로 밤에 노래하는 종이 있다. 물론 적정 온도가 되면 밤낮 가리지 않고 노래하는 종이 더 많은데, 특히 해가 진 뒤부터 오밤중이 되기 전 밤 8~10시쯤 신나게 노래를 부른다. 모두 한결같이 암컷을 애타

게 부르는 세레나데이다.

이들은 완벽한 보호색을 띠기 때문에 풀잎에 붙어 있거나 땅바닥 덤불 속에 있으면 눈에 잘 띄지 않는다. 그래서 들길이나 둘레길을 산책하다가 베짱이나 귀뚜라미 소리가 나면, 그 자리에 멈춰 소리 나는 곳을 열심히 찾아보지만 꽝이다. 웬만한 선수 아니고는 눈 씻고 찾아봐도 안 보인다. 심지어 귀뚜라미는 우리 아파트 화단에서도 열심히 노래 부르지만 실물을 보기는 어렵다. 그래서 노래 부르는 곤충은 귀로 봐야 한다. 종마다 제각각 다른 소리를 내기 때문에, 눈으로 보는 것보다 귀로 듣고 종을 판단하는 게 훨씬 효율적이라는 말이다. 그러기 위해선 먼저 그 소리의 주인공이 누구인지 알아내야 한다.

삼십 대 후반, 아마추어로 곤충에 꽂혀 있을 때의 일화다. 산책할 때마다 여기저기서 풀벌레 소리가 청아하게 들린다. 도대체 어떤 녀석이 날마다 노래를 해댈까? 그 가수가 누군지 알고 싶은 욕망은 큰데, 수가 떠오르지 않는다. 고민 끝에 집으로 데려와 며칠을 같이 살기로 했다. 낮과 밤에 공원이나 풀밭에 나가 베짱이, 긴날개중베짱이, 검은다리실베짱이, 쌕쌔기, 왕귀뚜라미, 극동귀뚜라미, 알락귀뚜라미, 긴꼬리 등 노래 부르는 종들을 눈에 띄는 대로 집으로 데려왔다. 물론 소리를 확실히 듣기 위해 하루에 한 마리씩 데려왔다. 여러 종이 함께 노래하면 소리 구분을 못하니까.

플라스틱 통에 곤충과 애호박 같은 먹이를 넣은 후, 양파 망을 뚜껑 삼아 덮은 뒤 머리맡에 두고 잔다. 불을 끄니, 아! 노래를 부른다. 오늘은 왕귀뚜라미, 내일은 베짱이, 모레는 긴꼬리, 글피는 쌕쌔기 ……. 그들이 부르는 '밤의 세레나데'를 그들의 암컷이 아닌 사람인 내가 듣다니! 민망하기 그지없지만 노랫소리의 주인공을 알아내는 짜릿함은 이루 말로 표현할 수 없었다.

소리를 다 익힌 후 곤충들을 다시 서식지로 놓아준다. 그런데 왕귀뚜라미가 사라졌다. 양파 망을 깨물어 뜯고 탈출한 것이다. 집 안 구석구석을 찾아봐도 보이지 않는다. 어디에 숨어 있다가 죽을 게 빤하다. 걱정이 태산이다. 밤이 되니 기적이 일어났다. "또르르르르 또르르르르." 맑고 청아한 왕귀뚜라미 노랫소리가 들린다. 어딜까? 화장실 구석에서 노래하는 녀석을 찾았다. 화장실은 약간 습하고, 좋아하는 암모니아 냄새가 배어 있기 때문에 왕귀뚜라미는 본능적으로 화장실로 가 낮잠을 잤던 것이다. 얼마나 반가운지! 가까이 다가가니 폴짝폴짝 튀어 도망친다. 졸졸 쫓아다니면서 잘 달래어 통에 넣은 후 풀밭에 놓아주었다.

지금은 소리 연구가 잘 되어 있어, 곤충의 노랫소리를 녹음한

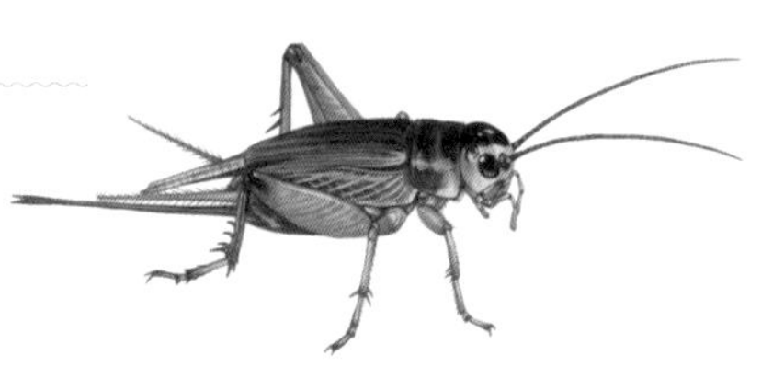

화장실 구석에 숨어
낮잠을 자다가 밤이 되니
노래하기 시작한 왕귀뚜라미.

자료로 소리를 익히기가 수월하다. 하지만 나의 지론은 곤충들의 행동을 몸소 겪으면서 관찰해야 한다는 것이다. 그래야 기억에도 오래 남고, 생명체에 대한 고유의 외경심을 경험할 수 있으며, 그들을 더 이해할 수 있기 때문이다.

아이들과 관찰할 때

'나비' 하면 석주명 선생이 떠오를 정도로, 석주명 선생은 나비 연구의 대가다. 회고록을 보면 석주명 선생이 개성의 송도고등보통학교의 교사였던 시절, 여름방학 때 학생들에게 나비 채집 숙제를 내주었는데 숙제 양이 무려 200마리나 될 정도로 많았다. 한 학생당 200마리라니! 지금은 꿈도 꾸지 못할 개체수다. 나비가, 아니 곤충이 그리 많은 시절에 살았던 석주명 선생은 얼마나 행복했을까, 얼마나 연구할 맛이 났을까 하며 마냥 부러워한다. 아무튼 석주명 선생의 나비 채집 숙제는 그 후 초등학교 여름방학의 곤충 채집 숙제로 이어졌다. 나도 초등학교 때 여름방학만 되면 곤충 채집 숙제와 식물 채집 숙제를 했다. 곤충 핀을 구할 수 없어 바늘로 표본을 했던 기억이 난다.

지금은 환경이 파괴되어 채집할 곤충이 없다. 당연히 채집 숙제가 사라진 지 오래다. 곤충이 해마다 줄어들고 있는 마당에 채집 숙제를 금지한 것은 매우 잘한 일이다. 하지만 아이들이 직접 체험할 기회가 적어지면서 곤충에 관심을 가질 기회도 줄어드는 것 같아 걱정스럽기도 하다. 다행히 요즘은 곤충 교육의 현장이 다양하고, 입체적으로 변화하고 있다. 곤충이 점점 사라져서 쉽게 접할 수 없는 대신 인터넷, 책, 관련된 프로그램, 각종 매체들이 눈부신 활약을 펼친다. 곤충과 관련된 책들도 다양하고, 특히 다큐멘터리 같은 영상물은 굉장히 수준이 높아 현장에서 볼 수 없는 장면도 무척 섬세하게 보여준다. 아이들이 곤충에 관심을 갖게 해주고도 남을 자료들이 넘쳐나니 다행이다.

한편으로는 인터넷 공간을 통해 곤충을 분양받거나 사고파는 일도 흔해졌다. 또 유치원이나 어린이집에서 곤충 체험학습을 하면서 어린 아이들에게 컵 같은 사육 통에 담아주기도 한다. 물론 집에서 곤충을 직접 키우면서 관찰하면 생명의 신비로움을 느낄 수 있고, 곤충과 친해질 수 있다는 장점도 있다. 그러나 까딱하다간 아이들이 무의식 속에 생명 경시가 생길 수도 있어 보호자가 잘 살펴야 한다. 정말이지 생명 경시 문제는 조심하고 또 조심해야 한다. 만일 아이가 곤충을 키우고 싶어 한다면 반드시 부모나 보호자가 순기능을 설명해주고, 생명 존중에 대한 이야기를 나누고, 직접 실천할 수 있도록 도와주어야 한다. 이를테면 곤충을 키우면서 관찰한 행동과 성장 과정을 기록하도록 돕는다. 모든 과정을 그림으로 그려도 좋고, 사진이나 동영상을 찍는 것도 좋다.

키우는 중에 곤충이 죽을 수도 있다. 애벌레가 죽었다면 나름대로 애도를 표하며 원래 살았던 자연 속으로 보내주고, 어른벌레가 죽었다면 꼭 표본을 만들어보길 권한다. 표본 만드는 법은 건조표본과 액침표본 두 가지로 나뉜다. 우선 건조표본은 죽은 곤충을 스티로폼이나 곤충제작대 위에 놓고 곤충 핀으로 꽂아 일주일 이상 건조시키면 된다. 그런 후 채집 장소, 날짜(연월일), 이름을 쓴 라벨을 만들어 곤충 바로 아래에 꽂는다. 마지막으로 표본상자에 라벨이 꽂힌 곤충 표본을 넣어 보관하면 된다. 곤충 핀과 표본상자는 곤충용품점이나 인터넷의 과학기자재 판매처에서 쉽게 구입할 수 있다. 액침표본을 만드는 법 또한 매우 간단한다. 바이알(실험 병)에 알코올을 넣은 뒤, 그 속에 곤충을 넣으면 영구 보관된다. 물론 마찬가지로 라벨도 넣어놔야 표본으로서 가치가 있다. 라벨이 없으면 반쪽짜리 표본도 안 될 정도로 가치가 떨어진다.

꼭 곤충을 키우지 않아도 체험할 수 있는 프로그램이 많다. 요즘은 여러 기관에서 다양한 숲 해설 프로그램들을 운영한다. 이들 프로그램은 주로 자연휴양림, 숲 체험원, 유아 숲, 생태공원, 학교 등에서 이루어지는데, 유아부터 어른까지 폭넓게 참여할 수 있다. 모든 프로그램은 숙달된 전문 생태해설사들이 운영하므로 질이 굉장히 높은 편이다.

야외 관찰은 무엇보다도 보호자의 도움이 절실하다. 아쉽게도 이제 사람이 많이 사는 주변에는 곤충이 거의 없어, 곤충을 만나려면 도시를 벗어나야 한다. 이 경우 거리가 멀고, 안전 문제도 있어서 반드시 보호자가 도와줘야 한다. 야외에 나가면 천천히 걸으며 관찰하는 게 좋다. 곤충이 워낙 작아서, 빨리 걷거나 부산하게 다니면 놓치기 쉽다. 느릿하게 걸으면서 마치 《걸리버 여행기》의 소인국에 들어간 느낌으로 곤충을 바라보면 곤충과 눈높이를 맞출 수 있다. 이때 당부하고 싶은 점은 아이들이 곤충을 귀찮게 하거나 학대하지 않도록 감독해야 한다는 것이다. 손으로 잡지 말고, 최대한 곤충이 다치지 않도록 비닐 지퍼백에 넣어 잠시 관찰한 뒤 얼른 놔줘야 한다.

노란 피의 비밀

지구에 사는 모든 생물들에게는 천적이 있다. 날아다니는 새는 새대로, 덩치 큰 얼룩말은 얼룩말대로, 평생 사냥하는 표범은 표범대로 다 자신을 잡아먹는 천적이 있다. 특히 자그마한 곤충들은 먹이그물의 맨 아래 단계를 차지하므로 주변에 늘 천적이 들끓는다. 그러니 곤충들은 천적의 밥이 되지 않으려 안간힘을 쓴다. 어떻게 하면 천적의 눈을 속이고 따돌리며 살아남을 수 있을까? 전략의 귀재인 곤충은 오랜 세월 적응을 거듭하면서 제각각 빛나는 묘안을 냈다.

곤충이 흔히 쓰는 전략은 '가짜 죽음', 즉 순간적으로 혼수상태에 빠지는 것인데, 이를 '가사상태'라고 한다. 실제로 대부분의 곤충들은 천적을 만나거나 위험에 맞닥뜨리는 순간 '얼음'이 되어 아래쪽으로 뚝 떨어진다. 더듬이, 다리와 몸이 굳은 채 꼼짝도 하지 않고 누워 있다. 건드려도 일어날 생각을 하지 않는다. 몇 분이 지나야 비로소 더듬이를 꼼지락꼼지락, 다리를 버둥버둥, 몸을 들썩

들썩하며 깨어나 부리나케 도망친다. 다시 도망가는 녀석을 슬쩍 건드리면 1초도 안 걸려 '얼음'이 되어 '나 죽었다!' 하며 기절한다. 혼수상태는 보통 몇 분 동안 지속될 뿐이지만 포식자를 따돌리는 데는 효과 만점이다. 이렇게 수시로 가사상태에 빠지면 포식자의 시야를 교란시켜 포식자는 닭 쫓던 개가 지붕 쳐다보는 격이 될 가능성이 높기 때문이다.

천적을 따돌리기 위한 곤충의 또 다른 전략은 몸 색깔과 생김새를 주변 환경과 비슷하게 만드는 것이다. 이렇게 보호색을 띠는 방법에는 위장과 변장이 있다. 우리가 흔히 말하는 보호색은 위장을 가리키는 경우가 많은데, 방아깨비나 벼메뚜기처럼 풀숲에 사는 곤충의 경우 식물의 잎 색깔과 비슷한 초록색으로 위장한다. 또 귀뚜라미나 땅강아지와 같이 땅에서 사는 곤충은 흙색과 비슷한 거무칙칙한 색을 띤다. 사슴벌레나 털두꺼비하늘소처럼 나무껍질 아래에서 사는 종은 나무껍질과 같은 색을 띤다. 즉, 위장은 자신이 살고 있는 주변 환경과 비슷한 보호색을 띠어 포유류, 양서류, 파충류, 조류 등 천적의 눈을 감쪽같이 피하는 것이다.

이에 비해 변장은 자신의 몸을 주변과 비슷하게 만드는 게 아니라, 아예 전혀 다른 모습으로 치장해 되레 도드라지게 한다. 이때 주변 환경과의 조화가 깨지면 천적에게 들킬 수 있으므로 될 수 있으면 움직이지 않는다. 대표적으로 백합 잎을 먹는 백합긴가슴잎벌레 애벌레나 옻나무 잎을 먹는 왕벼룩잎벌레 애벌레는 평생 자신이 싼 더러운 똥을 뒤집어쓴 채 변장을 하고 산다. '나는 똥이야, 더러우니까 먹지 마'라는 메시지를 천적에게 보내는 것이다.

한편 곤충들은 대부분 몸속에 독 물질을 품고 있다. 그래서 '난 맛없어', '내 몸엔 독이 있어'라고 광고하기 위해 화려한 경고색(경계색)을 띠기도 한다. 경고색은 말 그대로 눈에 잘 띄는 색깔과 무늬를 의미한다. 곤충들이 즐겨 사용하는 경고색은 노란색, 빨간색, 까만색으로 굉장히 선명한 색이다. 사람들이 사용하는 신호등의 색깔도 곤충들의 경고색에서 따온 것이다. 새 같은 포식자는 이렇듯 화려한 색깔의 곤충을 보면 피한다. 이는 포식자들이 진화 과정을 통해 얻은 본능적 행동이다.

경고색을 띠는 대표선수는 무당벌레이다. 새빨간 몸에 까만 점무늬가 찍혀 있어 한눈에 확 띄는 데다, 건드리기만 해도 사람으로 치면 '노란 피'를 흘린다. 순식간에 다리 관절 사이로 방울방울 피가 배어나온다. 급박한 상황에서 시간을 절약하기 위해 뇌의 명령을 직접 받지 않고 운동신경이 반사적으로 반응했기 때문인데, 이를 '반사 출혈'이라고 한다.

사실 곤충은 피가 없다. 노란 피의 정체는 혈림프로, 그 속에 코치넬린coccinellin이라는 독 물질이 들어 있다. 독 물질에서는 시큼한 냄새도, 쓴 냄새도 아닌 특이한 냄새가 난다. 사람이야 무당벌레의 피를 보고 놀라지 않지만, 포식자는 노란 피를 삼키면 구역질이 나고 토할 수 있다. 만일 어린 새나 개구리 같은 포식자들이

알록달록 화려한 색으로
자신에게 독이 있다고
경고하는 큰광대노린재.

독 있는 무당벌레를 냉큼 먹었다간 고생할 수 있다.

그래서 곤충 중에는 '나도 무당벌레처럼 독이 있어'라며 무당벌레를 흉내 낸 종들이 더러 있다. 새빨간 옷을 입은 홍반디도 독을 품고 있고, 알록달록 화려한 옷을 입은 큰광대노린재도 노린내 냄새가 나는 독 물질을 품고 있다. 그런데 무당벌레나 홍반디의 경우와 달리, 몸 색깔과 무늬는 화려해도 몸속에 독 물질이 하나도 없는 종도 많다. 이런 종들은 대개 경고색을 띤 곤충을 흉내 내 '내 몸에 독이 있어' 하고 포식자를 속인다. 이러한 방어 전략을 '흉내 내기'라고 한다.

흉내 내기를 하려면 당연히 닮고자 하는 선망의 대상, 즉 모델이 있어야 한다. 닮고자 하는 종을 '모델종'이라고 하는데, 대개 모델종은 화려한 경고색을 띠거나 눈에 확 띄는 무늬를 가진 종이다. 이러한 모델종을 흉내 낸 종을 '의태종'이라고 하는데, 어떤 의태종은 모델종의 특이한 생김새와 행동을 닮는다. 포식자는 몸 색깔이 화려한 종은 독 물질이 있다고 생각하기 때문에 화려한 모델종이나 의태종을 발견하면 사냥을 포기하고 가버리기도 하고, 주춤거리기도 한다. 이러한 흉내 내기 전략은 크게 '베이츠 흉내 내기'와 '뮐러 흉내 내기'로 나뉜다.

베이츠 흉내 내기는 찰스 다윈Charles R. Darwin이 살았던 시대에 영국의 박물학자 헨리 월터 베이츠H. W. Bates가 처음 발견한 곤충의 흉내 내기 방식이다. 베이츠는 1849년부터 1860년까지 브라질의 원시림에서 독나비류와 흰나비류가 섞여 사는 걸 관찰했다. 이 나비들은 친척관계가 아닌데도 날개의 색깔과 무늬가 비슷하고, 천천히 나는 행동까지 닮아 누가 독나비이고 누가 흰나비인지 구분하기 힘들었다. 놀랍게도 새들은 두 나비 모두 잡아먹지 않았다. 베이츠는 독나비가 독 물질과 역겨운 냄새를 품고 있던 반면, 흰나비는 몸에 독 물질이 하나도 없었음에도 맛없는 독나비를 흉내 내 새들의 공격을 피할 수 있었다는 사실을 알아냈다. 이렇게 독이 많고 힘센 곤충을 흉내 내 천적을 속이는 현상을 '베이츠 흉내 내기'라고 한다. 한마디로 속임수 작전이다. 독이 없는 곤충이 대개 닮고자 하는 모델종은 무시무시한 독침을 가진 말벌이나, 독 물질을 품은 무당벌레 같은 곤충이다.

흉내 내기에 대해 베이츠의 발표가 있은 지 16년쯤 흐른 뒤, 독일의 동물학자 프리츠 뮐러Fritz Müller는 나비들 사이에서 또 다른 현상을 발견한다. 그는 나비 집단을 연구해 의태종의 모델종은 한 종이 아니라 두 종 이상이라는 사실을 알아냈다. 또한 두 종 이상의 모델종들은 서로의 경고색을 닮음으로써 포식자인 새들에게 자신들이 맛없는 종이란 것을 광고했으며, 이 두 종 이상의 모델종을 여러 독 있는 의태종들도 흉내 내고, 모델종들과 같은 시간대에 살면서 포식자를 따돌렸다. 이를 '뮐러 흉내 내기'라고 부른다. 이렇게 모델종과 의태종이 섞여 살기 때문에 포식자는 독 있는 먹이와 독 없는 먹이를 구분할 수 없게 된다.

뮐러 흉내 내기의 대표 곤충은 홍반디과 곤충이다. 보르네오섬에는 온몸이 빨간 홍반디, 딱지날개 끄트머리만 까만 홍반디 등 여러 종의 홍반디가 섞여 산다. 이들은 종이 다르지만 몸 색깔은 거의 비슷하다. 여러 홍반디 종이 서로를 닮음으로써 '내 몸에 독이 있으니 먹지 마' 하고 새들에게 경고하는 것이다. 그리고 이들 주변에는 홍반디의 몸 색깔을 닮은 하늘소과, 방아벌레과, 나방류 같은 다양한 곤충들이 모여 산다. 방어 무기가 없는 의태종들이 새들의 공격을 피하려고 독 많은 홍반디를 흉내 낸 것이다. 하지만 아쉽게도, 우리나라 같은 온대지역에서는 뮐러 흉내 내기 곤충을 만나기 어렵다. 온대지역에서는 생김새나 색깔이 비슷한 종들이 한 계절에 많이 나오지 않고, 개체수도 적기 때문이다.

마지막으로, 곤충이 천적을 피하는 작전 중 으뜸은 방귀 뀌기 작전, 즉 화학방어 작전이다. 우리나라 곤충 가운데 가장 뛰어난 폭탄 제조의 대가는 폭탄먼지벌레다. 천적을 만나면 지체 없이 100도의 뜨거운 폭탄을 만들어 배 꽁무니를 통해 발사한다. 놀랍게도 폭탄먼지벌레는 배 속에서 폭탄 원료인 하이드로퀴논과 과산화수소가 분비되는데, 하이드로퀴논은 사진을 현상할 때 쓰는 약품이고, 과산화수소는 약국에서 구입할 수 있는 소독약이다. 하지만 폭탄 원료도 효소가 없으면 반응하지 않아 무용지물이다. 하이드로퀴논과 과산화수소는 카탈라아제와 페록시다아제라는 효소의 도움을 받아야 비로소 혼합되어 화학 반응을 일으키고, 독성 물질인 벤조퀴논으로 바뀐다. 폭탄 제조는 순식간에 일어나는데, 그 과정에서 발생하는 높은 열과 압력이 폭탄 가스를 몸 밖으로 밀어내 '픽' 하는 폭발음과 함께 공중에 터뜨린다.

실제로 폭탄먼지벌레를 손으로 잡으면, 곧바로 폭탄을 쏘는 바람에 앗 뜨거워! 하고 내동댕이치게 된다. 100도나 되는 가스가 손에 닿으면 화상을 입으니 조심해야 한다. 폭탄 가스의 냄새는 역

천적을 만나면
뜨거운 폭탄 가스를 만들어
발사하는 폭탄먼지벌레.

겨울 정도로 시큼해, 폭탄먼지벌레 조사를 마친 날에는 미미하지만 밤새 몸에서 냄새가 날 정도다. 한편 거저리도 위험하면 직접 폭탄을 제조해 배 꽁무니를 통해 쏜다. 폭탄먼지벌레만큼 뜨겁지도 강력하지도 않지만, 몸집이 작은 천적의 접근을 막는 데는 효과 만점이다.

그래도 독 물질 하면 뭐니뭐니 해도 가뢰를 빼놓을 수 없다. 가뢰는 천적을 만나 위험하면 다리의 관절과, 몸과 다리가 연결된 마디에서 '노란 피'를 흘린다. 노란 피에는 맹독성 물질인 칸타리딘이 들어 있어서 한번 맛을 본 천적은 매우 고통스러워한다. 또한 피부에 묻으면 처음엔 아무렇지 않지만, 시간이 흐르면 화끈거린다. 그러다 피부가 부풀어 오르면서 물집이 생겨 급기야는 터지고, 물집이 터진 자리에는 염증이 생겨 곪는다. 물론 사람이야 치료를 하면 낫긴 하지만, 몸집이 작은 생물에겐 치명적일 수 있다.

그러다 보니 홍날개나 뿔벌레 수컷들은 가뢰의 맹독성 물질을 훔쳐가기도 한다. 건드리면 노린 피를 흘리는 가뢰의 습성을 이용해, 가뢰를 찾아다니며 건드린 후 독 물질인 노란 피를 훔쳐 먹는다. 훔쳐 먹은 독 물질은 암컷에게 구애할 때 요긴하게 쓰인다. 홍날개 암컷은 독 물질을 훔쳐온 수컷을 선택하기 때문이다. 독 물질은 짝짓기 할 때 수컷의 정자를 통해 암컷에게 전달되고, 암컷은 독 물질이 든 알을 낳게 되며, 그 알은 천적의 공격을 어느 정도 피할 수 있다. 인간에게는 가뢰의 칸타리딘이 동서양을 막론하고 약으로 사용되었다. 우리나라에서도 예전에는 가뢰를 '반묘' 또는 '지담'이라고 일컬으며, 옴, 버짐, 부스럼, 악성 종기 같은 여러 피부병을 치료하는 용도로 가뢰 가루를 발랐다고 한다. 하지만 독성이 강해서 잘못 쓰면 독이 되니 조심해야 한다.

외래종 혐오에 대하여

현재 우리나라에서 정착에 대성공한 외래 곤충으로는 미국선녀벌레, 꽃매미충, 갈색날개매미충, 돼지풀잎벌레 등을 꼽을 수 있고, 된장잠자리는 정착 실험 중에 있다. 이러한 외래종을 두고 많은 사람들이 앞뒤 따지지 않고 무조건 거부 반응을 보인다. 토종을 밀어내고 생태계를 교란시킨다는 생각 때문인 것 같다. 이들 곤충이 가끔 한두 마리만 눈에 띄면 미움을 받지 않으련만, 떼 지어 나타나니 더욱 기겁을 한다.

그런데 따지고 보면 외래종은 죄가 없다. 자신의 의지로 우리나라로 들어온 게 아니기 때문이다. 무역품이나 사람의 이동과 함께 우연히 상륙했을 뿐이다. 외래종의 입장에서 보면 낯선 나라에 정착해 살려면 이만저만 힘든 게 아니다. 온도, 습도, 토양, 먹이식물 등이 전혀 다른 곳에서 일가친척도 없이 혈혈단신으로 산다는 것은 목숨을 내놓은 거나 마찬가지다. 그래서 외래종이 낯선 땅에서 죽을 확률과 살아남을 확률은 반반이다.

몇 년 전 민통선 안에서 곤충 조사를 한 적이 있다. 빈 들판에는 외래식물인 단풍돼지풀과 돼지풀이 쫙 깔려 있었다. 물론 인적이 드문 민통선 지역뿐 아니라 도시의 빈 땅이나 하천 주변에도 돼지풀은 넘쳐난다. 그 여파로 토종 식물은 점점 경쟁에서 밀린다. 그래서 사람들은 주기적으로 돼지풀을 제거하는 데 힘을 쏟는다. 하지만 돼지풀은 번식력이 강한 데다 생명력까지 질겨서 뿌리내릴 땅과 햇빛만 있으면 사는데, 무슨 수로 없앨 수 있을까? 같이 사는 것 외에 별다른 방법이 없어 보인다. 혹시 파괴된 생태계를 예전처럼 되돌리면 돼지풀이 토종 식물들에 밀릴 수는 있겠지만, 지금 상태로 보면 요원한 일이다.

돼지풀의 고향은 산 넘고 물 건너 멀리 떨어져 있는 북아메리카다. 6·25 한국전쟁 때 우리나라에 무비자 입국한 것으로 보인다. 그 후 50년이 지나 2000년, 돼지풀을 주식으로 삼는 외래 곤충 돼지풀잎벌레가 우리나라에 상륙했다. 물론 돼지풀잎벌레도 무역품에 묻어 우연히 들어왔을 것이다. 돼지풀잎벌레는 낯선 한국 땅에 정착하는 데 큰 어려움이 없었다. 자신의 주식인 돼지풀이 이미 들어와 정착했기 때문이다. 그 덕에 돼지풀잎벌레는 전국에 쫙 퍼진 돼지풀을 먹으며 번식에 성공해 놀라운 속도로 퍼져나갔다. 사람들은 그런 돼지풀잎벌레를 외래 곤충임에도 불구하고 칭찬하기 바쁘다. 극도로 싫어하는 외래 식물인 돼지풀을 먹어치우니까. 하지만 돼지풀잎벌레도 번식력 좋은 돼지풀을 당해내지 못해, 여전히 돼지풀은 우리 곁에서 토종 식물처럼 무성하게 자라고 있다.

한편 10여 년 전 전국 방방곡곡에서 위세를 떨친 꽃매미, 현재 세를 넓히고 있는 미국선녀벌레와 갈색날개매미충도 모두 외래 곤충이다. 이들은 이제 도시와 시골을 막론하고 마치 토종인 것처럼, 이웃인 것처럼 우리 가까이에서 살고 있다. 꽃매미의 고향은 동남아시아의 더운 지역인데, 우연히 무역품에 실려 머나먼 바다를 건너 우리 땅에 들어왔다. 중국에서 건너온 꽃매미라고 해서 한때 '주홍날개중국꽃매미'라 부르기도 했지만, 지금은 선취권에 따라 처음 지어진 이름인 꽃매미로 부른다.

열대지역에 사는 꽃매미가 온대지역인 우리나라에 처음 들어왔을 때는 추운 겨울을 견디질 못해 고전했겠지만, 2000년대 이후 온난화가 급속도로 진행되면서 우리 땅에 정착한 것으로 보인다. 특히 꽃매미의 먹이식물은 가죽나무인데, 우리나라에도 가죽나무가 제법 많아 안착하기 유리했다. 또 꽃매미는 적응력이 강해 다른 식물까지 먹어대면서 우리나라에 급속도로 퍼져나갔다. 급기야 농작물과 과일나무까지 먹이로 삼으면서 사람들에게 살충제 세례를 맞아 몰살당하기도 했지만, 점차 토종 천적들이 꽃매미를 포식하면서 지금은 적당한 개체수를 유지하며 우리 땅에 완전히 정착했다.

현재 우리나라에 번성하고 있는 미국선녀벌레는 북미에서, 갈색날개매미충은 동남아시아에서 건너왔다. 이 녀석들은 종류를

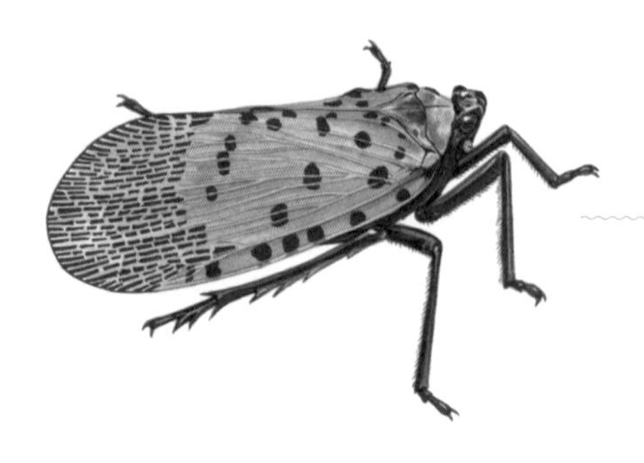

더운 동남아시아 지역에서
우연히 무역품에 실려와
우리 땅에 정착한 꽃매미.

가리지 않고 모든 식물의 수액과 즙을 빨아먹는데, 수십 마리가 떼 지어 살기 때문에 우리 눈에 더욱 많이 띈다. 현재 세력을 확장하고 있어서 과일나무나 조경수에도 몰려드는 바람에 살충제 세례를 맞는 중이다. 특히 갈색날개매미충은 알을 식물 조직 속에 낳기 때문에 알의 생존율이 매우 높아서, 아무리 극약처방을 해도 금방 사라지지는 않을 것 같다. 다행히도 침노린재, 말벌, 사마귀, 거미, 새 등 토종 천적이 이들을 사냥하고 있어서 세월이 흐르면 점차 개체수가 줄어들 것으로 보인다. 만일 개체수가 엄청나게 불어나면 먹이 부족으로 결국 자신들이 피해를 보기 때문에 어떤 식으로든 개체수를 조절할 것이다.

식물만 살리겠다는 생각을 바꿀 시점이다. 곤충은 식물을 죽이지 않는다. 식물이 부족하면 더 심으면 된다. 거듭 얘기하지만 살충제가 능사는 아니다. 살충제는 타깃인 외래 곤충만 죽이는 게 아니라 토양오염과 수질오염까지 일으켜 천적은 물론이고 많은 생명들을 죽일 수 있다. 게다가 외래 곤충이 우리 땅에 정착할 수 있는 이유를 살펴보면, 우리가 빌미를 제공한 측면도 있다. 또한 처음엔 토종 천적들이 낯선 외래종을 사냥하길 꺼리지만, 점차 익숙해지면서 포식하게 되면 어느 정도 균형이 맞춰질 수 있다.

외래종이 놀라운 속도로 번식하는 이유는 무엇보다 생태계 파괴에 있다. 건물과 도로가 들어서고, 때맞춰 소독하는 바람에 도시 주변의 숲은 침묵의 숲이 되어간다. 곤충은 점점 사라져가고 풀과 나무만 있는 숲. 생태계가 파괴되면서 환경 변화에 취약한 곤충들은 점점 사라지고, 파리, 모기, 외래종 같은 생존력 강한 곤충들이 주로 살아남았다. 물론 온난화도 무시할 수 없다. 그 온난화도 인간의 활동 때문에 일어나고 있다. 이렇게 곤충의 종 다양성이 떨어지면서 촘촘했던 생태 균형은 느슨해지고, 그 틈을 생명력이 질긴 외래종이 파고든 것이다.

더구나 토종 천적까지 줄어드니 '넓은 땅'을 차지한 외래종은 활개를 칠 수밖에 없다. 실제로 외래 곤충은 환경이 파괴되어 생태 균형을 잃은 도시 주변에 많고, 청정 지역인 심심산골에는 거의 발붙이지 못한다. 다양한 곤충들이 촘촘한 먹이망을 이루며 살기 때문에 외래종이 들어와도 천적에게 잡히고, 설령 살아남는다 해도 대번성까지는 이르지 못하는 것이다.

그럼 파괴된 생태계가 회복된다면 외래종이 못 들어올까? 글로벌 시대이다. 이미 세계는 하나의 지구촌이다. 무역이, 사람 간의 이동이 빈번하기 때문에 곤충들도 자신의 의지와 상관없이 다른 나라에 상륙할 처지에 놓여 있다. 다만 생태계가 균형이 잡혀 있으면 외래종이 정착하지 못할 수도 있고, 설령 정착한다 해도 지금처럼 엄청나게 번성해 문제를 일으키기보다는 적당한 선에서 개체수를 유지할 것이라고 감히 장담한다.

하나의 생명체 입장에서 보면 외래종이면 어떻고 토종이면 어떤가. 단지 사는 곳을 옮겼을 뿐 종 자체에는 아무런 변화가 없지 않은가. 되레 외래종은 낯선 땅에서 생사를 넘나드는 적응 과정을 거쳐야 한다. 생태계에서는 다 제 역할이 있으니 '이 곤충은 이래서 있어야 하고 저 곤충은 저래서 없애야 하는' 논리가 통하지 않는다. 그건 사람의 논리일 뿐, 생명 모두에겐 존재 의미가 있는 것이다. 정착한 곳이 바로 삶의 터전이니, 사람들이 만든 국경은 곤충에게 큰 의미가 없다.

거저리 쿠키의 맛

"곤충을 먹어본 적 있나요?"

"곤충을 먹어도 몸에 아무 이상이 없나요?"

"곤충 맛은 어때요?"

강연 중에 많이 받는 질문이다. 곤충 맛은 생각보다 괜찮다. 얼마 전 시식회에서 다양한 방법으로 만든 '곤충 요리'를 먹어봤는데, 뭐랄까 메뚜기는 바삭바삭하고, 밀웜은 바삭바삭하면서 고소한 게 새우깡 맛이 나고, 쌍별귀뚜라미는 약간 기름져서 뒷맛이 진했다.

최근 들어 세계적으로 식용 곤충에 대한 관심이 매우 높다. 인구가 급속히 증가하면서 식량위기가 국제적인 화두로 떠올랐기 때문이다. 그런 분위기에서 '징그러움'의 상징인 곤충이 미래 식량으로 강력한 주목을 받게 되었다.

어떤 생명체도 누구의 '식량'으로 태어나진 않는다. 곤충이나 사람이나 생명의 시선으로 보면 매우 존귀하다. 인간은 용량이 큰

뇌와 최상으로 분화된 몸 기관을 지닌 고등동물이고, 곤충은 뇌 용량이 먼지보다 적고 몸 구조가 최소한으로 분화된 하등동물일 뿐 모두 똑같은 생명체이다. 다만 강자와 약자가 톱니바퀴처럼 맞물리며 돌아가는 약육강식의 생태계에서 사람이 강자이고 곤충은 약자라서 사람이 곤충을 잡아먹는 것이다. 끔찍한 가정이지만, 곤충이 사람보다 신체조건이 훨씬 뛰어났다면 아마 사람은 곤충의 식량이 되었을 것이다.

곤충의 입장에선 억울할 테지만 곤충을 먹는 건 어제오늘 일이 아니다. 먼 과거로 거슬러 올라가면 인류 역사 초기에는 식생활에 곤충이 단골로 등장했다. 농경문화가 정착되기 이전, 수렵과 채집으로 연명할 당시에는 벌이나 굼벵이 같은 애벌레가 중요한 단백질 공급원이었을 것이다. 현재도 세계적으로 약 1900종이 식용으로 이용되고 있으니, 곤충을 하나의 음식으로 취급하는 것은 분명하다. 우리나라 사람들에게 곤충은 주식이 아닌 약용이나 주전부리용이지만, 여전히 많은 나라에서 곤충은 배고픔을 달래는 음식이다.

현재 아시아, 아프리카, 중남미 등 90여 개 나라에서 먹는 곤충은 무려 1400종이 넘는다. 유엔의 조사에 따르면 중앙아프리카에서는 조사에 참여한 사람들의 85퍼센트, 콩고민주공화국에서는 70퍼센트, 보츠와나에서는 91퍼센트가 어른벌레와 애벌레를 먹는다. 그 외에도 라오스, 미얀마, 태국, 베트남 등 동남아시아나 중국 등 세계 여러 나라의 사람들은 간식이든 주식이든 간에 곤충을 먹는다. 식량 조달이 원활하지 않아 기아에 시달리는 나라들에서는 단백질 공급원인 곤충이 어쩌면 산타클로스보다 더 반가운 구세주일지 모른다. 그런데 최근 들어 왜 많은 선진국들이 곤충을 미래 식량으로 점찍었을까? 단도직입적으로 말하면 경제적·환경적으로 이득이 많기 때문이다.

곤충은 영양 면에서 고단백질·고불포화지방산 식품이다. 영양소는 육류와 생선을 대체할 만큼 매우 풍부하다. 단백질, 불포화지방, 칼슘, 철, 아연 등을 품고 있어 그 어느 식품보다 영양적인 면에서 탁월하다. 대표적인 예가 요즘 대체식량으로 뜨는 밀웜이다. 갈색거저리의 애벌레인 밀웜은 사람의 음식뿐만 아니라 실험실 동물의 먹이로도 각광받는다. 밀웜은 영양분 중 단백질이 46.44퍼센트인데, 대두박의 경우 45.13퍼센트이다. 수치로 보면 고단백질 식품인 대두박보다 곤충이 더 많은 단백질을 지닌 셈이다. 밀웜은 단백질 외에도 지방, 비타민, 섬유질, 미네랄이 많다. 또 오메가3나 지방산도 매우 풍부해 소나 돼지보다 높고, 등 푸른 생선과 맞먹을 정도다.

온실가스도 다른 동물보다 현저히 적게 방출한다. 암모니아 배출량은 돼지 같은 가축보다 훨씬 적다. 곤충은 몸이 작아서 먹이를 적게 먹기 때문에 소화 과정에서 일어나는 물질대사의 산물이 적은 편이다. 소의 경우 반추동물이라 먹이를 소화할 때 트림, 방귀, 분뇨 등에서 메탄이 발생하는데, 이 메탄은 온실효과를 일으키는 원인 중 하나다. 온실효과는 태양의 열이 지구로 들어와서 나가지 못하고 순환되는 현상인데, 기후변화를 일으키는 주범으로 주목받는다. 메탄가스는 대개 동물의 장에서만 만들어지는데, 반추동물(예: 소, 양, 염소)은 4~5개나 되는 위에서 많은 메탄가스가 생성되고, 되새김질을 하는 과정에서도 생긴다. 메탄은 이외에도 매립지, 썩은 벼의 분해 과정 등에서 만들어진다.

소는 초식동물이라 원래 풀을 먹지만 사료도 먹는다. 사료의 원료는 대개 옥수수이다. 사람들은 양질의 옥수수를 대량으로 얻기 위해 살충제를 뿌린다. 이러한 살충제는 옥수수 밭의 곤충뿐 아니라 인근 지역의 곤충까지 몰살시킨다. 식물의 중매자인 곤충이 쥐도 새도 모르게 사라지는 것이다. 게다가 토양을 오염시켜 토양생물을 죽이고, 빗물에 떠내려가 수질오염을 일으키며 수많은 물속 생물도 죽인다. 소고기 1킬로그램을 얻으려면 먹이(사료) 10킬로그램이 드는데, 그 사료를 얻기 위해 살충제를 뿌리니 환경오염을 유발한다. 이에 비해 밀웜 1킬로그램을 얻기 위해 필요한 먹이(곡물)는 1킬로그램이고, 살충제를 뿌리지 않으니 환경오염이 덜하다.

곤충은 생태적 특성상 미래 식량으로서 장점이 많다. 먼저, 키우는 비용이 적게 든다. 채집이나 사육에 필요한 설비나 장치가 복잡하거나 요란하지 않다. 또한 키우는 데 복잡한 기술이 들어가지 않아 도시와 농촌 사람들 모두에게 생계의 기회를 준다. 게다가 곤충은 다산을 한다. 어미 한 마리가 낳는 알의 수는 대개 100개 이상이다. 그러니 어른벌레 100마리가 알을 낳으면 애벌레는 최소한 만 마리 이상이니 매우 경제적이다. 한살이가 짧은 것도 장점이 될 수 있다. 배추흰나비는 1년에 한살이가 3~5번 돌아간다. 실내에서 적정 온도와 습도를 유지하면 그보다 더 많이 돌아갈 수 있으니 식량으로 이용하기엔 최고의 조건을 갖췄다. 또 곤충의 몸집은 여느 동물에 비해 초소형이기 때문에 사육에 필요한 공간이 넓지 않아도 된다. 사람들이 의류를 보관하는 크기의 플라스틱 통에서도 수백 마리 이상의 밀웜이 자란다. 마지막으로, 몸이 작아 먹잇감이 많이 들지 않는다. 단백질 1킬로그램을 얻기 위한 사료 섭취량을 살펴보면 소는 20킬로그램, 돼지는 6.7킬로그램, 닭은 3.3킬로그램, 곤충은 1.7킬로그램이 필요하다. 월등히 사료를 적게 먹으니 얼마나 경제적인가.

이런 조건에 잘 부합하는 식용 곤충의 후보는 굼벵이나 밀웜 같은 딱정벌레가 대부분을 차지한다. 우리나라에서 식용 곤충으로 등록된 곤충은 10종(2020년 기준)으로, 쌍별귀뚜라미, 왕귀뚜라미, 풀무치, 벼메뚜기, 아메리카왕거저리, 흰점박이꽃무지, 장수풍뎅이, 누에나방, 백강잠, 수벌 번데기가 있다. 이들을 이용해 다양한 메뉴와 제품이 개발되고 있는데, 특히 환자식으로 섭취할 경우 회복에 도움을 준다는 임상실험 결과도 나왔다.

식용 곤충을 홍보하는 움직임도 있다. 부정적인 생각을 바꾸기 위해 귀여운 애칭을 지어주기도 한다. 흰점박이꽃무지 애벌레는 '꽃뱅이', 갈색거저리 애벌레는 '고소애', 쌍별귀뚜라미는 '쌍별이', 장수풍뎅이 애벌레는 '장수애'로 별명을 지어주어 친근함을 갖게 만들려는 노력이다. 이런 애칭으로 상품의 이름을 짓기도 한다. 예를 들면 밀웜을 재료로 만든 '고소애 쿠키', '고소애 소면', '고소애 에너지 바', '고소애 약과', '고소애 순대', '고소애 쉐이크' 등이 있다. 흰점박이꽃무지 애벌레를 재료로 만든 식품 중에는 '꽃뱅이 선식'과 '꽃뱅이 환' 등도 있다.

곤충을 먹는 풍속도는 나라마다 다르다. 오래전 미국 뉴욕에서 쇠고기 대신 귀뚜라미를 넣어 '곤충 버거'를 선보였을 때 폭발적인 인기를 얻었다고 한다. 영국의 한 인터넷 상점에선 개미를 넣어 만든 개미 막대사탕이 판매되고, 라오스 식당에서는 매미 애벌레 볶음이 인기가 많다고 한다. 가까운 나라 일본에서는 번데기 카레, 매미 칠리소스 무침, 말벌 유충 요리, 곤충 막대사탕 등이 출동했다. 생선 대신 곤충을 이용한 곤충초밥은 상상을 초월한 음식이다. 캄보디아 음식점에서도 타란튤라를 요리해 파는데, 수익금의 25퍼센트는 서식지 보호에 쓴다고 한다. 그럼에도 불구하고 여전히 곤충 음식에 대한 부정적인 인식이 많다. 특히 서양에서는 음식에 벌레가 보이는 것에 대해 강한 거부감을 보인다. 하지만 곤충은 영양적으로나 경제적으로 매우 훌륭한 식량자원임에 틀림 없다. 가공 과정이나 유통 과정 등에서 기발한 아이디어가 필요한 시점인 것 같다.

우리나라에서도 옛날부터 메뚜기는 물론이고 굼벵이를 먹어왔다. 예전엔 초가집 지붕에 굼벵이들이 살았는데, 그 굼벵이는 흰점박이꽃무지 애벌레였다. 굼벵이는 사실 풍뎅이상과 식구의 모든 애벌레를 일컫는 말이다. 풍뎅이상과 집안에는 식구들이 많아 풍뎅이과, 꽃무지과, 소똥풍뎅이과, 소똥구리과, 사슴벌레과, 장수풍뎅이과 등이 있다. 굼벵이는 몸을 곧게 펴지 못하고 늘 구부정하게 옆으로 누워 산다. 몸매가 'C' 모양이라 한시도 땅에 등을 대고 누울 수 없다. 그런데도 등으로 기는 재주를 지녔다. 이러한 굼벵이 몸에 포함된 영양분을 조사해보니 단백질이 58퍼센트나 되고, 지방은 17퍼센트밖에 안 된다. 말 그대로 고단백 저지방 식품이다. 《동의보감》에서는 굼벵이를 '제조'라고 부르며, 간에 좋다고 해서 민간에서는 약으로 이용했다.

밀웜도 대중적인 식용 곤충이다. 실험실의 쥐, 동물원의 원숭이나 고슴도치, 반려동물이 즐겨먹는 영양가 높은 밥이다. 밀웜은 입맛이 소탈해 곡물을 먹는데, 푸석푸석하고 까끌까끌한 밀기울도 맛있게 먹는다. 건조에도 매우 강해서 곡물의 자체 수분만으로 족하니 따로 물을 안 줘도 된다. 밥만 제때 주고 방치해도 별 탈 없이 무럭무럭 잘 큰다. 어른벌레인 갈색거저리도 번식력 하나는 끝내준다. 암컷은 3개월 동안 살면서 200개 정도의 알을 낳는다. 자라는 것도 속성이라 적당한 온도(25도)와 습도만 잘 유지해주면 알에서 어른벌레가 되기까지 두 달밖에 안 걸린다. 메뚜기 못지않게 영양분도 많으니 머지않아 거저리 쿠키, 거저리 아이스크림, 거저리 케이크, 거저리 튀김 등으로 우리의 음식문화에 깊숙이 끼어들지도 모른다.

해롭지도 유익하지도 않은

태어난 순서로만 보면 곤충은 인간보다 먼저 지구에 나온 선배다. 곤충이 지구에 출현한 때는 약 4억 년 전이고, 현생인류(호모 사피엔스 사피엔스)는 약 4만 년 전에 나타났다. 약 46억 살인 지구의 나이를 24시간으로 계산하면, 곤충은 오후 9시 50분경에, 사람은 오후 11시 58분경에 탄생한 셈이다. 하지만 뇌 용량이 큰 인간이 지구에 나오면서 지구의 다른 생물들에게 비상이 걸렸다. 특히 지구의 주인이라 할 만큼 종수가 많은 곤충은 인간과 먹이경쟁을 하게 되었다. 이후 사람과 곤충의 관계는 '익충과 해충'의 구도 속에 갇혔다. 하지만 그들은 그저 몸이 머리-가슴-배 세 마디로 이뤄지고, 다리가 여섯이고, 날개가 네 장이고, 더듬이가 두 개인 곤충일 뿐이다.

정착생활을 시작한 이래로 인간은 여러 농작물을 키워 식량을 조달해왔는데, 농작물은 원래 곤충들의 밥이었다. 따라서 곤충이 농작물을 먹는 건 당연한 일이다. 또한 파리가 나타나면 사람들은 없애야 할 해충으로 여기며 파리채를 휘두르거나 살충제를 뿌린다. 그러나 파리가 정말로 사라지면 지구는 사체 밭이 될지도 모른다. 분식성 곤충으로서 구더기(파리 애벌레)와 어른벌레 모두 지구에 존재하는 배설물과 사체를 먹어치우는 환경정화 곤충이기 때문이다. 이처럼 익충과 해충은 동전의 양면과 같다. 하지만 사람들은 습성과 생태적 역할이 각기 다른 곤충들을 자신의 입맛대로 평가한다. 몇 가지 예를 더 살펴보자.

깍지벌레(노린재목 깍지벌레과)는 식물의 즙을 빨아먹고 사는 곤충이다. 암컷이 깍지를 만들어 그 안쪽에서 살아 깍지벌레라는 이름이 붙었는데, 식물에 악영향을 끼치기 때문에 과수 농가나 정원을 가꾸는 사람에게는 귀찮은 존재다. 하지만 인도, 미얀마 등 동남아시아에 사는 '락 깍지벌레Kerria lacca, lac bug'는 많은 이익을 가져다주어 대량사육까지 할 정도다. 락 깍지벌레는 수천 마리가 떼지어 살면서 진홍색 분비물을 내놓는데, 이를 정제하면 동물성 수지 물질인 셀락shellac이 생산되기 때문이다. 셀락은 바니시, 레코드, 절연 재료, 염색제, 광택제 등으로 쓰여 농가의 소득을 올려준다. 한때 절연이 잘 되고 방습이 잘 되어 전기제품에 쓰이는 천연재료였으나, 지금은 합성수지의 개발로 이용이 줄어들고 있다.

우리나라 쥐똥나무에도 서식하는 쥐똥밀깍지벌레는 중국 쓰촨성에서 천 년 이상 왁스의 재료를 생산해왔다. 중국 왁스는 주로 파라핀 왁스로 이용되는데, 수컷의 2령 애벌레가 분비한 왁스가 유용하다. 현재는 절연제, 광택제, 약과 양초 코팅 등에 이용되니 사람에게 엄청난 이득을 가져다주는 곤충이다.

한편 우리가 무서워하는 말벌은 항상 해충일까? 몸속에 독 물질이 많아서 쏘이면 몹시 위험할 정도이니 당연히 해충 취급을 받는다. 말벌 한 마리의 독은 꿀벌 550마리의 독과 맞먹는다고 하니 그 위력은 대단하다. 독 물질에 예민한 사람은 말벌 한 방의 독침에도 고통스러울 수도 있으니 쏘이지 않게 조심해야 한다. 그래서 말벌 집을 발견하면 대부분 119 구조대를 부르거나, 살충제를 뿌려 처치한다. 대개 쌍살벌에 쏘였을 때는 15분 정도, 땅벌에 쏘였을 땐 하루 정도, 말벌에 쏘이면 이틀이나 삼일 정도 지나면 아픈 게 가라앉는다. 하지만 원래 이 독 물질은 말벌 자신과 자신의 왕국을 지키기 위한 방어수단이지 사람 공격용은 아니다. 말벌은 태생적으로 건드리거나 자극만 주지 않으면 먼저 공격하지 않기 때문이다.

게다가 말벌은 포식자라서 생태계에서 순기능을 담당한다. 어른벌레는 주로 수액, 꽃꿀, 사람들이 먹는 음료수 등을 먹지만 애벌레는 육식성이다. 벌집 속에 사는 애벌레는 전혀 사냥할 줄 모르기 때문에 어른벌레가 일일이 먹잇감을 챙겨줘야 한다. 한술 더 떠서 애벌레는 꼭 신선한 고기만 먹는다. 그래서 어른벌레는 살아 있는 동물들을 잡아와야 하는데, 나방과 나비의 애벌레, 매미, 잠자리, 꿀벌, 심지어 다른 종류의 말벌까지 눈에 띄는 대로 잡아다 애벌레에게 먹인다. 이때 농작물을 축내는 곤충, 독을 가진 독나방의 애벌레, 해마다 대량 발생하는 매미나방의 애벌레 등도 사냥한다.

식물의 입장에서도 익충과 해충이라는 말은 통하지 않는다. 식물에게 곤충은 종족 번식을 책임져주는 매우 중요한 중매자이자 조력자이기 때문이다. 그 대표 주자는 꿀벌이다. 곤충은 싫어해도 꿀벌을 모르는 사람은 없을 것이다. 꿀벌의 밥은 꽃가루와 꽃꿀로, 특히 애벌레는 번데기가 되기 전까지 꽃가루와 꽃꿀로 배를 채워야 어른벌레가 될 수 있다. 더구나 말벌은 가을에 한살이를 끝낸 후 가족을 해체하지만, 꿀벌은 추운 겨울이 되어도 가족집단을 유지한 채 월동에 들어간다. 따라서 거대한 집단을 유지하기 위해 꿀벌(일벌)들은 꽃가루와 꽃꿀을 부지런히 수집해와야 한다. 먹이가 왕국의 존폐를 좌우하니 추운 겨울만 빼고 꿀벌들은 엉덩이춤과 8자 춤을 추면서 동료 벌과 함께 밀원지를 드나들며 식량을 확보한다.

이 꽃 저 꽃을 옮겨 다니며 꽃가루와 꽃꿀을 따는 과정에서 꿀벌의 몸에 묻은 꽃가루가 다른 꽃의 암술에 묻으면 우연히 꽃가루받이가 이뤄진다. 식물은 한 발짝도 못 움직이기 때문에 암술과 수술이 만나 결혼하려면 이렇듯 꿀벌과 같은 유능한 중매쟁이가 필요하다. 그리고 그 결과, 인간이 먹는 농작물이 생겨난다. 꿀벌은 사람들이 식량으로 먹는 농작물의 70퍼센트 정도를 꽃가루받이 해준다. 그러니 꿀벌이 사라지면 인류의 식량 조달에 빨간불이 켜질 것이며, 꿀벌이 멸종되면 몇 년 안에 인류도 멸종한다는 유명한 이야기가 나오는 것이다. 게다가 꿀벌은 머리끝부터 발끝까지 버릴 게 아무것도 없다. 꿀, 밀랍 물질, 프로폴리스, 로열젤리, 꽃가루 등 꿀벌이 만들어낸 산물은 사람들이 선호하는 건강식품이기도 하다.

사람의 마음으로 정한 '해충'은 약 5만 종에서 10만 종에 이르지만, 해충과 익충은 상대적인 개념이다. 배추 농사를 짓는 사람에게 배추 잎사귀를 죄다 먹는 배추흰나비 애벌레는 해충이지만, 행사장에 날릴 배추흰나비를 키우는 농가에서는 수익을 가져다주는 익충이다. 갈색거저리 또한 한때는 세계 곳곳에서 사람의 식량인 곡물을 먹어치워 해충의 반열에 올랐지만, 최근에는 식용 곤충으로 낙점되어 미래 식량으로 대우받고 있다. 이처럼 곤충은 인류의 전 역사 동안 인간과 함께 이 땅에서 살아왔다. 같은 공간 같은 시간에 공존하는 것을 넘어, 서로 촘촘히 관계를 맺어온 생태 동반자인 것이다.

모든 생명은 존재의 의미가 있다. 모두가 생태계의 일원으로서 그들만의 방식으로 묵묵히 삶을 살아간다. 진화 과정을 통해 척박한 지구 환경에 적응하면서 지금 이 순간 이 땅에 존재하게 된 생명을 좌지우지할 권한은 인간에게 없다. 인간도 그 무수한 생명들 중 하나일 뿐이다.

꽃하늘소의 절망

곤충이 사라지고 있다. 야외에 나가면 그 심각성을 더욱 체감하는데, 나는 7~8년 전부터 이런 현상을 몸소 느끼고 있다. 처음엔 '해걸이(결실이 한 해에는 많고, 다음 해에는 아주 적은 현상이 반복되는 것)를 해서 그렇겠지. 내년에는 낫겠지'라고 생각했는데, 해를 거듭할수록 곤충이 줄어드는 게 눈으로 보인다. 일 년에 한두 번 볼까 말까 한 희귀한 곤충은 아예 보이지 않게 되었고, 너무 흔해 사진조차 찍지 않았던 곤충들은 어쩌다 한번 보인다. 몸집이 큰 대형 나방은 깊은 산속에서나 만날 수 있게 되었는데, 초여름과 여름 사이에는 더 심각해 가뭄에 콩 나듯 가끔씩 보인다. 정확한 통계는 없지만, 늘 야외로 나가는 내 눈엔 심각할 정도로 곤충 수가 줄었다.

이상기후, 지구온난화 등 기후위기가 심각해지면서 많은 생명들이 비명을 지르고 있지만, 그중에서도 하등동물인 곤충은 쥐도 새도 모르게, 사라지고 있는 것조차 모르게 사라지고 있다. 문득 15년 전 은사님의 말이 떠올랐다.

"내가 곤충 조사를 하던 1980년대 초만 해도 곤충이 많았어. 그땐 교통편이 안 좋아 식물, 조류, 곤충의 여러 분야 전문가들이 대중교통 수단을 이용하며 합동조사를 했는데, 특히 사구 곤충을 조사하러 섬에 들어가면 배 시간에 쫓겨 짧은 시간에 조사를 마쳐야 했어. 그런데 곤충이 얼마나 많은지 아무 곳이나 모래를 파면 노다지처럼 쏟아져 나와 연구할 맛이 났지. 지금은 환경이 죄다 파괴되어서 야외에 나가면 마음이 쓰려."

그렇다. 은사님이 통탄했던 15년 전보다 지금은 상황이 훨씬 더 나빠졌다. 온난화는 추운 곳에 사는 곤충을 막다른 길로 내몬다. 태생적으로 차가운 온도에 적응해온 탓에 높은 온도를 견디지 못하고 죽든지, 그나마 차가운 곳에 사는 녀석만 살아남는다. 더욱이 곤충들은 대개 애벌레 시절이 길어서 온난화에 적절히 대응하지 못한다. 애벌레 시기에는 날개가 없어 이동에 한계가 있기 때문이다. 더구나 하늘소나 사슴벌레 애벌레처럼 10개월 이상 나무 속에서 사는 녀석들은 나무 밖의 사정을 잘 모른다. 나무 속이나 땅속의 온도는 비교적 변화가 없기 때문이다.

내가 연구하는 버섯살이 곤충들은 대개 딱딱한 버섯 속이나 나무껍질 아래에서 사는데, 종마다 온도에 대한 호불호가 강한 편이다. 차가운 온도를 좋아하는 북방성 곤충은 주로 강원도에나 가야 만날 수 있는데, 최근에는 눈 씻고 찾아야 겨우 보일 정도로 개체수가 줄었다. 예를 들어 훌륭한 트래킹 코스로 꼽히는 오대산 선

재길은 개방되기 전에는 그늘져 버섯이 많이 나고, 북방성 버섯살이 곤충도 제법 살았다. 지금은 길이 나 햇빛이 들어오고, 사람들이 밟고 다닌 산책길 주변은 척박해져서 버섯살이 곤충이 살기 어려운 환경이 되었다. 그들이 다른 곳으로 떠났는지, 그곳에서 소리 없이 죽어갔는지는 알 수 없다. 중요한 건 지금 그들을 보려면 더 깊은 산속으로 들어가야 한다는 점이다.

남방성 곤충은 그나마 사정이 낫다. 온난화가 진행될수록 남방성 곤충의 삶터도 비례해서 넓어지기 때문이다. 남쪽에 사는 남방부전나비는 이미 서울과 경기도까지 치고 올라와 흔하게 보인다. 암끝검은표범나비 또한 점점 북상하는 추세라 서울에서 종종 보일 정도다.

곤충과 식물은 바늘과 실의 관계라서 식물의 북상에 따라 곤충이 함께 북상하기도 한다. 가장 대표적인 식물이 나도밤나무과 집안의 식물인 나도밤나무와 합다리나무이다. 나도밤나무과 식물은 열대 아시아 같은 더운 지방에서 자라기 때문에 우리나라에서는 원래 제주도와 남쪽의 따뜻한 해안지역에서 볼 수 있었고, 나도밤나무 잎만 먹고 사는 먹그림나비와 푸른큰수리팔랑나비도 함께 볼 수 있었다. 그런데 온난화가 진행되면서 나도밤나무가 해안을 따라 북으로 계속 전진해 경기도의 대부도까지 올라오자, 이 아름다운 나비들도 같이 따라와 지금은 대부도 주민이 되었다.

매해 봄마다 서해바다를 건너 우리나라에 이민 오는 된장잠자

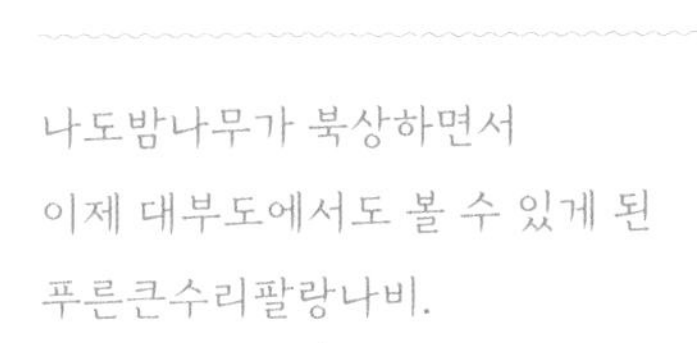

나도밤나무가 북상하면서
이제 대부도에서도 볼 수 있게 된
푸른큰수리팔랑나비.

리도 정착 가능성이 한층 높아졌다. 겨울 기온이 따뜻해졌기 때문이다. 공식 기록에 따르면 된장잠자리는 한국에서 겨울을 나지 못하지만, 지금 같은 추세라면 우리나라에서 월동하게 될 가능성이 높다. 남방종이 많아지면서 생태계에 어떤 영향이 있을지 그 결과는 두고 봐야 하지만, 분명 순기능과 역기능이 함께 있으리라.

온난화가 평범한 곤충에게 미치는 가장 큰 영향은 식물의 개화 시기다. 식물은 온도 변화에 그런대로 적응해 날짜에 상관없이 적정 온도가 되면 꽃을 핀다. 5~6월에 만발하는 찔레나무 꽃은 시기를 앞당겨 5월 초에 피어버린다. 쥐똥나무나 노린재나무의 꽃도 마찬가지다. 문제는, 곤충은 기후적응 속도가 늦어서 식물의 시간을 따라가지 못한다는 점이다. 꽃하늘소들은 대개 썩은 나무 속에서 열 달 넘게 살다가 찔레나무 꽃이 필 때쯤 어른벌레로 날개돋이를 해 꽃으로 날아온다. 어른벌레의 밥이 꽃가루이기 때문이다. 그런데 막상 꽃하늘소가 바깥세상에 나와 보니 꽃이 이미 지고 있다! 꽃하늘소가 대체먹이를 찾는 데 성공하지 못하면 어른벌레의 임무인 번식에 차질이 생길 수밖에 없다. 그리고 그 빈자리는 그나마 환경 변화에 잘 적응하는 외래종이 차지하게 될 것이다. 환경 변화에 취약한 토종의 빈자리에서 소수의 종이 크게 번성하는 것은, 생태계 균형의 파괴로 가는 악순환의 시작이다.

이렇듯 온난화로 수혜를 보는 곤충도, 타격을 받는 곤충도 있을 것이다. 사라진 곤충의 생태적 빈자리는 어떤 식으로든 채워지겠지만, 지금 우리 땅 곳곳에서 일어나는 곤충 감소 현상을 보면 굉장히 걱정이 된다. 기후위기의 대명사인 지구온난화의 원인은 다양하지만, 온난화의 중심에, 그 정점에 인간이 있는 것은 분명하다. 인간은 오늘도 더 편한 생활을 위해서 용량이 역대급으로 큰 뇌를 작동시킨다. 그 결과 환경이 파괴되고, 급기야 절묘하게 짜맞춰진 생태계의 질서가 무너지면서 지구 곳곳에 사는 생물들이 큰 타격을 받고 있다.

지구의 환경 시스템은 매우 영리해서 자연재해로 생긴 상처를 스스로 회복하는 능력이 있다. 산불이 나면 키 큰 나무는 사라질지 모르지만, 키 큰 나무의 그늘 밑에서 숨죽이고 있던 키 작은 나무, 풀, 이름 모를 생명체 들이 빛을 보며 키 큰 나무의 자리를 채운다. 그리고 오랜 시간이 흐르면 숲은 산불의 재해를 극복하고 새롭고 건강한 숲으로 회복된다.

문제는 인간이 끼어들면서 이러한 회복 시스템이 고장 났다는 점이다. 자연적으로 발생하는 자연재해보다 인간이 일으키는 환경 파괴의 속도가 훨씬 더 빨라지면서, 자연의 회복력은 힘에 부쳐 임계점을 넘고 있다. 결국 자연 생태계의 회복 시스템은 균형을 잃어 온난화 같은 기후 재앙을 불러들이게 되고, 그 피해는 인간을 비롯한 지구의 모든 생명들이 고스란히 받는다. 인간 때문에 자연이 회복력을 잃었다면, 그 회복력을 재생시키기 위해서 이제 명석한 두뇌를 가진 인간이 나설 때이다. 지구의 생명을 살리는 일은 어쩌면 인간의 손에 달려 있을지도 모른다.

1센티미터들의 우주

한국은 봄, 여름, 가을, 겨울의 사계절이 뚜렷한 온대지역이라서 아열대지역이나 열대지역에 비해 곤충의 몸집이 작고, 색깔도 수수하다. 우리나라에 사는 곤충은 대략 1만 8000여 종인데, 아무 때나 만날 수 있는 건 아니다. 대부분의 곤충들은 제각각 자신에게 맞는 계절을 선택해 살아가므로 시기를 잘 맞춰야 만날 수 있다. 물론 무당벌레처럼 모든 계절(겨울 제외)에 활동하는 곤충들도 제법 많아서 봄 곤충, 여름 곤충, 가을 곤충을 따로 구분하는 게 큰 의미는 없다. 또 온난화로 일부 식물이 꽃을 일찍 피우면서, 식물의 개화시기에 맞춰 출현하는 곤충들은 기후적응 속도를 따라가지 못하고 꽃이 다 진 뒤에 나오기도 한다. 그래도 대체적으로 봄, 여름, 가을마다 많이 마주치는 곤충이 있다.

봄에는 숲 바닥에서 새싹이 돋아나고, 크고 작은 야생화들이 죄다 피어난다. 복수초, 현호색, 제비꽃, 양지꽃 등이 봄꽃 잔치를 벌이면 봄 곤충들이 우르르 쏟아져 나온다. 주로 파리, 꽃무지, 꽃하늘소, 하늘소붙이, 잎벌레, 재니등에, 나비와 나방이다. 이들은 제각각 식성에 맞는 밥상을 찾아가 추운 겨울 내내 굶주린 배를 채운다. 이렇게 식성이 정해진 것은, 오랜 진화를 거쳐 자신이 선택한 먹잇감에 적합하도록 주둥이가 변형되었기 때문이다. 예를 들면 파리나 꽃무지는 꽃가루를 먹고, 나비의 어른벌레는 꽃꿀을 빨아 먹고, 나방 애벌레는 잎사귀를 오물오물 씹어 먹는다. 다들 짧은 봄을 만끽하며 식사를 하다가 배우자를 만나 짝짓기를 한다. 그러다 봄이 끝날 무렵, 대부분의 봄 곤충들은 서둘러 한살이를 마감하고 자취를 감춘다. 그 많던 나방 애벌레들은 땅속이나 나뭇잎 사이에 번데기를 만들며, 꽃하늘소나 파리도 알을 낳고 죽는다.

여름은 수액 곤충의 계절이다. 수액 곤충은 식물의 생생한 즙을 먹고 사는 곤충으로, 옹달샘처럼 솟아나는 수액에는 매미류, 노린재류, 밑빠진벌레, 나무쑤시기, 사슴벌레, 장수풍뎅이 등 여름 곤충이 죄다 몰려와 식사를 한다. 시금털털하고 단내가 폴폴 풍기는 수액에는 당분, 아미노산, 칼륨, 마그네슘 등 영양물질이 듬뿍 들어 있어 배고픈 곤충들에게 최고의 밥상이다. 그래서 수액이 흘러나오는 숲속 아름드리나무에서는 곤충 반상회가 열린다. 여름 내내 소리 높여 노래하는 매미들, 가래침 같은 거품을 뽀글뽀글 내는 거품벌레류, 툭툭 튀어 다니는 미국선녀벌레와 갈색날개매미충, 중국에서 건너온 화려한 색깔의 꽃매미, 만지면 물컹거리는 진딧물, 선녀처럼 어여쁜 선녀벌레, 솜털 같은 분비물을 뒤집어쓴

깍지벌레가 많이 보인다. 이외에도 수노랑나비, 흑백알락나비, 은판나비, 청띠신선나비, 네발나비, 장수말벌, 털보말벌, 쌍살벌, 풍이, 꽃등에, 개미, 풍뎅이붙이 …… 열 손가락이 모자랄 정도로 많은 곤충들이 모여든다.

선선한 가을바람이 불어오면 여기저기서 또르르르 또르르르르 청아한 귀뚜라미 노랫소리가 들린다. 가을 곤충의 시대가 왔다. 가을의 숲 언저리는 메뚜기, 사마귀, 노린재, 잠자리로 북적인다. 이들은 알-애벌레-어른벌레의 단계로 성장하며 한살이를 보내는 불완전변태 곤충으로, 봄에 알에서 깨어나 가을에 어른벌레로 우화한다. 나방이나 나비, 파리, 딱정벌레도 보이지만 눈에 많이 띄는 건 이 녀석들이기 때문에 가을은 불완전변태 곤충의 계절이라고 할 수 있다. 특히 가을 풀밭은 메뚜기 백화점이다. 팥중이, 풀무치, 섬서구메뚜기, 검은다리실베짱이, 베짱이, 쌕쌔기, 긴날개여치, 왕귀뚜라미, 긴꼬리 ……. 특히 왕귀뚜라미, 여치, 베짱이는 암컷을 유혹하기 위해 수컷이 날개를 비벼 노래를 부른다. 또 고약한 노린내가 나는 노린재들도 진을 치고 있다. 열매, 잎, 줄기에 앉아 침 같은 주둥이로 식물 즙을 쭉쭉 빨아먹는다. 잠자리들도 먹잇감을 찾아 들판을 날아다닌다.

추운 겨울이다. 숲 바닥에는 낙엽들이 소복이 쌓여 있다. 낙엽만 뒹굴 뿐 숲속은 고요하다. 가끔 겨울자나방이 날아다니지만, 곤충들은 거의 겨울잠에 들어가서 보이지 않는다. 어떤 사람들은 겨울이 되면 곤충이 다 죽을 거라고 말하지만, 곤충들은 겨울 숲속에서 산 채로 잠을 잔다. 휴면(겨울잠)은 변온동물인 곤충이 추운 겨울을 이겨내는 방법인데, 저마다 자신의 생애주기에 맞게 잔다. 사마귀나 메뚜기는 알로, 노린재나 무당벌레는 어른벌레로, 왕오색나비나 하늘소는 애벌레로, 호랑나비나 배추흰나비는 번데기로 겨울잠을 잔다. 자는 장소도 다양해 돌 밑, 덤불 속, 땅속, 물속, 나무껍질 아래, 낙엽더미 아래 등 따뜻한 곳이다.

겨울잠을 자는 동안 야외 온도가 영하로 떨어져도 특이하게 몸은 얼지 않는다. 곤충의 몸에서는 자동차로 치면 부동액 같은 부동물질이 나오기 때문이다. 몸이 어는 것을 어느 정도 막아주는 글리세롤을 많이 비축해 매서운 추위를 견뎌낸다. 혹독한 추위와 맞서는 게 녹록치 않지만, 곤충에게 겨울은 잠시 성장을 멈추고 한숨 쉬어가는 계절이자, 거친 환경을 이겨내는 단련의 계절이다. 이와 달리 '휴지'는 환경 조건이 나빠지면 일시적으로 잠을 자는 것인데, 발육이 정지되었다가 외부 환경이 정상화되면 활동을 재개한다. 물론 때에 따라서 외부 환경이 정상화되는 데 오래 걸리는 경우도 있다. 그럴 때는 계속 휴지 상태를 유지한다.

이렇게 곤충들은 계절을 탄다. 바뀌는 계절에 순응하며 머물기도 하고 떠나가기도 한다. 머물 때와 떠나갈 때를 진정으로 아는 존재다. 야외에서 1센티미터도 채 안 되는 곤충과 눈을 맞추다 보면 외경심이 들 때가 많다. '예쁜 곤충'이라고 강요하고 싶진 않지만, 이 '징그러운' 녀석들은 적어도 우리와 공존하고 있는 이웃인 건 분명하다. 그러나 이제는 무분별한 개발과 지구온난화에 몸살을 앓고, 살충제 때문에 죽어가고, 끊임없이 들어서는 건물과 도로에 쫓기는 중이다. 징그러워도 좋으니 제발 많은 곤충이 불쑥불쑥 나타나주기만 해도 좋겠다. 더 늦기 전에 들로 숲으로 나가보자. 계절과 상관없이 그곳에는 작은 생명 곤충이 기다리고 있다.

티티라는 그의 답변에 놀라지 않았다. 단지 어떻게 대답해야 할지 몰라 우물쭈물했고, 그녀가 주저하는 사이 그는 그녀에게 입 맞추었다.

"그러니 더 잘 불러 줄 수 있겠지."

그녀는 한숨, 혹은 웃음과 함께 무너졌다. 그에게 기대었다. 안겨 미끄러졌다. 부드럽게 덮였다.

티티라는 부드러운 바람이 부는 테라스에 누워서, 자신이 언제 결심했는지를 되돌아보았다.

법황은 안스카리우스의 머릿속에 안스가 갇혀 있노라 속삭였다. 그리고 그를 살리기 위해선 그 아비 되는 자를 죽여 오라고 덧붙였다. 티티라는 한동안 충격을 받아 그 생각 외에 어떤 것도 떠올릴 수 없었다.

실없는 농담을 하고 있어도, 내실을 어지럽히면서도, 머릿속엔 온통 안스, 안스. 그 애가 갇혀 있다는 게 진짜일까? 설마 지금도 전부 보고 있을까? 그런데 법황 놈을 뭘 보고 믿어? 안스 기억을 돌이키기 위해선 과거의 사람이 필요하다고? 난 그런 인간이 정말 나쁜이라 믿을 만하다고 생각했는데, 듣자 하니 아펭글로도 있던데?

파헤칠수록 앞뒤가 맞지 않고 기분이 나빴다— 물론 그렇다고 안스를 버릴 수는 없었지만. 그 가느다란 희망이 자신을 미치게 했다.

그날 안스카리우스와 함께하며 평소보다 더 많이 안스에 대해 중얼거린 건 아마 그 때문일 것이다.

그런 제 정신을 번쩍 들게 만든 질문은—

"너는 내 기억이 되살아나길 바라는 건가?"

티티라는 할 말을 잃었다. 아니었다면 바로 아니라고 대답했겠지. 하지만 자신은 웅얼거리다, 결국 그가 떠날 때까지 제대로 된 설명 하나 못 했다.

그녀는 홀로 내실 바닥에 앉아 그의 질문을 생각했다. 그는 '이제 그만 선택하라.'고 말했다. 나는 안스의 기억이 되돌아오길 바라나? 그렇다면 저 몸의 주인은 누가 되나. 결정할 자신이 있나. 제 마음속의 무게 추를 빤히 노려보다가, 걷어찼다.

마지막 결정을 내린 힘은 안스카리우스와 안스 중에 누구를 더 좋아하느냐, 같은 골치 아픈 질문이 아니었다. 그보단 제 인생의 가치관이 중요한 역할을 했다.

티티라는 누군가에게 부려 먹히는 것을 병적으로 싫어했다. 대가가 확실했다면 '거래'라고 불렀겠지. 하지만 증거가 없으니 '협박'에 불과한 것이다.

자신은 법황에게 노예 목줄을 쥐여 줄 생각이 없었다. 투명하지도 않은 으름장에 목을 매고 싶지 않았다. 내 눈앞에 당장 내게 목숨을 거는 연인이 있는데, 처음 보는 인간의 불가해한 능력을 믿어야 할까?

그리고 안스는…… 이곳에 와서 느꼈지만…… 고통 없이 기억을 잃었을 것 같았다. 탈란타우에가 우스페히 씨를 죽였다는 이야기에 절망했겠지만, 너무 괴롭기 전에 저주가 손을 썼으리라 믿었다. 빠르고, 신속하게, 마치 안스카리우스가 내 이름을 부를 수 없다가 부를 수 있게 된 것처럼, 중간 단계라곤 없이.

누군가는 안스카리우스를 지키고 싶은 자기 합리화라 하겠지만…… 그래. 그럴 수도 있어. 하지만 티티라는 이제 조금 쉬고 싶었다. 잠깐 치열하지 않게 긴 숨을 쉬어 보고 싶었다.

안스가 안스카리우스로 변했다는 사실을 발견한 지도 벌써 두 해. 이제 그녀는 모든 자초지종을 알고 있었다. 더 이상 추리해 낼 것이 없었다. 그 애를 교국으로 끌고 간 놈도 죽였다. 떠난 친구를 쉬이 잊지는 못하겠으나, 그래도 이제는 애틋하게 추억할 수 있지 않을까.

음…….

티티라는 모든 변명에 실패했다.

여전히 안스가 그리워 죽을 것 같았지만, 좌우간 법황에게 굴복할 생각은 없었다.

티티라는 허공에 욕설을 해 보았다. 성하, 거시기나 잡수세요.

문득 활짝 열린 유리문 안쪽에서 인기척이 느껴졌다.

그녀는 의아한 채 몸을 반쯤 돌렸다. 제 허락을 받지 않고 이 방에 들어오는 이는 아무도 없었다. 심지어 안스카리우스마저 문을 두드린 뒤 저가 대답해야 들어오는데, 사제왕보다 막나가는 이란 대체 누구일까?

답은 빨랐다.

티티라는 자리에서 벌떡 일어섰다.

안스카리우스의 아버지였다.

그는 하인들에게 이만 나가라며 손짓했다. 그렇게 썰물처럼 수행인들이 사라지자, 그가 직접 문을 밀어 닫았다.

티티라는 여러 가구를 사이에 두고 그를 바라보았다.

선대 바를라암이 인상을 찌푸렸다.

"인사성이 밝지 못하군."

"……."

"'티티라 돔니니'라 하였지."

"……."

그는 느릿느릿 방을 가로질러 테라스에 다다랐다. 자신이 말없이 지켜보는 사이, 의자에 앉았다. 손으로 햇살을 가리며 아래를 내려다보다가— 이내 손차양이 자신을 향했다.

"어떻게 내 아들을 치마폭에 넣었는지 물어봐야겠다고 생각했지."

"……."

"시노드 신넬 여자에게 한둘 정도 관심을 가지겠구나 예상했지만, 내 눈으로 직접 보게 되리라곤 미처 짐작하지 못했다. 바다 건너까지 데려와 내실에 넣다니……. 너만 한 아가씨가 없는 것도 아니고, 이게 웬일인가."

선대 바를라암은 매우 불쾌한 것을 떠올린 듯 얼굴을 일그러뜨렸다.

"아이는 생기지 않도록 하여라. 태어나지 않는 편이 행운일 것이다."

화가 치밀었다. 딱히 아이를 가지겠다고 생각한 적은 없지만, 애초에 아이가 아니라 자신을 모욕하기 위한 말이었다.

"각하, 외람되오나 그건 사제왕 각하께 권유해 주십시오."

티티라는 이를 갈지 않도록 노력했다.

"무슨 뜻이지?"

"이미 저도 여쭈었으나, 사제왕 각하께서 피임에 신경을 쓰지 않으십니다. 한 번 더 말씀은 드리겠지만 그분이 원하시면 미천한 저로서는 할 수 있는 일이 얼마 없습니다."

물론 티티라는 그의 귀에 못이 박히도록 피임을 외치고 다녔고, 그는 열심히 제 말에 따르고 있었다.

"참 어렵게 됐군……."

선대 바를라암이 인상을 찌푸렸다.

"사생아는 문제가 되지 않지. 잡종이 태어난다는 게 문제인데, 신경을 안 쓰다니."

그녀의 얼굴이 분노로 새빨개졌다.

"네 말을 이해했다. 아들에게도 말해 두마. 그리고 너는 매주 내 방에 와서 내가 부른 의원에게 임신 여부를 확인해라."

태어나서 이 정도로 모욕적인 말은 들어 본 적이 없었다. 티티라는 저 노인의 목을 조르고 싶었지만 꾹 참았다.

"그리고 약을 지어 주마. 내 눈앞에서 먹어야 한다."

"……."

"대답해야지."

"……예."

"좋다."

선대 바를라암은 말을 마치고 자신을 뚫어져라 응시했다.

"잘 이해가 안 가는군……. 내 아들은 격식을 아는 이인데 이런 짓을 하다니……. 물론, 한번 붙은 불이 무섭긴 하다만."

"……."

"아무렴, 무슨 상관이겠나. 네가 아들에게 기쁨을 주면 그만이지. 아이만 가지지 않도록 주의하거라. 따로 연통하겠다."

노인이 자리에서 일어섰다. 처음 방에 들어왔을 때 '누구인지 보러 왔다.'던 말은 순전히 인사치레였다. 저 인간은 자신을 안스카리우스의 잠자리를 덥혀 주는 여자 외에 어떤 것으로도 보지 않았다. 그렇기에 진지하게 건네는 말도, 단지 애를 조심하라는 경고뿐.

티티라는 모욕을 참느라 고개를 푹 숙였다.

선대 바를라암은 그 행동을 인사로 받아들였는지 살짝 콧소리를 내더니, 뒤돌아 걸어갔다. 방을 떠났다.

그녀는 한동안 씩씩거리며 자리에 서 있었다.

티티라는 이른 저녁, 안스카리우스가 돌아오자마자 불같은 태도로 오후의 일을 전했다. 그는 짐작했다는 듯 얼굴을 짚었다.

"미안하다."

"당신이 왜 사과해? 아, 그런데 우리 사이에 애가 태어나면 잡종일 거라더라."

"……."

"우리 애가 잡종이면 나는 그냥 짐승인가 봐. 내 말이 맞았지. 교국인들은 시노드 신넬인을 인간으로도 안 본다고."

"아버지는 나이가 드신 분이다. 바뀐 세상에 어두우시지. 실질적인 권한은 전혀 없으시니, 그 모욕적인 제안에 따를 필요는 없다."

그녀가 입술을 깨물었다.

"내가 매주 그 노친네 방에 가서 임신했는지 검사하고, 피임약도 눈앞에서 챙겨 먹으라는 그 제안 말이지?"

"……그래."

"내가, 접붙는 돼지도 아니고……."

티티라는 결국 못 참고 베개에 얼굴을 박았다. 분노가 끓었다. 그 노망난 아버지는 안스카리우스를 그리 부드럽고 화사하게 맞이

하더니, 자신은 바다에서 튀어나온 작부 취급을 했다. 가장 밑바닥인 저를 대하는 태도가 그의 본성일 것이다.

아니, 아니……. 어차피 '애첩' 처지가 되었을 때 신경 쓰지 않기로 했던 부분이 있었다. 솔직히 말해, 그녀는 스스로를 사제왕과 잠자리를 같이하는 여자로 취급해서 화난 것이 아니었다. 그보단 인간 취급을 못 받는 게 억울했다.

안스카리우스도, 시노드 신넬 교국군들도, 심지어 법황마저 그녀를 감정을 나눌 수 있는 사람으로 대우했는데, 선대 바를라암에게 자신은 그저 안스카리우스의 도구에 불과했다. 물건이지, 인간은 아니었다. 이런 대접을 받은 적이 처음이라 분을 참기 힘들었다.

"티, 그런 말을 듣게 해서 미안하다. 오늘 아버지와 말씀을 나눈 뒤, 내실 출입을 엄금할 것을 명했다. 다신 같은 일을 겪지 않도록 하겠다."

"당신이 그렇게 말하니 믿어야겠지. 답답하다."

"……."

"아, 소조폴에 가고 싶다. 아니, 아니야. 그냥 말해 봤어."

베개에 얼굴을 파묻느라 그를 보지는 못했지만 아무래도 움찔했을 것 같았다.

티티라는 한숨만 푹푹 내쉬며 이 대륙에서 유일하게 인간이 아닌 기분을 느껴 보았다.

한순간 침대가 기울었다. 온기가 느껴졌다.

티티라는 제 허리를 감싼 무게에 잠깐 숨이 막혔다.

"……내 아버지는 곧 죽어 땅에 묻힐 분이다. 시노드 신넬에 파견되기 시작하던 시절 젊음을 보낸 이들은 절대 그렇게 생각하지 않는다. 그저 불신자라는 점만 문제가 되니, 네가 종교를 가진 체 하면 된다. 그것만으로도 받아들여질 거다."

그는 제 두려움의 핵심을 파악하고 있었다. 저 노망난 늙은이는 혼자 미쳤다고 생각하면 되지만, 눈앞에 버티고 있는 모든 교국인들로 인해 막막해진 기분 말이다.

그의 큰 손이 제 맨살을 부드럽게 쓰다듬었다.

"한동안은 어렵겠지만, 그래도 네가 이곳의 유일한 시노드 신넬인으로 남지는 않을 거다."

"……."

"티."

"아무튼 아주 기분이 안 좋아."

목소리는 조금 느슨해져 있었다.

"이 흉흉한 기분을 낫게 하려면…… 그래, 아펭글로랑 만나게 해 줘. 지난번부터 보게 해 준다면서, 아직도 질질 끄는 게 불만이야."

"알겠다. 당장 내일 부르지."

"이렇게 빨리할 수 있었으면서—"

"네 시간을 남에게 빼앗기기 싫었다."

"……."

그는 제 마음이 풀렸단 사실을 알아차린 듯 살짝 끌어당겼다. 티티라는 얼굴을 잔뜩 찌푸린 채 안겼다.

다음 날, 티티라는 오랜만에 시노드 신넬 옷을 챙겨 입었다. 또, 자신이 '연인'으로 이름 붙인 시노드 신넬 데이지를 잘 보이는 곳에 세워 두었다.

그러니까, 자신이 가진 단 두 개의 고향을 보여 주기로 했다. 시노드 신넬에서 내리 회자되는 전설을 맞이하려면 이 정도 예의는 필요하지 않을까?

그녀는 긴장한 채 의자에 앉아 있었다. 자꾸만 자세를 고쳤다.

"아가씨, 아펭글로가 방문했습니다."

티티라는 멀리 있는 거울로 제 매무새를 한 번 더 다듬고 말했다.

"들어오시라고 해요."

문이 열렸다.

낯선 노인이 걸어 들어왔다. 생각해 보니 아펭글로는 초상화 한 장 없어서, 처음으로 그의 생김새를 보게 되는 셈이었다. 그녀는 새삼 신기하여 그를 머리부터 발끝까지 뜯어보았다.

문이 닫혔다.

그는 한 걸음, 다시 한 걸음 걸어왔다. 눈은— 아니, 그의 온 얼굴은 그가 가까이 다가올수록 더 깊이 일그러졌다.

티티라는 험악한 인상에 당황하여 먼저 인사했다.

"안녕하세요."

아펭글로는 대답하지 않고 제 앞에 섰다. 티티라는 반사적으로 자리에서 일어났다가, 다시 앉지도 못한 채 주저했다.

"안스카르— 아니, 사제왕 각하께서 저에 대해 설명하지 않으셨다죠. 그러면 서로 할 이야기가 더 많을 거라고요."

"……."

"통성명을 할까요? 호칭을 어떻게 해 드리면 되죠?"

"'아펭글로'입니다."

티티라는 설레는 마음으로 제 이름을 건네려 했다.

"저는—"

"'티티라 돔니니'."

멈칫.

"네? 각하께서 제 이름을 알려 주셨나요?"

"아니요."

티티라는 딱 자르는 그의 태도에 언짢아할 수도 있었다.

그러나 아펭글로가 먼저였다. 그는 제 앞에 천천히 무릎을 꿇었다.

그녀는 기겁해서 몇 걸음 물러섰다가, 어쩔 줄 몰라 하며 다시 다가갔다. 팔을 뻗었지만 상대의 몸에 함부로 손을 댈 수 없어 주저했다.

아펭글로는 —아주 잠깐 의심했는데— 저가 법황에게 했듯 굴종하려 든 건 아니었다. 단지 힘이 빠져 수그러든 듯 보였다.

"아펭글로? 어디 아프신가요?"

"……."

"사람을 부를게요. 당장 치료가 필요해 보이십니다. 제가 혹시 건강이 안 좋은 분을 모신 건 아닐지 걱정됩니다."

"'티티라 돔니니'."

"네?"

"안스를 알죠?"

티티라는 입을 꾹 다물었다.

아펭글로는 안스를 안다. 자신도 그 사실을 알았다. 때문에 놀라지 않으려 했으나, 제 얼굴을 보자마자 이름을 부르는 것이 이해되지 않았고, 곧장 힘이 빠져 쓰러진 모양도 수상했다. 그 정도로 충격적인 일이 있었나? 아니면 혹시, 나와 함께 안스카리우스의 기억

또한 돌아왔다고 생각하는 걸까?

그녀는 조심스레 대답했다.

"……네. 압니다."

아펭글로는 숨을 들이켜며 가까스로 말했다.

"돔니니, 그걸 알고도— 아니, 그 이유 때문에 대양을 건너오셨습니까?"

"아뇨. 그보단 다들 아시는 바와 같이, 사제왕 탈란타우에 각하께서 돌아가신 사건에 대해 증언하러 왔습니다."

"그리고 사제왕 각하의 내실에 계시죠. 안스와 같은 사람인 사제왕 각하요."

"그거야…… 일이 좀 그렇게 된 거고요."

그는 자신을 물끄러미 바라보다가, 대뜸 물었다.

"제가 머무는 수도원에 잠시 다녀와도 되겠습니까? 두 시간 내로 오겠습니다."

티티라는 건강이 편치 않은 노인이 대체 어딜 돌아다니나 싶어 걱정스러웠다. 하지만 아펭글로는 그녀가 대답하기도 전에 벌떡 일어섰다. 눈은 형형했고, 살짝 드러난 팔뚝엔 힘이 들어가 있었다. 방금 전 종이 인형처럼 흔들린 인간이라곤 보이지 않았다.

"허락해 주시면 다녀오겠습니다."

"네. 그런데 그렇게 서두르실 필요는 없습니다. 잊으신 게 있다면 내일 다시 뵈어도 되고요. 어차피 사제왕 각하께서 오늘 하루만 허락하신 것도 아니잖습니까?"

"아니요. 저는 오늘 자정에 당신을 다시 뵙더라도 꼭 돌아오겠습니다."

"그럴 필요는……."

티티라가 아연하여 손을 뻗었지만, 그는 금세 문을 열고 뛰쳐나갔다. 그러니까— 달렸다! 제 문 앞으로 이어지는 계단을 두 칸, 세 칸씩 뛰어넘는데 그녀는 기가 막힐 지경이었다. 육십도 넘은 노인네 아니야?

그녀는 이내 홀로 방 한가운데에 서 있게 되었다.

멍하니 열린 문을 닫고, 대체 뭘 가져오려나 곰곰이 생각했다. 아마 안스가 쓰던 물건이 아닐까—숨이 꽉 조여들었다—. 고작해야 한 해를 함께한 선생마저도 애틋하게 할 만한 힘이 있었지, 그 애에겐.

티티라는 솔직히 말해, 이제 안스의 이야기를 천천히 받아들이고 싶었다. 더 이상 모르는 과거도 없는데, 구태여 그의 줄기 하나하나를 살피며 고통받고 싶지 않았다. 너무 힘들었다…….

그녀는 지난 몇 년 동안 너무도 긴장하며 살았고, 법황과의 만남은 그 꼭대기였다. 법황은 자신을 쿡 찔러 밑동부터 흔들었다. 노력하던 인간을 쓰러뜨렸다. 애쓰면 성취할 수 있다고 믿어 온 제 오랜 의지에 마지막 일격을 날린 셈이었다. 그 다다를 수 없는 협박을 생각하느니, 차라리 안스카리우스의 방법이 나았다.

그래서 이젠 가만히, 조용히, 부드럽고 행복하게 부유하고 있었다……. 아펭글로를 만나면, 그 애가 말하는 '티티라'는 내가 아니라 시노드 신넬에서 많이들 쓰는 이름이라고 주장해야지. '돔니니' 역시 남부에서 잘 쓰이니, 혹시 동명이인을 착각한 것은 아닌지? 뻔대고선 모른 체할 생각이었다.

그보단 당신의 모험 이야기가 듣고 싶다고, 내가 누구의 편지를 가져왔는지 아느냐고. 시시한 자신보단 저명한 탐험가의 이야기에 열중하고자 했다.

그런데 저자는 단숨에 제 얼굴을 알아보았다. 어떻게 알았느냐고 물어볼 겨를도 없이, 그 충격받은 시선엔 변명조차 불가능했다. 티티라는 꼼짝없이 안스의 친구가 되었다.

안스의 친구가 되어, 또 누군가 들고 오는 그 애의 잔해를 보아야 했다.

그래, 그래야겠지…….

티티라는 한숨과 함께 데이지를 햇살 잘 받는 곳으로 옮겨 놓았다.

아펭글로가 숨에 차 달려온 것은 채 한 시간이 안 되어서였다. 대체 무슨 일인지 얼굴에 스친 상처마저 있었다.

"누구랑 싸우고 오신 겁니까……?"

"아니, 이건, 마차가 안 잡히기에…… 신경 쓰지 마십시오."

그에게서는 바깥바람과 땀 냄새가 함께 풍겼다.

"이걸 드리려 했습니다."

그는 탁자 위에 작은 노트를 내려놓았다. 티티라는 긴장했다.

"읽으시는 동안 저는 떠나 있어도 됩니다. 하지만 궁금하신 점이 많으시리라 짐작됩니다. 그러니 잠시 이곳에 머무르도록 허락해 주십시오."

그녀는 대답하지 않은 채 노트를 주워 올렸다. 종이 사이로 무언가가 팔랑팔랑 떨어졌다. 티티라는 엉망인 제본 탓에 한 장이 분리되었다고 생각했지만…….

티티라가 몸을 숙여 누런 종이를 뒤집었다.

철렁 내려앉았다.

그녀는 그 자리에 무릎을 꿇었다.

오래된 종이에는 제 얼굴이 그려져 있었다.

가슴에 굵은 총알 한 발을 맞은 것 같았다. 고작 제 살에 박힐 뿐인 쇳덩이가 아니라, 그 안에서 폭발해 자신을 산산조각 내는 무기였다.

순식간에 바다 폭풍처럼 과거가 떠밀려 내려왔다. 어떻게든 칸막이를 쳐 보려던 그녀의 노력은 수포로 돌아갔다. 그녀는 폭풍 속으로 떠밀려, 과거를 먹고, 토해 내야 했다. 다시 옛날로 돌아가도록 고문당했다.

"안스가 항상 품에 지니고 다녔던 초상화입니다."

티티라는 결국 헛구역질을 했다. 급히 종이를 피해 양탄자를 움켜쥐었다.

아펭글로가 자신을 따라 몸을 숙이는 것이 느껴졌다. 그는 스스럼없이 제 등에 손을 댔다. 마치 오래전부터 알았던 사이인 양.

"잠시…… 진정하십시오. 괜찮습니다."

그는 여전히 냉정하지 못했지만, 적어도 침착했다.

티티라는 안스의 물건을 보리라 각오하고도 기절할 것만 같았다. 법황이 던져 주었던 것보다 조금 나은 형태로, 안스가 교국에서 썼던 필기구들, 책들, 옷가지들을 받으리라 생각했지, 그 애가 자신을 생각하며 품고 다녔을 마음이리라곤 상상도 못 했다.

세상에, 물건이 아니라 마음이었다. 안스였다.

지나가던 북부인이 잠든 자신을 그려 주었던 기억은, 스쳐 지나갈 뿐 중요하지 않았다. 그보다는 소조폴로 돌아와 옛 우스페히 상관을 뒤졌을 안스가 떠올라 가슴이 아팠다.

안스는 제 모든 물건을 쥐 잡듯 뒤져선, 마침내 귀중하게 품고 떠난 것이다. 시노드 신넬을 등져도 너는 내 일부라는 듯이…….

"안스는 바다를 건너와 추억할 거리가 필요하다고 했어요. 덕분에 당신을 보자마자 알아차릴 수 있었습니다."

"……."

"안스가 살해당한 뒤론 제가 보관했습니다. 저는 안스와 약속했습니다. 당신에게 모든 이야기를 해 주겠다고요. 충격이 크실 테니, 차근차근히 따라잡도록 하지요."

티티라는 바닥을 꽉 짚고 엎드렸다. 죽어도 울지 않겠다고 다짐했지만, 속이 뒤집어질 듯 괴로워 눈물이 고였다.

"그 애는 당신을 '티'라고 불렀습니다. 탈란타우에가 제 후견인에게 무슨 짓을 저지른지도 모르고 열심히 공부하여 사제왕 위를 승계하려 했습니다. 언젠가 사제왕으로서 교국에 돌아가면 당신을 다시 만날 거라고 선언했습니다. 나이가 어렸으니까요. 갑자기 높은 신분을 획득한 셈이라 우쭐하기도 했고요."

"……."

"그 애가 시노드 신넬에서 왔단 사실은 깊이 관련 있는 자들이라면 모두 알았습니다. 선대 바를라암, 탈란타우에, 법황, 가까이서 수행한 측근들, 오래된 '칼카스'들. 그러나 안스는 됨됨이가 썩 좋은 청년이었고, 선대 바를라암이 편집증적으로 평판을 만들었기에 과거는 잘 숨겨졌습니다."

티티라는 종이에 그려진 제 얼굴을 노려보았다. 저 화가는 무료하여 그린 흑연 초상화 한 장이 십수 년을 버텨 이렇게 여럿을 무너뜨릴 줄 알았을까.

"그런데, 그가 사제왕 위를 약식으로 승계한 뒤 좋지 않은 사건이 발생했습니다. 소조폴에서부터 그를 알던 군인 한 명이, 탈란타우에게 '우스페히'를 살해했다고 고백한 것입니다. 그것도 '우스페히' 눈앞에서 상단 인원들을 잔인하게 죽여 안스의 소재를 알아냈다고 했습니다."

"알아…… 그만……."

그녀는 다시 한번 들으면 도저히 견디지 못할 거라고 생각했다. 탈란타우에게 범죄 고백을 들은 것만으로도 죽을 것 같았는데, 또 내 눈앞에 들이밀다니. 같은 이야기로 고통받으라고, 또, 또…….

"아니요. 모르실 겁니다."

"그만하라고 했습니다……."

"군인이 고백한 이후 안스는 일주일에 걸쳐 후견인의 기억을 잃었습니다."

"……."

"안스는 제가…… 고향에서 가져온 본인 물건을 보여 주고, '당신 후견인이 이런 사람이었다.' 설명해도 납득하지 못했습니다. 그 애는, 본인에게 후견인이 있었던 것은 맞지만, 그 사람이 살해당했다는 이유만으로 사제왕 위를 그만둘 마음은 없다고 했습니다. 참 놀랍게도 멀쩡하더군요. 여전히 똑같이 공부하고, 똑같은 태도로 사람을 대했습니다. 인생에 변한 게 하나도 없는 듯했지요."

안스가 미치지 않은 이상 저렇게 굴었을 리 없었다. 안스는 언제나 우스페히 씨를 존경해 왔다. 황금 돛에선 한낱 심부름꾼이었을 자신에게 새로운 세상을 보여 주었다고 했다.

티티라는 그와 공감할 수 있는 유일한 사람이었다. 우스페히 씨는 머리에 피도 안 마른 어린애 둘을 잘 길렀다. 저희를 입히고, 먹이고, 가르치고, 사람으로 만들어 주었다.

그들은 우스페히 씨에게서 절대 등을 돌릴 수 없었다. 그건 부모를 버리라는 요구였으니까.

등 위에 얹힌 아펭글로의 손이 차갑게 느껴졌다. 분명 자신을 가라앉히기 위해 애쓴 모양일 텐데, 손톱이 길게 달린 괴물 같았다.

티티라는 그를 뿌리쳤다.

"……그렇게 후견인의 기억을 잃은 안스에게, 제가 일기를 쓰도록 부탁했습니다. 기억이란 것이 그토록 불안정한 허상이라면, 만일 같은 일이 또 발생할 시 저희가 쥐고 있을 증거가 필요했습니다. 지금 당신에게 드린 책이 바로 그것입니다."

"……."

"읽어 보시면, 그 애가 기억을 잃고 얼마나 '정상적'이었는지 아실 수 있을 겁니다."

티티라는 가까스로 목소리를 쥐어 짜냈다.

"이야기가 달라."

"예……?"

"탈란타우에가 이야기한 거랑 다르다고. 그 미친 개잡종 새끼는 안스가 우스페히 씨에 대해 알아냈을 때 기억을 잃었다고 했어."

아펭글로는 잠깐 침묵했다.

알 수 없는 언어가 들렸다. 그녀는 그것이 욕설임을 확신할 수 있었다. 분노보다 더 짙은, 증오가 담긴 욕이었다.

"그렇게 살인을 꺼리지 않는 인간이라면 차라리 당당하지. 그러면 주 앞에 그 악독한 삶이 정직하기라도 했을 텐데……. 양심? 수치심? 그것도 아니면 당신을 달래기 위한 수단이었을까……."

"무슨, 무슨 소리야……."

"절 보십시오."

티티라는 바닥을 노려보다가 가까스로 고개를 돌렸다. 아펭글로는 잡동사니처럼 주저앉아 있었다. 느슨한 모양에 심지어 날마저 환한데, 그녀는 그의 형형한 눈에 질식할 것 같았다.

"안스와 저는 지금처럼 방 안에 갇혀 있었습니다."

"뭐……?"

"탈란타우에게 그 기이한 사건에 대해 이야기했습니다. 당신이 저지른 학살을 알리자 안스의 기억이 사라졌다, 원인을 파악해야 한다. 당신이 악당인 것은 어쩔 수 없지만, 앞날 창창한 젊은이의 기억이 사라졌지 않나."

"……."

"탈란타우에는 대답을 피하지 않았습니다. '사제왕의 저주'라고 정의하더군요. 어떤 일이 있어도 맡은 바 직분을 다하게 만드는 저주."

"그래……. 안스가 동료 사제왕의 악행을 알았다면 절대 함께하지 않았을 테니."

"네. 그러니 편리하게도 안스의 기억을 칼로 도려낸 것이지요."

"그래서 시노드 신넬에서의 기억이 전부 사라진 거고……."

"돔니니, 말씀드립니다. 안스는 후견인이 살해당했다는 소식에 오로지 후견인의 기억만을 잃었습니다."

티티라는 불길한 전조를 느꼈다.

그 정체가 무엇인지는 정확히 알 수 없었다. 하지만 뱀처럼 길고 차가운 것이 제 목덜미를 오르고 있다는 것만큼은 분명했다. 오싹했다.

"탈란타우에는 우리 이야기를 듣더니 무언가 결심한 듯하더군요. 불행한 예감은 틀리지 않아서, 그는 안스에게 '티티라 돔니니'를 죽일 예정이라고 선언했습니다. 탈란타우에는 저보다 그 애를 더 오래 알았으므로, 당연히 안스가 당신을 아낀다는 사실을 알았습니다. 그렇다면…… 목적은 확실하지요."

그에게서 고개를 돌리고 싶었다.

그러나 아펭글로는 이미 '자신을 보라.'고 했다. 왜 그런 말로 자신을 묶어 두었는지 점차 알 것 같았다. 공포 속에서 이해가 번져왔다.

"탈란타우에는 후견인을 지운 김에 당신도 지워, 시노드 신넬에 미련 없는 사제왕 하나를 만들고 싶었을 겁니다. 그의 단순한 악행은 꿰뚫어 보기 쉽습니다."

"……."

"안스는 미친 듯이 화를 냈습니다. 그러나 소용이 있겠습니까? 단단히 각오한 탈란타우에에게 봉쇄당했지요. 다행인지 불행인지 제가 그와 동행했기에, 우리는 함께 유폐되었습니다."

"……."

"안스는 탈란타우에의 선언을 믿지 않으려 노력했습니다. 티티라 돔니니를 죽이라 했던 명령은 그저 허풍일 뿐이라고…… 아예 생각하지 말자고 서로를 설득했습니다."

티티라는 얼어붙은 채 그를 바라보았다.

뱀이 제 목을 조르기 직전이었다.

“그러나 낮, 밤, 그리고 다시 낮이 닥치고 밤이 다가오자 안스는 제 기억이 분명하지 않다며 두려워했습니다. 당신 기억에 구멍이 뚫렸다고…… 이번에는 본인의 상황을 깨달은 태도로 말했습니다.”

“…….”

“그 애는 방 안에서 찾을 수 있는 모든 종이에 오래된 기억을 써 내려 갔습니다. 물론 소용은 없었습니다. 잠깐 졸았다 깨어나면 기억이 안 난다며 종이를 쥐고 흐느끼곤 했습니다. 시간이 지날수록…… 기억이 사라지는 속도도 빨라졌고……. 당신뿐 아니라 시노드 신넬에서의 모든 기억이 저물고 있었습니다. 그 애는 뭔가를 해야겠다고 결심했습니다. 기억을 잃고도 행동할 수 있는 방법 말이지요.”

그녀는 어느새 헐떡이고 있었다.

아펭글로는 고통스러운 표정으로 운을 뗐다.

“당신은 안스카리우스의 몸을 알 텐데.”

“…….”

“바다를 넘어올 때? 바다를 넘어오기 전? 그것도 아니면 교국에서 알았습니까? 그 상처를 보고도 그자에게 인정을 베풀 마음이 들었나요?”

[소조폴 1001 26 X]

티티라는 앞으로 고꾸라졌다.

그런 그녀를 아펭글로가 받쳤다. 그는 여전히 그녀를 아주 잘 아는 사람 대하듯 했다. 달래는 태도로 등을 쓰다듬은 뒤, 다시 반듯이 세워 주었다.

티티라는 그가 입 밖에 내지 않은 말까지 들은 것 같다고 생각했다.

'부끄러움도 모르는 인간이, 어디서 쓰러지려고.'

그 상처를 매일같이 보면서도 안스가 무슨 상황이었을지 상상하길 그만둔 인간. '너는 기억을 잃는대도 나와의 약속을 새겨 둘 생각이었구나.' 곱씹으며 가슴 아린 자기 연민에 빠질 뿐, 안스에게 뻗어 나가지 않은 옹졸한 인간. 심지어 어떤 날은 '저 상처가 없었으면 지금 내가 여기 있었을까.' 순전히 나에 대한 생각을 해 내고, 상처를 도구 삼았다는 죄악감에 시달린 인간.

티티라는 벌써 여러 번 자해했다.

그러자 바깥으로 튀어나오는 말은, 고통 속에서 스스로를 보호하기 위한 변명뿐이었다.

"난, 난……. 왜 그런 상처를 남겼을까…… 정말 오래 생각했어. 정신이 나갈 정도로 울었고 고통받았어……. 하지만 네 복수를 해냈다고……. 그 뒤 남은 건 아무것도 없었는데, 더 이상 나보고 어쩌라는 거야……."

"……돌니니?"

"기억이 사라지는 게 손발이 잘려 나가는 고문 같진 않았을 거아냐. 그냥 점차 자기가 아니게 되는 거잖아. 자아가 남아 있을 때 팔뚝에 상처를 새길 수는 있어도…… 그 애는 이미 다음 순간엔 내가 아는 안스가 아니었겠지……. 난 온전한 의미의 안스도 애도할 수 없어. 대체 뭘 해야 할지 몰랐다고……."

아펭글로는 제 양 귀를 감싸 고개를 들어 올렸다. 시선이 마주쳤다. 티티라는 그의 흐린 시선이 자신을 노려보고, 탓하고, 쑤셔 대고 있다고 생각했다. 귀가 막혀 멍멍한 가운데 애써 헐떡이며 토로했다.

"어떡해? 나까지 죽으라고? 많이 울었어. 미치겠어. 살려 줘……."

아펭글로는 굳은 표정으로 자신을 바라보았다.

"그 애는 당신이 자길 도와줄 거라고 생각하여 상처를 새겼습니다."

티티라는 숨을 크게 들이켰다. 드문드문 벌어진 목구멍에서 비명 같은 소리가 났다.

"새로운 '안스카리우스'가 마침내 당신을 만나게 된다면, 당신은 자길 도와주거나, 아니면 죽일 거라고 했습니다."

"……."

"그러나 당신은 안스를 도와주지도, 안스카리우스를 죽이지도 않았군요."

완연히 자신을 탓하는 투였다.

억울했다. 자신은 탈란타우에를 살해했다. 진실을 모르고도 복수에 성공한 사람이었다.

솔직히 아펭글로는 제게 적개심을 드러낼 필요가 없었다. 탈란타우에를 죽이던 날 자신도 한 번 죽었으니까, 물거품으로 사라진 인어에게 화를 내는 것은 무의미하지 않나.

그녀는 안스를 도와줄 수도, 안스카리우스를 죽일 수도 없었지만, 몸을 불살라 복수를 마친 뒤 사라질 수는 있었다. 그건 안스가 미처 떠올리지 못한 그녀만의 선택이었다.

바닷물에 숨이 멎는대도 탈란타우에를 죽이고 지옥에 갈 각오를 했다. 그게 자살이 아니면 무엇이라는 말인가? 탈란타우에의 버둥대는 손아귀에서 힘이 풀리던 순간, 제 몸에서도 모든 온기가 빠져 나갔다. 가라앉았다.

그렇게 모든 걸 다 바쳐 복수에 성공했는데, 끝없이 슬픔에 취해 있어야 하느냐고. 난 더 이상 할 수 있는 게 없잖아……. 법황에게 노예 목줄이라도 쥐여 줄까? 그자의 말이 진짜인지 아닌지 몰라도 그냥 믿으란 말이지? 그 판돈이 나인데도—

—라고 생각했다.

아펭글로의 이야기를 듣자 모든 변명이 사라졌다. 눈앞이 캄캄해서, 아무것도 볼 수 없었다.

티티라는 제 손이 떨리고 있음을 깨달았다.

내내 생각해 왔던 한 문장을 씹어 뱉었다.

"……나 때문에 기억을 잃었어?"

안스가 얼마나 괴롭게 기억을 잃었는지, 어떤 심정으로 상처를 새겼는지, 이런 것들도 물론 자신을 괴롭혔다. 그러나 그가 자신으로 인해 모든 기억을 잃었단 사실은…… 그녀를 무한한 죄악감 속에 빠뜨렸다.

결국 자신이 받아 주지 못했던 그의 애정이 그를 죽이고 만 것이다.

소조폴 앞에서 그 애를 안아 주었다면, 그래, 서로 한번 좋아해 보자고 따라갔으면, 아니, 거절하더라도 그렇게 벼랑 끝으로 떠밀지만 않았더라면! 잔인하면서 당당하지 않았더라면! 내가, 좀 더, 성숙했더라면……!

그 애는 여전히 제 곁에 있었을 거다.

제게는 안스가 사랑에 목숨을 걸게 만든 죄가 있었다.

넓게 발린 삶에 검은 점을 찍어, 태양이 그 자리만 태우도록 만든 죄가 있었다.

티티라는 토할 것 같았다. 머리에 요란한 모래가 가득 차서, 움직일 때마다 거친 소리를 냈다. 수많은 알갱이가 제 부산물에 끼어 깊이 상처 입혔다.

"돔니니, 저는 당신을 만나길 고대해 왔습니다."

"……."

"그러나 이렇게 예고 없이 만나 뵐 거라곤 상상하지 못했습니다. 그리고…… 당신이 안스에게 미련이 없으리라곤 더더욱 상상하지 못했습니다. 저는 무력하지만, 당신은 너무 잔인합니다. 그 말씀을 드리고 싶었습니다."

"……."

"제가 당신에게 드린 이야기가 조금의 반향이라도 불러일으켰을까요? 당신은 이미 안스를 버리고 안스카리우스의 손을 잡았는데."

티티라는 그의 팔뚝을 꽉 쥐었다.

"같은 사람이야."

아펭글로의 한숨 소리가 들렸다.

"다른 사람입니다."

"난 안스의 복수를 했어. 내가 무슨 말을 하는지 당신이 이해한다면……."

"……이해했습니다. 감히 해내기 어려운 과업이라고 생각합니다. 저 개인적으로는 감사의 말씀을 드리고 싶습니다. 하지만 여전히, 당신은 안스를 버렸습니다. 그 사실을 지우시면 안 됩니다."

"당신은 대체 나한테 뭘 바라? 뭘 해야 만족할 건가?"

"안스는 목숨을 걸었잖습니까. 치열하게 생각하고, 그 정도는 하세요."

아펭글로는 그녀를 떼어 낸 뒤 자리에서 일어섰다.

"돔니니, 내실에 머무르는 당신 행동이 내게는 꼭 무언가를 선택한 것처럼 느껴집니다. 부디 내 짐작이 맞지 않기를 바랄 뿐입니다."

"……."

"나는 묘지기로서의 임무를 다했습니다. 나머지는 당신에게 맡기겠습니다."

티티라는 주먹을 꽉 쥐었다. 제 옛 초상화를 품에 넣었다.

아펭글로는 터벅터벅 걸어 나가다 문득 뒤를 돌아보았다.

눈이 마주쳤다. 그는 처음 만났을 때만큼 흥분되고 들뜬 표정이 아니었다. 그보단 짙게 배어난 환멸감 같은 것이 보였다.

"그 애 열정이 그저 짝사랑이었다는 사실을…… 내가 너무 늦게 깨달았군요."

티티라의 얼굴에서 핏기가 빠졌다.

아펭글로는 고개를 숙인 뒤 떠났다.

티티라는 멍하니 방 안에 앉아 있었다.

얼마나 시간이 흘렀는지 알 수 없었다. 다만 그림자가 안으로 기운 것으로 보아, 꽤나 넋을 놓았던 것 같다. 그녀는 저린 다리로 더듬거리며 걸어가 아펭글로가 남긴 일기장을 손에 쥐었다.

일기의 첫 장, 첫 문장은 단순했다. 아펭글로의 증언과 같았다.

[아펭글로가 내게 일기를 쓰라고 강요했다.]

티티라는 익숙한 안스의 글자를 여러 번 매만졌다. 안스카리우스와는 비교할 수 없는 악필이었다. 어떻게든 짧은 시간 안에 많은 글자를 써넣으려 한 결과물로, 상단 출신의 효율성이 엿보였다. 반가움에 배 속이 따뜻해지면서도 동시에 과거로 돌아갈 수 없어 속이 쓰렸다.

[아펭글로는 내가 기억을 잃었다고 하는데 정말 이해할 수가 없다. 나는 티와 우스페히 상관에서 십 년 동안 자랐다. 그 기억 하나하나가 생생하다. 이렇게 강조하는 게 웃길 정도로 과거는 그대로다. 그리고 우스페히와 사천 명이 탈란타우에에게 죽었다는 사실도 이젠 잘 알고 있다. 하지만 그것만으로 지금까지 내가 해 왔던 선택을 되돌리기엔 부족하다는 것뿐이다.]

일기장이 부들부들 떨렸다. 눈치채지 못한 사이 손아귀에 힘이 들어가 있었다.

아펭글로에게 미리 설명을 들었지만, 실제로 읽었을 때 충격이 조금이라도 덜어진 것은 아니었다. '우스페히와 사천 명'이라고? '우스페히 씨'라고 부르지 않는 것부터 이미 안스가 아니었으며, 저토록 무감정하게 소조폴 시민의 죽음을 이야기하는 것도 그답지 않았다.

[한 해하고도 절반이 넘도록 볼 꼴, 못 볼 꼴을 다 겪으며 지내고 있다. 마침내 사람들이 나에게 사제왕이라 불러 주어도 아직은 실감이 안 난다. 곧 지역에 파견 가게 된다는데, 거기서 내 명령에 복

종하는 군인들을 보면 느낌이 다를까? 아직 잘 모르겠지만, 그 동네 '법황의 대리인'과 권력을 두고 다퉈야 할 수도 있단다.]

그 뒤로 어떤 문장이 지워져 있었다. 티티라는 정신 빠진 사람처럼 멍하니 그 자리를 바라보았다.

농담으로 긴장을 풀어 보려는 태도, 만사를 귀찮아하는 듯한 불평, 나아가는 미래에 품은 설렘……. 전부 안스였기에, 한두 문장을 덜 본다고 달라지는 건 없으리라. 하지만 그저 애정으로, 애정 때문에, 그 애가 지운 문장을 알 수 없어 슬펐다. 세상에서 영영 놓친 흔적 같았다.

한참 동안 주저한 끝에 시선이 내려갔다. '아무튼 오늘은 끝.'이라는 장난스러운 글자 아래, 또 다른 발톱이 자신을 할퀴었다.

[바다가 얼었다는 소식을 들었네.
세상이 변했나 보오, 겨울 곁에.]

숨이 가빠졌다.

['겨울 친구'는 네 얘기가 될걸, 티.]

눈물이 배어났다. 너는 대체 무슨 생각으로 이런 문장을 쓴 걸까.

기억을 잃을 줄 몰랐을 텐데. 그렇다면, 아무것도 모르는 너는…… 평생 비대칭적인 애정에 고통받다가, 드디어 멍청한 티티라 돔니니가 네 흔적을 되짚으며 괴로워하리라 생각한 걸까. 바다 건너로 사라져서 네가 살아 있는지도 모르는 수년 동안 내 마음이 새까맣게 타길 바랐나.

티티라는 도저히 생각을 이어 나갈 수 없었다.

자신 때문에 기억을 잃은 친구의 일기를 보자니 가슴이 미어졌다. 가벼운 한철 새 같은 문장들, 그 뒤로 이어질 비극이 흑과 백처럼 대조되어 그녀를 깊이 파고들었다.

눈물로 흐린 시야를 비볐다.

종이를 넘겼다.

[내가 총독이 되어 돌아가면 티가 나를 어떻게 받아들일까? 앞날을 기대하면서도 가끔은 그 애 때문에 철렁 내려앉을 정도로 걱정될 때가 있다.

나는 물론 잘 설명할 거다. 나한테 어떤 일이 일어났는지, 선택의 폭이 그리 넓지 않았단 사실, 그리고 다른 교국인보다 내가 나은 이유까지 백 번이고 천 번이고 설명할 수 있다.]

안스의 불안감이 엿보였다. 잘못된 판단을 하고 있는 건 아닐까, 돌이킬 수 없는 길이라 걱정하고 있었다. 명치 아래가 답답하고 제대로 숨을 쉴 수 없었다. 누군가 제 입을 벌려 돌덩이만 한가득 쏟아부은 느낌이 들었다.

[하지만 학살을 겪은 소조폴인— 그중에서도 가장 악착같은 티가 이해해 줄지 모르겠다. 설득할 수 있다고 생각하지만, 가끔은 전부 나 혼자 착각하고 있는 것 같기도 하다. 아무하고도 이야기할 수 없

으니. 홀로 떠들다가 확신을 얻는 그런 바보 말이다.]

저 애 말이 맞았다. 십 년 뒤에 이 자리에 선 티티라는 안스를 이해할 수 없었다. 안스가 우스페히의 기억을 잃은 것은 교국에 와서도 한참이나 지나서이므로. 소조폴 학살을 알고도 바를라암의 성을 달려 했던 친구라니, 너무 낯설었다.

[그래도 이해해 주지 않을까?]

안스, 왜 그런 착각을 한 거야?

[티는 나한테 멋지고 훌륭한 걸 꿈꿔야 한다고 했다. 욕심을 부리라고, 헤매지 말고 나아가라고 말했다.]

손에서 일기가 미끄러졌다. 한순간 힘이 풀려 의자에 주춤거리며 기댔다.

그녀는 순식간에 정신을 차리곤, 흔들린 적 없다는 듯 멀쩡하게 떨어진 일기장을 주우려 했다. 그러나 중심을 잃은 채 그대로 바닥을 굴렀다. 단단한 가구에 뼈가 부딪히자 고통스러운 신음이 났다.

그녀는 엎드린 채 아픔, 혹은 눈물을 삼켰다.

[나도 새로운 목표를 달성할 수 있는 사람이다. 영원히 할 일 없이 바다 위를 둥둥 떠다니진 않을 거다. 선택하기 전에는 내가 그럴 수 있는 인간이라고 생각하지 못했는데, 막상 해 보니 의외로 재미

있었고, 앞으로 더 나아질 앞날이 기대되기도 했다. 겪어 보지 못했던 맛이 역겨우면서 설렜다.]

티티라는 안스가 제 물정 모르는 헛소리를 곧이듣고 교국에 왔다는 사실을 믿고 싶지 않았다.

친구를 죽이겠다는 말에 기억을 잃어버렸다고 믿고 싶지 않았다.

안스가 오로지 자신 때문에 인생이 송두리째 뽑혀 나갔다고 믿고 싶지 않았다. 믿을 수 없었다.

그녀는 제 귓가에서 속삭이는 소리를 밀쳐 냈다. 뿌리쳤다. 발버둥 치며 빰을 갈겼다. 그렇게 문 너머로 내쫓은 뒤 닫아 버리려 했다.

"아……."

티티라는 바닥에 길게 쓰러졌다.

[난 십만 명이 사는 도시를 안다. 하지만 백만 명이 사는 권역은, 아마 교국에 오지 않았더라면 영영 몰랐을 거다. 우리와 다른 제도에도 이유가 있다는 사실을, 시노드 신넬을 알기 때문에 더욱 확실하게, 객관적으로 깨달을 수 있었다. 놀랍게도 정말 많은 걸 배웠다. 무너진 시계탑 앞에서라면, 내가 자진해서 여기까지 다다르리라곤 상상 못 했을 거다. 하지만 세상은 넓고 나는 항상 모자랐다. 티처럼, 빈 지식을 채우는 게 즐거웠다. 후회는 없다.]

죽은 사람처럼 쓰러진 채 안스의 담담한 목소리를 들었다.

[그리고 일개 신민으로 새로운 걸 배우는 것보단, 사제왕으로 배

우는 게 낫다고 생각한다. 써 내려가니 더 유치하고 부끄럽지만 어쩔 수 없이 꾸준한 결심이라 입 밖에 냈다. 내가 바뀌었단 느낌이 들어 두렵다. 위로가 되지만 그래도 두렵다. 내가 언제 지위 높은 '보호 귀족'을 부러워했던가? 단 한 번도. 무능력하고 배부른 돼지 각질 같은 놈들이지. 그런데 '사제왕'은 근사해 보인다.]

일기는 안스가 모래사장에 손가락으로 죽 파 놓은 작은 굴 같았다. 자신은 작은 파도로 들이닥쳐 그것이 안내하는 길을 따라가기만 하면 되었다.

[어쩌면 이 사고방식은 아펭글로에게 옮았을지도 모르겠다. 아펭글로는 평생 동안 시노드 신넬과 교국이 협력할 수 있다고 믿은 사람이다. 그런 선생이 나를 가르쳤고, 그래서 나도 희망을 품었던 것 같다.

아니야, 그런데, 정말, 꾸며 내는 게 아니라 진짜로 그렇다. 법황은 내가 시노드 신넬에서 자란 촌놈인 걸 알면서도 사제왕 위 승계를 허가했다. 교국은 예상보다 고리타분하지 않다.]

글자 하나하나에서 안스의 오락가락하는 희망이 엿보이는 것 같았다. 이미 접어든 길을 취소할 수 없는 막막함, 그럼에도 새롭게 자신을 채우는 바람들.

[나는 사제왕이 되어 고향으로 돌아갈 거다. 내 고향은 소조폴이다. 티가, 내 뿌리 되는 삶이 그곳에 있다.]

차갑게 식은 눈물이 눈가를 훑고 떨어졌다.

티티라의 손에서 일기장이 툭 떨어졌다.

그녀는 온몸에 힘이 풀려 멍하니 천장을 보고 누웠다. 아직 수많은 기록이 남아 있었지만 이미 기진맥진하여 더 나아갈 용기가 들지 않았다.

어제 바로 이 방에서 안스카리우스에게 '겨울 친구'를 알려 주었다. 안스의 노래를 새로운 이에게 옮겨 붙인 스스로가 원망스러웠다. 과거를 등지는 결정은…… 단지 자신이 너무 지쳤기 때문에, 오랜만에 맛본 행복에, 그 미친 당도에 정신이 나가 버렸기에 내린 것이었다.

여전히 안스카리우스와 함께한 걸 후회하지는 않았다.

하지만 그를 후회하지 않는다는 사실도 비참했다.

티티라는 아무 선택도 하지 못하는 금치산자가 되어 눈을 감았다. 어느새 또 가득 차 있던 눈물이 투둑 떨어졌다.

섬세한 천장의 부조를 바라보며 중얼거렸다.

"안스……."

다시 눈가가 흐려졌다. 마구잡이로 비볐다.

"내가 돌아온 너를 죽일 거라고…… 생각했다면서……. 틀렸어. 나는 네 얼굴을 한 사람을 못 죽여. 시도해 봤지만, 아마 끝끝내 죽이지는 못했을 거야. 내가 어떻게 그래……. 소조폴 앞에서 이미 한 번 너를 죽여 놓고 어떻게 그러겠어……."

죽도록 슬프다가도, 그렇게 한없이 추락하려는 순간 텅 하고 마음의 밑바닥에 다다라 미칠 것 같았다. 분명 이 아래 깊은 곳에 엄청난 고통이 숨어 있는데, 그것을 찾을 수 없도록 틀어막힌 듯했다. 잘린 팔이 간지러운 환상통 같은 거다. 애초에 존재하긴 했는지도 모르겠다. 있는 것 같지만 찾아낼 수 없었다.

티티라는 누군가 얼굴에 물을 끼얹은 것처럼 천천히, 계속, 끊임없이 눈물을 흘렸다. 감정이 들어 있을까? 아무것도. 그 어떤 것도. 지금 제 사지를 꼼짝 못 하는 것처럼 생각조차 밧줄에 묶여 매달린 듯했다.

"안스카리우스를 죽이지 않으면…… 적어도 널 도와줄 거라고 생각했다면서."

고통 속에서 아펭글로의 전언을 반복했다.

"내가 널 도와줄 거라고……."

그 순간, 마음의 밑바닥이 푹 하고 꺼졌다. 땅 아래 지하가, 지하 아래 무저갱이 있었다.

티티라는 목을 매달듯 말했다.

"내가 너를 도와줘야지."

끔찍한 아픔 속에서 잊었던 제안이 치밀었다.

"그러니 한 달을 주겠어."

자신이 구원을 외면한 사이 시간은 거의 다 닳아 있었다. 제게는 모래시계를 뒤집을 여유가 허락되지 않았다.

'볕 드는 봄이 다시 오지 않아도 좋네.
네게 파도를 돌려주고 잿더미가 되면
일렁이는 파도에 네 웃음이 들리면
겨울 속에 익사해도 미풍 같은 죽음.'

"너를 도와줘야지."

그녀는 희미하게 반복했다.

"너를…… 도와야지."

티티라는 아무 일도 없었다는 듯 행동했다.

그녀는 탈란타우에를 죽인 뒤 반년 가까이 구름 속 낮잠을 잤다. 그토록 평온한 꿈에서 깨어났으나, 고행에 가깝도록 채찍질하던 스스로를 잊은 것은 아니었다.

어차피 계획도 그다지 거창하지 않았다. 평소처럼 굴다가, 법황의 부름에 빌빌거리며 기어가선 당신 제안을 받아들이겠다고 하면 끝날 일이었다. 인생의 선택지가 '하거나', '하지 않거나'로 요약된다면 사실 행운인 거다.

덕분에 티티라는 그다지 우울해하지 않았다.

일기장과 초상화는 잘 숨겨 두었다. 안스카리우스가 키스해 올 때면 기쁘게 받아들였다. 하인들이 매 식사마다 운반해 오는 서로 다른 음식을 즐겼다. 새로운 책을, 교국인들의 언어를 더듬더듬 배웠다. 삶은 기름 바른 바퀴처럼 데굴데굴 굴러 내려갔다.

그러나 가끔은 한 발자국 바깥에서 자신을 들여다보는 듯한 느낌이 들곤 했다. 아니, 항상 그랬다. 모든 감정이 약한 파문에 불과했다. 물에 손을 가져다 댔을 때 움푹 팬 정도의 울림. 아무리 애를 써도 그 이상으로 즐겁거나, 분노하거나, 슬프지 않았다.

놀랍게도 안스카리우스는 며칠 만에 이상한 기색을 눈치챈 것 같았다.

그는 여느 때와 다름없이 침대에 들어선, 아무 말 없이 자신을 끌어안았다.

티티라는 등 뒤로 느껴지는 힘에 잠시 숨을 참았다.

"왜?"

"아버님이 또 이상한 말씀을 하셨나."

"아니? 아니."

"기분이 좋지 않아 보인다."

"괜찮아."

그는 잠시 침묵했다.

그의 손이 옷자락을 더듬어 맨살에 닿았다. 거칠고 큰 손바닥. 익히 알았지만, 갑작스레 불행해졌다. 겪은 삶이 적어 한여름의 가지 같던 어떤 소년의 손을 기억했다.

"너무 안에만 있는 것도 힘들 테니……."

"……."

"신드라문에 가 보는 건 어떨까."

"그게 뭐야?"

"교읍지 근교."

"멀어?"

그 질문은 '쓸데없이 멀 테니 가지 않겠다.'고 선언하는 것과 마찬가지였다. 내뱉자마자 너무 솔직했다는 생각에 걱정이 되었지만, 돌이킬 수 없었다. 최대한 평소처럼 굴어야 할 텐데, 이렇게 의욕 없이 웅크려 있으면 안 되는데.

그 기색을 눈치챘는지 눈치채지 못했는지, 안스카리우스가 어깨에 입을 맞추었다.

갑자기 눈가가 시큰거렸다. 그녀는 아슬아슬한 선 위에 가까스로 중심을 지키며 서 있었다. 그 탓에 그가 온기를 주자마자 하마터면 뒤로 고꾸라질 뻔했다. 그대로 굴러떨어져 행복 속에 갇힐 뻔했다.

"멀지 않다. 성벽을 나서면 한두 시간 정도."

"……날도 좋은데 사람 많겠네."

"글쎄. 네겐 의미 없겠지만, 선지자께서 선종하신 자리라 출입하기 어렵다."

티티라는 약간 놀라 뒤를 돌아보았다.

"그러면 엄청 중요한 곳 아니야? 내가 들어갈 수 있어?"

희미한 달빛 아래로 그가 머리칼을 넘겨 주었다.

"사제왕 위가 유용한 몇 안 되는 경우겠지……."

"궁금하긴 하네."

그녀는 지나치게 솔직했다. 선지자가 죽었다는 자리에 예의를 차리긴커녕 호기심 어린 목소리가 튀어나왔다. 한순간 그가 불쾌해할까 살폈지만, 안스카리우스는 오히려 안도한 듯 웃었다. 마침내 반응을 이끌어 냈다는 투였다.

그는 다시 제게 입 맞추었다. 가볍게, 애정을 담아, 이마에, 뺨에, 입술에. 티티라는 몸을 돌려 그의 품을 파고들었다.

"궁금해. 설명해 줘."

그는 자신을 빤히 바라보다…… 마지막으로 한 번 더 키스했다. 침 삼키는 소리마저 들릴 만큼 가까운 자리에서, 속삭였다.

"신드라문은 종종 '흰 벼락'으로 불린다. 그 해안선이 이어져 교읍지처럼 평탄한 항구를 만들었다고는 믿을 수 없을 정도로 가파른 절벽이지."

"아."

"대륙의 서쪽 끝, 깎아지른 듯한 벼랑. 선지자께선 땅을 등지고 선종하셨다."

"……바람 엄청 불겠네."

"사람이 날아갈 정도는 아니다."

티티라는 농담에 헛웃음을 터뜨렸다— 사실 온전히 농담 때문은 아니었다. 우울해하는 연인을 데려간다는 자리가 꽃이 만발한 정원도, 멋진 풍경의 시내도 아니고, 바람이 지배하는 벼랑 끝이라니. 그 우스꽝스러운 제안이 자신을 풀어 헤쳤다.

그녀는 생각의 끝에서 그가 저에 대해 열심히 고민했음을 깨달았다. 단순한 산책이라면 자신을 끌어내지 못하겠지. 그러나 선지자가 죽은 자리라면 관심을 가지리라 짐작했을 것이다.

그가 옳았다. 티티라는 지금처럼 멍하니 부유하는 상황에서도 한 번쯤 구경을 가고 싶었다. 호기심도 호기심이지만…….

"소조폴 26구 언덕 같은 걸까."

"……."

"물론 비교하자면 우리 언덕은 귀여울 지경이겠지. 하지만 도시를 굽어보는 높은 자리라니 비슷하잖아."

"그다지 비슷하지는 않다……. 티."

"어?"

"소조폴에 가고 싶나."

"어, 어? 그런 말 한 적 없어."

"……."

티티라는 당연히 소조폴로 돌아가고 싶었다. 그럴 수만 있다면 말이지. 말이 길어질수록 거짓이 들통날 것 같아서, 그저 가만히 있었다.

밤이라 그의 얼굴이 어두워 보이는 것인지, 아니면 정말로 기분이 상한 것인지 알 수 없었다.

안스카리우스의 고개가 살짝 기울더니…… 나직한 목소리가 흘러나왔다.

"나는 네 기억을 나누어 받고 싶다."

"……."

"너와 옛날을 이야기할 수 있길 바란다. '너는 기억도 못 하겠지만, 그때 붙잡은 손에서 불이 나는 줄 알았어.' 이런 철없는 소리를 해 보고 싶다. 열몇 살짜리, 생각이 여물지 않았던 때의 애정을…… 물론 내 것이 될 수 없겠지."

티티라는 얼어붙어선 그를 바라보았다. '너는 기억도 못 하겠지만, 그때 붙잡은 손에서 불이 나는 줄 알았어.' 너무너무 안스 같았다. 하마터면 착각할 뻔했다.

"우리가 함께 열 해를 보낸다면, '지금'이 '옛날'이 될까. 네 과거를 가지기 위해 견뎌야 하는 시간이 내겐 너무 아득하다."

"……."

"우리가 당장 늙어 죽었으면 좋겠다. 미친 생각이란 걸 알고도 진지하게 바라게 되는군. 어느 날 눈을 뜨면 서른 해, 마흔 해가 지나가 옛일로 가득 찬 복도 끝에서 눈을 감을 수 있을까."

주먹에 힘이 들어갔다.

그가 눈치채지 않길 바랐으나…….

안스카리우스는 조용히 그녀의 움켜쥔 손을 감쌌다. 툭툭 불거져 나온 마디에 입 맞추었다. 넌지시 사과하는 소리가 들렸다. 그답지 않게 말끝이 흐려서, 정확히 무엇에 사과하는 것인지 알 수 없었다.

그러나 이해했다. 주체 못 하는 마음을 쏟아붓고도, 부끄럽기보단 상대를 버겁게 했을까 걱정하는 애정.

티티라는 그의 머리를 푹 껴안았다.

냉정하기가 힘들었다. 어떤 말이라도 꺼냈다간 제 속이 들통날게 분명했다. 더 이상 안스에 대한 이야기를 숨기지 못해, 줄줄 진실을 흘리곤 끝장날 것 같았다.

가슴팍에 그의 입김이 느껴졌다.

"네가 왜 불안해할까 생각했다. 혹, 법황을 다시 보는 게 긴장되어서인가?"

심장이 쿵쿵 뛰었다.

"그럴 수도……."

"미안하다."

"당신이 사과할 게 뭐가 있어?"

"그날 법황청에서 걸어 나오며 전갈을 받았지. 너를 한 달 뒤에 다시 보내라 하더군. 종이를 찢어 버려도, 거역할 수 없었다."

"알아. 어쩔 수 없잖아."

"네가 '어쩔 수 없는' 일이 되어선 안 된다."

"……."

"그래도 이제 바를라암의 내실에 든 이상 함부로— 아니, 공식적으로 해칠 수 없으니 크게 걱정하지 마라."

그는 이내 제 손길을 밀치고 올라왔다. 저를 빤히 쳐다보는가 싶더니, 양 뺨을 감쌌다.

"만일 그래도 법황이 미쳐 날뛰면 아이가 있다고 해라."

"……."

"그렇다면 네가 죽어도, 남은 바를라암이 법황의 삶을 지옥처럼 만들 테니 함부로 공격하지 못할 것이다."

"참 위로가 되네요."

"……."

"아니, 아니. 절대 탓한 건 아니야. 그렇게 우울해하지 말고 날 좀 봐."

그는 단순히 보는 것으로 만족하지 않았다. 큰 그림자가 제 위를 덮었다. 입 맞추고, 헤매고, 매만졌다.

티티라는 그의 어깨를 꽉 껴안았다.

"그냥 만나는 것뿐이니 긴장하지 않아. 너무 극적으로 만들지 마……. 별일 없을 거야……."

그는 한숨과 함께 그녀의 입을 막았다.

다음 날, 그들은 몸만 챙겨 신드라문으로 향했다. 마차가 함께했지만 티티라가 도심을 '행차'하는 것을 너무도 부끄러워한 나머지, 그마저 평범한 신민의 물건처럼 보였다.

'안스카리우스는 목적지가 멀지 않다고 했는데.'

티티라는 내내 창문을 넘겨보면서도 영문을 몰랐다. 벼랑의 털끝만큼도 안 보였다. 심지어 이 넓은 들판에 사람은커녕 개미 한 마리 없었다. 한순간 싹 사라진 인가는 좀 공포스러울 정도였다.

"안스카르, 누가 지키지도 않잖아."

턱을 괴고 있던 안스카리우스가 고개를 돌렸다.

"사제왕의 마차가 아니었다면 군이 용납하지 않았을 거다."

"……이런 마차도 알아볼 수 있는 거야? 난 평범한 행색이라고 생각했는데."

"그래. 마차뿐 아니라 말도 마찬가지지. 네가 원한다면 나중에는 직접 움직일 수도 있다."

티티라는 감탄한 듯 입을 동그랗게 모았다.

"말……! 좋아. 내가 그렇게 좋은 기수는 아니지만, 마차로 터덜터덜 가는 것보단 나을 것 같다."

"다음번엔 그렇게 가도록 하지."

마차가 서서히 멈추었다.

안스카리우스는 바깥을 내다보는 듯하더니 벌컥 문을 열어젖혔다. 그녀는 외롭게 선 나무 한 그루, 그리고 아무것도 없는 풀밭을 바라보며 고개를 기울였다. 뭐?

"내려와라."

"왜—요? 여기가 어딘가요?"

티티라는 마부를 눈치채곤 재빨리 말을 높였다.

"여기서부턴 걸어가야 한다."

그녀는 조금 구시렁거리며 마차에서 내려섰다. 그러다 한순간 중심을 잃었는데, 안스카리우스에게 안겼다.

티티라는 문득 유일하게 그들 옆에 선 마부를 바라보았다. 아, '칼카스'였다. 그는 아무것도 보지 못했다는 태도로 앞만 노려보고 있었다.

그녀는 서로를 위해 빠르게 그를 외면했다. 그리고 안스카리우스의 안내에 따라 걸음을 재촉했다.

"날씨 진짜 좋네—요. 살 것 같아요."

물론 주변을 둘러보며 '이렇게 아무것도 없을 수가 있나.' 혀를 쯧쯧 차는 것도 잊지 않았다.

"교읍지도 안 보이는데요?"

"교읍지를 등지고 달렸으니까. 그곳은 반도의 초입에 붙은 도시다. 신드라문은 반대편 끝이고."

"너무 심심한걸요. 고향의 도둑풀 벌판이라고 해도 믿겠습니다."

"말을 데려올 것을 후회되는군. 덜 지루해했을 텐데."

"……."

그녀는 안스카리우스의 걸음을 따르며 숨이 가빠지는 것을 느꼈다. 그 딴에는 속도를 맞춰 주는 듯했지만, 그녀는 그가 상상할 수 없는 범주의 다리 길이를 가지고 있었다. 입 밖으로 투덜댄들 그는 잠깐 느려질 뿐, 또다시 정상 속도를 찾아갔다.

그에 티티라가 분통을 터뜨리려던 찰나—

직선에도 모퉁이가 있는 게 분명했다. 고작 한 걸음 디뎠는데 새로운 복도에 접어든 것처럼 풍경이 바뀌었다. 정신이 아찔할 지경이었다.

티티라는 저도 모르는 사이 손을 뻗었다.

기척을 느낀 안스카리우스가 그녀를 붙잡았다. 잡아당겼다.

화드득 절벽을 꿰뚫는 바람이 그들을 감쌌다. 심문하듯 맴도는 작은 돌개바람. 그들의 귓바퀴를 수십, 수백 번이나 뜯어내려 했다.

티티라는 부드러우면서 거친 소음에 굴하지 않았다. 처음에는 안스카리우스에게 끌려서, 몇 초 뒤에는 그를 밀치고 앞으로 나아갔다.

한순간 그가 손을 꽉 쥐었다.

티티라는 벼랑을 얼마 남기지 않은 자리에서 걸음을 멈추었다.

가슴이 크게 오르락내리락했다.

좌우로 끝없이 펼쳐진 백색 절벽.

'흰 벼락.'

티티라는 한참 동안이나 먼바다를 노려보고 서 있었다.

저 끝에 소조폴이 있을 것이다.

내가 절대로 넘어갈 수 없는 수평선 너머에…….

검은 바다, 흰 절벽. 길고도 높았다. 그 위로 갈매기 떼가 날아다녔다. 바닷새는 한 방향에서 울다가 이내 메아리처럼 온갖 소란을 일으켰다. 끼익— 위에서, 등 뒤에서, 저 깊은 바다에 얹혀 비명을 질렀다. 초대받지 않은 불청객에게 마땅한 벌이었다.

"티, 조심해라."

티티라는 펄럭이는 옷자락을 감싸 안았다. 그의 나직한 말이 들린 순간에야 시야가 넓어졌다.

그녀는 더 이상 새 소리에 뒤덮여 있지 않았다. 소리가 채운 넓이만큼 거대한 풍경이 입을 벌려 자신을 삼켰다.

주변의 깎아지른 듯한 높이를 절감했다. 칼로 저민 절벽을 과연 '해안선'이라 불러야 할까. 너무 귀여운 단어였다. 그보단 세상 넓이만 한 자작나무가 번개를 맞고 죽은 꼴이었다. 푸석푸석한 결, 기이할 정도로 깨끗한 바다를 보며 그처럼 번쩍이는 죽음을 상상할 수밖에 없었다.

티티라는 굽이 너머로 바다를 보았다.

암초조차 없이 지독히 푸른 물의 향연이었다. 누군가가 이 땅을 죽인 게 분명했다. 살해당하지 않고서야 이렇게 반듯이 찢겨 나갈 수가 있나.

진지하게 생각할 겨를도 없이 말이 튀어나왔다.

"누가 죽인 절벽처럼 생겼어."

"……무슨 뜻인가?"

"억지로 만들어 낸 것 같아. 자연이 이럴 순 없잖아."

"네가 신앙심을 품을 줄은 몰랐군."

"음…… 그건 아니야. 그냥 감탄했을 뿐이지. 봐 봐. 어떻게 아래에 바윗돌 하나 없어? 이상해."

"……."

"근데 아무리 깨끗해도, 떨어지면 죽겠지?"

"……."

"아, 이상한 생각 하지 마. 진짜 그냥 말해 본 거야."

안스카리우스가 제 손을 잡아당겼다. 겨우 바다가 보이던 자리에서 끌려갔다.

티티라는 그의 품에 안긴 채 고개를 절레절레 저었다.

"이상한 뜻으로 받아들이지 말라 했잖아. 궁금할 수도 있지 않나?"

"여기서 떨어지면 죽는다. 그걸 항구에서 살았던 네가 모를 리 없다."

"예, 알겠습니다, 각하."

"이보다 낮다 한들 물에 떨어지면 충격으로 기절하겠지. 유속이 빠르지 않아도 바다인 데다 몹시 깊다. 몇 분만 정신을 잃으면 이미 폐에 물이 들어찬 뒤일 거다."

"각하, 알겠다니까요."

"……."

"그럼 그렇게 서늘하게 경고하기 전에 좀 낮은 곳으로 가 봐요.

나도 여긴 무섭고, 저쪽은 괜찮아 보이는데."

티티라는 서서히 낮아지는 방향을 가리켰다. 나무 하나 없이 뻥 뚫려서 거리를 가늠하기 쉬웠다.

안스카리우스는 화내길 포기한 듯, 먼저 걷기 시작한 그녀를 쫓았다. 티티라는 연인이 예민해지지 않도록 느릿느릿 움직였다.

반도의 끝으로 다가갈수록 고꾸라지는 모양이, 꼭 창으로 벼려지다 망가진 무기 같았다.

"티."

바람 속에서 못 들은 척하려 했다. 그러나 고작해야 몇 초를 참았을 뿐이다.

"왜?"

"네가 보고 싶다던 곳은 이미 지났다. 선지자의 언덕은 우리가 처음 도착했던 장소다."

"글쎄. 선지자가 죽은 자리라 한들 나한테 별 의미는 없어서. 풍경 좋잖아. 한나절 내내 걷고 싶어."

실은, 선지자의 언덕에 오래 있다간 왠지 뛰어내리고 싶은 욕망을 참지 못할 것 같았다. 물론 진심으로, 절대로, 죽고 싶다고 생각한 적은 없었다. 당장 누군가 제게 칼을 들고 덤비면 악착같이 반격해 상대의 멱을 딸 자신이 있었다.

다만 기진맥진한 채로 살다 보니 그 압도적인 절벽을 이길 자신이 없었을 뿐이다. 한번 무모한 짓을 해서 삶을 느껴 보고 싶은 욕구 말이다— 물론 떨어지면 죽을 테니 절대 안 하겠지만, 누군가 제 등에 줄을 매달아 주면 설레는 마음으로 몸을 던질 게 분명했다.

티티라는 갈팡질팡하며 훨씬 낮은 절벽에 다다랐다. 다행히 더 이상 심장이 쿵쾅거리지 않았다. 맹랑하게 바다로 달려 나가려던 생각이 싹 사라졌다.

그녀는 고작 몇 분 전 뛰어내리려 했던 제 마음에 경악했다. 대체 왜 그랬던 거야? 안스카리우스가 왜 무시무시할 정도로 조용히 따라오는지 알 것만 같았다—미친 벌집을 건드리기 싫겠지—.

티티라는 홱 뒤를 돌았다.

"데려와 줘서 고마워."

그는 침묵 속에서 자신을 바라보았다.

"아무 생각 없이 산책하기 좋다. 정말 멍하니 앞만 보고 걸었어. 몸이 개운하네."

이제 안스카리우스의 등 뒤로 한참이나 올라가는 넓은 들판과 흰 절벽. 그 경계선이 그를 갈랐다. 그토록 아슬아슬한 배경에 서 있었다. 그의 표정도, 아슬아슬했다.

"왜 '떨어지면 죽겠다.'고 했는지 말해."

아니나 다를까, 그 생각만 품고 있었던 모양이다.

살고 싶은 티티라는 성실하게 설명했다.

"당신도 가끔 너무 잘 벼려진 칼날을 보면 궁금할 거 아냐. 저기 베이면 손목이 잘리려나? 비슷한 거지. 항구에서 자란 사람들은 바다만 보면 좀 벅차하잖아. 나도 마찬가지야. 저런 바다 절벽 앞에서 어떻게 냉정하겠어."

"……."

"여기 딱 좋다. 이리 와. 내가 뭘 들고 왔는지 알아?"

티티라는 높지도 낮지도 않은 절벽 가장자리에 털썩 앉았다. 아직도 양옆으로 절벽이 펼쳐져 있었으나, 바람은 이전만큼 거칠지

앉았고, 새들도 드문드문 날아다녔다. 평온했다.

그녀는 품에서 주섬주섬 천 주머니를 꺼냈다. 입구를 열어 옷자락에 과자를 쏟아 냈다. 하나는 제 입에 넣고, 또 하나는 손에 들어 그에게 흔들어 보였다.

"앉아."

안스카리우스는 티티라를 의심스레 바라보며 몸을 숙였다. 그녀가 건넨 과자를 베어 문 뒤, 그대로 자리를 잡았다.

"좋다."

그의 시선이 느껴졌다.

"자주 오고 싶어."

"……."

"역시 선지자가 죽었다는 언덕은 장엄해서 못 견디겠어. 나처럼 방탕한 녀석에겐 여기가 딱이야. 선지자의 깎아지른 듯한 언덕도 보이고, 저 모퉁이에 해변도 보이고, 온통 흰 절벽이 눈앞을 차지하고 있어서 무대 같네."

티티라는 양팔을 펼쳐 보였다.

안스카리우스는 그제야 조금 느슨해진 어조로 대답했다.

"나중에는 이쪽으로 오지."

"다음번엔 말 태워 주는 거지?"

"그래. 하지만 마차가 그랬듯이, 마지막으로 나무가 자라는 곳에 묶어 두고 올라와야 한다."

"어차피 좀 걸으려는 건데, 뭘."

그녀는 사소한 잡담을 나누며 빙그레 웃었다. 다시 한번 양팔을 들어선, 하늘을 베어 내듯 크게 원을 그렸다.

"오랜만에 바다를 보니 살 것 같다."

티티라는 바로 다음 날 말을 타고 똑같은 자리로 향했다.

너무 간만에 즐긴 승마다 보니 제대로 말을 몬 시간보다 안스카리우스에게 저지당한 시간이 더 길었지만…… 그래도 즐겁게 도착했다.

그는 고작해야 한 번 온, 심지어 특징조차 없는 모퉁이의 벼랑을 다시 찾아냈다. 티티라는 혀를 내두르며 칭찬했다. 그리고 입을 닫기 전에 한가득 싸 온 점심 빵을 넣고 우물거렸다.

티티라는 안스카리우스에게, 지금 바라보는 방향으로 쭉 가면 시노드 신넬인지 물었다. 그는 평온한 태도로 아마 그럴 거라고 말했다.

그들은 잠시 실랑이를 벌이다, 잡초를 뜯어낸 흙바닥에 지도를 그렸다. 안스카리우스는 교국 대륙을 완벽하게 표현했다. 티티라는 우왕좌왕하며 그가 잡아 준 자리에 시노드 신넬을 그렸다. 뒤이어 항해자가 그 사이 가능한 항로를 몇 가지 이어 주었다. 그녀가 기밀이 아닌지 물었지만, 그는 단지 웃고 말았다.

"배를 훔칠 때, 너 혼자 떠나지만 않으면 된다."

"참 나."

"소조폴에 가고 싶은 마음은 어쩔 수 없겠지. 그러니 차라리 지금처럼 감추지 않길 바란다. 내가 너를 알 수 있도록."

"사제왕 각하, 정신 팔지 말고 본분을 좀 생각하세요."

"널 보니 굳이 그래야 할 필요를 못 느끼겠는데."

티티라는 바다를 향해 '으악' 소리를 한 번 질렀다. 이내 혼자 풀밭을 구르며 민망함을 삼켰지만, 그 감정이 사그라지긴커녕 빵이나 얽혔다—

그녀는 그다음 날도, 또 이어지는 날도 그 벼랑으로 산책을 나갔다. 안스카리우스는 지독히 아쉬워했지만, 네 번째 날부터는 자신을 따라올 수 없었다. 더 이상 일을 미룰 수 없다는 수행인들의 애원이 그를 말렸다.

티티라는 기념품으로 잡초를 한 움큼 캐 오겠다고 농담하며 씩씩하게 칼카스와 나갔다. 한 마디도 나누지 않은 채 목적지에 다다라선 어제 왔던 자리에 머리를 괴고 누워 보았다.

그녀는 이 절벽이 정말로 마음에 들었다. 얼굴을 때리는 바닷바람이 자신을 살아 있다고 느끼게 해 주었다. 바다를 바라보다 질리면 군대처럼 선 절벽을 감상하면 되었다. 웅장했다. 교국의 첫인상을 체화한 자연이었다.

그렇게 한두 시간을 머물다 바를라암 관에 돌아가 그에게 아무것도 없는 절벽 이야기를 해 주었다.

그다음 날엔 안스의 일기장을 숨겨 갔다. 이미 한 번 곱씹은 글이었지만, 평온한 가운데 기억을 관찰하자니 느낌이 이상했다. 가슴이 미어질 것 같다기보단 그저 텅 빈 듯했다. 그녀는 어쩔 줄 모른 채 일기장으로 가슴을 두드렸다.

그리고 바를라암 관에 돌아가선 태연하게 오늘은 몇 마리의 바닷새와 싸워 이겼는지 떠들었다.

그곳에 갈 때면 자유롭지 않아도 자유롭단 느낌이 들었다. 그 정도로 압도적인 절벽이라면 몇 시간 최면에 걸린들 오히려 감사할 따름이었다.

또한 풀밭에 누운 시간이 그녀를 노곤하게 했다. 모든 삶을 또렷이 기억한 채로, 법황과의 만남을 상기하면서도 부정적인 생각에 빠지지 않았다.

티티라는 정말로, 법황과 만나기 전날까지 매일같이 신드라문에 갔다. 내실보단 바를라암 관이, 바를라암 관보단 벼랑이 좋았다. 결국 여기서 평생을 지내야 한다면 제 즐거움 중 꽤나 많은 부분이 이곳에서 이루어질 것만 같았다.

안스카리우스는 그녀가 인생의 밑바닥을 찍고 서서히 올라오는 듯하자 더 이상 질문하지 않았다. 얼마나 멀쩡해졌는지보다, 나아지고 있다는 방향성이 중요했을까. 고향을 그리워하는 병에 걸렸고, 바다를 보며 위로받았다고 생각했나.

그러나 더 고민할 시간이 없었다.

정신을 차리자, 어느새 법황을 다시 알현하는 날이 다가왔다. 이미 선택을 끝냈기에 크게 긴장되지 않았다. 마음이 홀가분해 안스카리우스에게도 거짓말을 할 수 있었다.

티티라는 자신을 끌어안은 그의 손을 쓰다듬으며 천장을 바라보았다.

내일이었다.

법황에게 가 늙은 바를라암을 죽이는 방법을 물어봐야겠다.

안스카리우스는 법황청에 들어가기 직전 완전 무장한 군인들에게 가로막혔다. 그의 얼굴이 일그러지려 하자 티티라가 급하게 말을 꺼냈다.

"괜찮습니다, 각하."

"……."

"각하, 바를라암 관에 머무시라 말씀드리고 싶지만…… 어려우시단 걸 압니다. 성하를 알현하고 돌아오겠습니다."

티티라는 그의 손을 한 번 힘 있게 쥐었다. 시선이 짧게 마주쳤다. 그는 침묵 끝에 한 걸음 뒤로 물러섰다.

그녀는 돌아보지 않은 채 군인들을 따랐다. 안스카리우스가 다른 곳으로 안내되는 소리가 들려왔다. 그의 시선이 마지막까지 자신을 따라왔을지는, 알 수 없었다.

그녀는 망토 자락을 꽉 쥐었다. 이미 두 번째 방문하는 길이었기에 군인들을 앞지를 수 있었지만, 흰옷 시종 대신 창칼을 보낸 이유가 있을 것이다. 입을 꾹 다물곤 그들의 속도에 따랐다.

곧 모습을 드러낸 문은 처음 봤을 당시와 완벽히 같았다. 모양뿐 아니라, 지키는 이들까지, 그들의 발이 틀어진 각도마저 같았다. 시간이 멈춘 곳처럼 느껴졌다.

이윽고 육중한 문이 열렸다. 티티라는 숨을 죽인 채 홀 안으로 걸음을 내디뎠다.

다섯 발 앞을 보면서, 꾸준히…….

"건강하게 잘 지냈나 보군, 돔니니."

티티라는 고개를 홱 들었다가, 실수했다는 것을 깨닫고 다시 숙였다. 그런데 그 짧은 찰나에도…… 높은 성좌가 비어 있다는 것만큼은 분명히 보았다.

적이 어디 있는지 모른다는 사실은 그녀에게 상당한 압박감으로 다가왔다. 귀를 곤두세운 채 상대의 위치를 찾았다.

그러나 그녀는 상대를 찾기 전 멈춰야 했다. 성좌의 단이 코앞에 있었다. 바야흐로 긴장이 자신을 머리끝까지 움켜쥐자—

보폭이 작은 걸음이 빠르게 다가왔다.

"고개를 들거라."

시선을 올리자 성좌의 계단에 털썩 주저앉은 법황이 보였다. 옷차림은 여전히 휘황했고, 한쪽 손을 무릎에 괸 채 격식은 온통 벗겨진 모습이었다. 심지어 홀은 성좌에 아무렇게나 던져져 있었다.

티티라는 법황이 자신에게 반응을 끌어내기 위해 의도적으로 느슨한 채 하는 것일까, 고민했다.

"좋아, 좋아……. 모두 잘했다. 네가 그를 유혹하는 모습을 보곤 우리가 바를라암에 내렸던 벌도 유예했노라. 왜 공문이 오지 않을까, 곤두설 바를라암을 생각하면 잠자리가 몹시도 편하다."

"……."

"그래. 오늘은 코앞까지 행차하신 사제왕 바를라암이 재미있더구나. 돔니니, 요망하게도 잠자리를 덥혔어."

"성하."

법황이 미소 지었다.

"네 대답은 이미 알고 있다. 하나, 직접 말해 주련?"

온몸의 피가 싸늘하게 식는 것 같았다. 어젯밤에 아무 일도 아니라며 스스로를 다독여 두고도, 막상 처형대의 목줄을 걸려니 속이 좋지 않았다.

"……예."

"정확히 말해야지."

탈란타우에, 다시 법황…….

몽글몽글한 감각이 그녀를 귀찮게 했다. '깨야 하나?'와 '싫은데' 사이에서 어정거리다 몸을 홱 굴렸다.

그러던 중 누군가와 부딪혔다. 밀치려 했으나, 상대는 꿈쩍도 않을 만큼 무거웠다. 아니, 외려 팔이 자신을 감싸 안았다.

티티라는 가물가물한 시야를 열었다.

안스카리우스의 감긴 눈이 보였다. 제 앞에서 세상 모르고 잠든 모습은, 이제 평범한 일상처럼 느껴졌다.

이내 빠릿빠릿하게 살아난 티티라가 안스카리우스를 흔들었다.

"오늘 내내 여기 있을 거야?"

그는 깊은 숨과 함께 고개를 틀었다. 저는 신경도 안 쓰고 또 잠들려는 모양이었다.

티티라는 기가 막혔다. 관계를 가지기 전까진 콩 한 쪽만큼도 눈붙이는 꼴을 못 봤는데, 같은 침대를 쓰자 이젠 하루의 절반을 잠으로 보내는 인간으로 변했다.

잠들었다가, 자신과 뒹굴었다가, 다시 잤다가, 또 뒹굴다가…….

그녀는 더 이상 염치없는 잠꾸러기를 견디지 못했다. 혼자 바닥에 내려와선 찌뿌드드한 몸을 풀었다. 다리를 잡아당기고 목을 돌렸다. 살짝 뛰었다가 엎드렸다.

힘을 쓰는 사이사이 침대 위를 흘끔거렸다.

생각해 보니 안스도 잠은 엄청 많았다. 특히 아침잠이 많아서 여럿을 괴롭게 했고, 자신을 즐겁게 했다—다양한 벌칙거리들을 얹어 주는 방식으로—. 결국 몸이 같으니 타고난 특징도 비슷하다는 걸까.

티티라의 실없는 궁금증은 '안스와 잤어도 지금 같았을지'에 다다랐다. 그 애와 잠자리를 가졌어도, 지금처럼 부드럽고 안정적이었을까. 가장 목이 마른 상황에서도 멈추어 돌보는 시간이 있었을까.

안스카리우스는 그랬다. 그는 항상 신중했다. 글쎄, 서로 배워가는 입장이라 그렇다기엔 그저 그의 성격 탓인 것 같기도 했다. 초보자라고 항상 조심스러운 것은 아니니까.

반면 안스는 도통 수그렸을 것 같지 않았다. 살아온 삶의 길이가 다르므로 어쩌면 미안한 비교겠지. 하지만 그 애가 나이를 좀 더 먹었다 해도 저 사람만큼 섬세하진 못했을 것 같았다. 안스카리우스를 '안스카리우스'로 만든 조각칼은, 그의 잃어버린 기억이었으니까. 그 텅 빈 공간이 그를 가끔 예민할 정도로 조심스럽게 만들었다.

자신 홀로 아는 빈 공간이…… 그를 만들었다.

티티라는 갑작스레 샘솟는 애정에 당황했다. 배꼽 근처에 손을 대면 따뜻하게 뭉쳐 있을 것만 같았다. 손에 쥐일 정도로 실체감 있는 기꺼움이었다.

그녀는 침대로 다가갔다.

털썩 앉아 몸을 숙였다. 귓가에 속삭이려 했지만, 또다시 유혹에 넘어가 그의 뺨에 입을 맞추었다.

"안스카르."

그의 손이 더듬거리다, 제 허리를 확 껴안았다. 티티라는 '으악' 소리를 내며 잡혀갔다. 이불 속으로 들어갔다. 키득거리는 소리와 숨 막히는 신음이 흘러나왔다.

"이럴 때가 아니야……!"

티티라는 허겁지겁 이불 밖으로 팔을 뻗었다. 자신을 끌어당기는 그에게 발길질을 한 뒤 침대 맡까지 헤엄쳐 나왔다.

"이럴 때가 아니라니까……!"

그녀는 벽에 등을 바짝 붙이고 작게 외쳤다.

안스카리우스는 고개를 기울인 채 그녀를 바라보다가, 이내 침대를 떠나려 했다.

티티라는 심술이 난 얼굴로 그의 팔뚝을 잡았다.

"나가지 마."

그는 의아한 듯했다.

"싫다면서."

"다시 들어와."

안스카리우스는 고분고분하게 다시 침대에 기댔다.

"며칠 동안 어디 가지도 않았으면서 뭘 그렇게 바쁜 척을 해?"

"며칠 동안 가만히 있었으니 분주하리란 생각은 안 들고?"

"……."

"물론 네가 머무르길 바란다면……."

그의 손가락이 그녀의 짧은 머리칼을 휘감았다. 그는 골똘히 생각하는 표정으로 중얼거렸다.

"기르지 마라."

티티라는 콧방귀를 뀌었다. 기를 생각은 없지만 긴 머리도 한 번쯤 고려해 봐야겠군. 아니— 어쩌면 저 인간은 그걸 노리고 말했을지도 모른다. 기르지 말라고 말함으로써 기르게 만드는—

"아니, 기른 모습도 좋을 것 같은데."

"……뭐라는 거야……."

"아니다. 기르지 마라."

이번 콧방귀는 너무 컸다. 그녀는 거칠게 콧김을 내뿜다 사레가 들려 몇 번이나 기침을 터뜨렸다.

"내, 맘, 켈록! 이야."

"아니, 길러."

"그만."

그는 인상을 찌푸린 채 계속 제 머리카락을 매만졌다. 작은 동물의 발을 쥐듯이 조심스럽다가도, 갑자기 콱 부여잡아 머리 옆에서 주먹을 쥐어 보기도 했다. 감싸 안고, 미끄러졌으며, 소스라치게 놀라 도망갔다.

티티라는 다시 한번 닥치려는 그의 손을 찰싹 쳐 냈다. 대신 그의 옆에 바짝 붙어선 몸을 기댔다. 가까이 붙자 오히려 만질 수 없었다.

그는 한동안 잠자코 있다 물었다.

"왜?"

티티라는 아주 짧은 찰나, 고민했다. 내가 난데없이 솟은 애정으로 이런 짓을 저질러도 될까? 혹시 열에 들떠 어리석은 과거를 공유하는 걸까? 내 옛 파편을, 그의 일부이기도 했던 어떤 거스러미들을…….

하지만 삶은 온통 엎질러진 물이고, 사랑은 그 위를 미끄러지는 날랜 배였다. 바람을 잘 탄 배는 멈출 수 없는 법이다.

그녀는 결국 입을 열었다.

"바다가……."

안스카리우스가 제 눈을 바라보기 위해 고개를 숙이는 것이 느껴졌다. 몸도 시선도 가까웠다.

"바다가 얼었다는 소식을 들었네."

그의 부드럽지 못한 손끝이 뺨을 스쳤다. 감싸 안거나 끌어당기는 행위 없이, 심지어 만지지도 않은 채, 그저 스쳤다. 온기가 아른거리는 사이에서 멈추었다.

"……세상이 변했나 보오, 겨울 곁에."

그는 따뜻한 그릇을 받치는 천처럼 제 얼굴로 다가왔다. 바짝 붙어 귓가에 입을 맞추었다.

"시노드 신넬의 노래인가?"

그래. '시노드 신넬의 노래'였다. 세상이 너무도 빨리 변해, 교국이 지배한 소조폴에서는 거의 불리지 않았던 뱃노래. 항해자와 눈을 마주친 모든 항구 시민들의 노래. 그렇게 시선과 손짓을 타고 전염병처럼 번져, 마침내 모든 이를 죽이고 함께 바다 아래 묻힌 노래.

"우리가…… 헤엄쳤던 파도, 흔적이 없노라."

그는 계속해서 제 귓가를 지분거렸다. 자신이 무슨 각오로 입 밖에 냈는지도 모르고.

티티라는 고개를 살짝 돌려 그에게 강요했다.

"따라 해 봐."

그의 투명한 눈동자는 잘 들여다볼 수 없었지만, 아무래도 한숨을 쉬는 듯했다.

"……'바다가 얼었다는 소식을 들었네.'"

티티라는 그 구절을 듣고도 전혀 울적해지지 않자 기분이 이상했다. 이젠 드물게 불리는 노래라 남에게 듣는다면 몹시 애틋하리라 생각했는데, 심지어 그 목소리의 주인이 '안스'라면 더더욱…….

"'우리가 헤엄쳤던 파도, 흔적이 없노라.'"

안스카리우스는 무뚝뚝하게 따라 했다. 그녀는 침묵을 지키다가, 그를 허락하지 않은 채 혼자 중얼거렸다.

"얼어붙은 수평선에서 벗이 돌아오면."

그의 손길이 멈칫했다.

"오, 한 줌 남은 기쁨으로 나를 불태워
네게 파도를 돌려주고 잿더미가 될 텐데.
볕드는 봄이 다시 오지 않아도 좋네.
네게 파도를 돌려주고 잿더미가 되면
일렁이는 파도에 네 웃음이 들리면
겨울 속에 익사해도 미풍 같은 죽음."

오랫동안 입 밖에 내지 않았어도 제 삶에 엉겨 붙은 노래란 어쩔 수 없다. 바로 엊그제 배운 듯 흘러나오는 기억…….

이제 제게 닿은 손은 우뚝 멈추어 있었다.

그는 자신이 노래를 마칠 때까지 눈을 깜빡이지 않았다. 연인을 가늠하는지, 또다시 불안해하는지, 알 수 없었다.

티티라는 소곤거렸다.

"끝이야. 이제 외워서, 나한테 불러 줘."

"……."

"당신이 노래 부르는 걸 듣고 싶어."

"……."

"또 생각하고 있겠지. '안스'가 부르던 거 아니야?' 하고. 맞아. 내가 불렀던 거고, 안스가 불렀던 거야. 그러니 이젠 당신이 불러 줘."

큰 손바닥이 주저하듯 움츠러들었다.

"소조폴 출신이라면 개도 알던 노래지만, 몇 년 동안 불리지 않으니 어린애들이 잊고, 어린애들이 잊으니 우리도 기억할 이유를 못 느꼈어. 그리고 너무, 너무…… 죽거나 떠난 사람들이 많았어."

"……."

"난 저 노래만 들으면 안스가 생각났어. 정말 지긋지긋할 정도라, 한 번은 고주망태가 돼서 노래를 부르는 남부 영감탱이와 드잡이질을 한 적도 있었지. 눈에 피멍이 들어 우는 척했지만 사실 그냥 내 잃어버린 친구가 생각나 슬펐어. 그걸 기억나게 만드는 모든 걸 내 눈앞에서 치워 버리고 싶었다고."

"……."

"그렇지만 이젠……."

티티라는 아침 일찍 일어나 그를 보며 느꼈던 애정을 생각했다. 삶에 커다란 구멍이 뚫려 속수무책으로 빨려 들어가는데, 그 공간을 막을 수 있는 존재는 자신뿐이라는, 그런 뿌듯하고도 안쓰러운 마음.

"안스카르, 시간이 지날수록…… 아니, 나이가 들수록 애정이라는 게 참 드물고 어렵지."

주저하던 그의 손바닥이 마침내 제 뺨에 닿았다.

티티라는 빙그레 웃었다.

"그러니 날 사랑하는 당신과 기억을 나누고 싶어. 처음 배운 뒤로 고래고래 악 쓰던 일고여덟 살짜리 애랑, 축제에서 술 먹고 흥얼거리던 열다섯짜리가 있는 거야. 원체 뱃일을 많이 했던 안스도…… 안스도 있어. 그 앤 이 노래를 정말 많이 불렀지……. 내 나눔을 받고 싶다면, 당신도 받아들일 마음이 있어야 해."

그녀는 제 뺨에 닿은 그의 손을 감쌌다.

"나는 계속 안스가 내 일부라고 말할 거야. 당신이 가슴 아파도 숨기진 않을 생각이야. 난 그 애를 털어놓아야지만 가뿐해질 수 있어. 그 애에 대한 마음도…… 내 속이 가벼워질 때까지, 전부."

그녀는 왠지 연설을 하고 있다는 느낌을 받아, 마지막에 이르러선 조금 지체했다.

"……난 친구를 돌이켜 보겠다고 겨울 속에 익사할 생각 따윈 없으니까."

'겨울 속에 익사해도 미풍 같은 죽음.'

말하자 왠지 철렁 내려앉았다. 다만 한편으론 속이 시원하기도 했다.

이내, 안스카리우스가 자신을 끌어당겨 안았다.

티티라는 그 나름의 노력이라는 사실을 알았다. 여전히 자신이 안스를 언급하는 모양은 언짢지만, 어떻게 연인의 모든 부분이 마음에 들겠어. 어쩔 수 없지. 생각할 것이다.

그는 제 머리칼 이곳저곳에 키스하다가, 문득 생각난 듯 그녀를 내려다보았다.

"나는 겨울 바다에 익사해도 괜찮다."

티티라는 그를 흘끔 바라보았다.

"널 돌이키기 위해서라면 무슨 짓이든 할 수 있다."

"……."

"처음 듣는 노래인데, 너보다 익숙하군."

탈란타우에는 바짝 엎드린 뒤 가까스로 죽였다. 법황도 죽일 수 있을까?

사실, 누가 조언하지 않아도 스스로 이미 명백하게 알고 있었다. 법황을 죽이는 것은 불가능했다.

그러니 자신은 영영 이어질 목줄을 건네는 것이었다.

"……예. 성하의 명에 복종하겠습니다."

"잘됐어. 현명한 선택일세."

티티라는 주먹을 쥐지 않기 위해 노력했다. 오로지 안스를, 일기장에 새겨진 글자들을 위해…….

['겨울 친구'는 네 얘기가 될걸, 티.]

그래. 맞아. 안스, 내 이야기야.

바다가 오래전 얼었고, 우리가 헤엄쳤던 파도는 흔적이 없어. 네가 수평선에서 돌아온다면 나는 스스로를 불태워 죽겠지. 내 기쁨은 이미 충분히 즐겼어. 행복은 언젠가— 아니, 최근에도, 분명히 존재했는데, 이젠 욱여넣고 욱여넣어 지독히 작은 겨자씨처럼 느껴져. 그러니 너를 위해 심을 수도 있을 거야. 너를 위해 심고, 기억을 녹이고, 네게 파도를 돌려주고.

나는 이제 겨울 속에 익사해도 미풍 같을 죽음을 기다려.

온전히 네가 다시 살아나길 바라기 때문만은 아니야. 그보단 나로 인해 떠나갔고, 결국 죽은 네 고통을 조금이라도 달랠 수 있길 바라.

티티라는 서서히…… 자신이 진심으로 안스가 돌아오리라곤, 믿지 않는단 사실을 깨달았다. 그보단 죽은 묘비에서 제祭를 지내는 셈이었다. 제 심장에 칼을 찔러 넣어 망자의 넋을 달래고 싶었다. 그뿐이었다.

티티라는 자해하고 있었다. 그 사실을 분명히 알면서도 막을 수 없었다.

"선대 사제왕 바를라암을 죽이는 방법을 알려 주십시오, 성하."

"급하기는."

"……."

"나가는 길에 독을 건네주마. 늙은 바를라암의 입가에 한순간이라도 닿도록 해라. 닿는 순간 즉사할 테니."

"예."

"이상하구나, 이방인. 어찌 친구를 돌려줄 것인지 묻지 않는가?"

그녀는 법황의 하얀 눈을 바라보았다.

"성하께서 용납하지 않으실 줄 압니다."

법황이 턱을 매만졌다. '이것 봐라.' 표정을 읽기 쉬웠으나, 사실 그 투명한 감정 자체가 법황의 권력이었다.

"물론 당장은 소상히 이야기하기 어렵다, 돔니니."

"……."

"하지만 차곡차곡 준비해 두어야 하는 법이다. 우리는 네가 늙은 바를라암을 죽이는 즉시, 그를 위로한다는 명목으로 바를라암에 내렸던 벌을 되돌릴 것이다. 그리고…… 그자의 누이를 교읍지로 데려와야지."

"……."

침묵 속에서 제 시선이 질문을 던졌다. 법황은 흔쾌히 대답해 주었다.

"사제왕 위를 수행할 안스카리우스가 사라지면 누군가 대신할 이가 있어야 하지 않겠느냐. 수도원에서 서른 해를 지내 물정 모르는 이가 좋겠다."

법황은 큰 소리가 나도록 무릎을 몇 번 쳤다.

"자, 그럼, 네가 남지."

"……."

"너는 분명히 범인으로 몰릴 것이다. 우리는 그러길 바란다. 물론."

"……."

"우리가 널 살려 주마. 바를라암 대신 법황청에서 마땅한 벌을 내리겠노라. 네 얼굴에 흉을 남기고 얼굴을 가린 종이 되면 어떤가?"

법황은 태연하게 제 얼굴에 죄인의 표식을 남긴다는 말을 했다. 자신이 협박에 못 이겨 본인을 따른다는 사실을 알면서도, 마치 선심을 베풀듯이 처벌하려 했다.

"더 이상 삶이 위험하지 않을 것이야. 네 얼굴에 얕은 상처라도 남기려는 것은, 그마저 남기지 않는다면 사제왕 친족 살해자를 사면할 수 없기 때문이다."

법황은 변명하듯 속삭였다.

티티라는 조용히 대답했다.

"성하, 안스의 기억을 되살려 주신다고 말씀하지 않으셨습니까?"

"물론 그리 말했노라."

"성하께서 말씀하신 내용에 감히 여쭙자면, 만일 안스가 돌아오고 여전히 바를라암이라면, 제가 '살인자'로 몰릴 일은 없으리라고 감히 말씀드립니다. 그 애는 제 친구니까요. 그러니 저를 법황청에 들여 주실 필요는 없을 것 같습니다."

그러니까, 티티라는 법황의 말을 하나도 믿지 않았다.

'안스가 살아난다면 난 법황청에 들어올 필요가 없을 텐데. 그런데도 내 자리를 마련해 준다 한다면, 너는 다른 무언가를 준비하고 있다는 뜻이겠지.'

'나는 아무 보상 없이 안스카리우스를 실각시키는 것이고, 그가 이교도 살인의 죄를 지고 물러난다면 법황은 그의 누이를 사제왕으로 내세울 것이고, 그 뒤 잔여물인 티티라 돔니니가 불쌍하니 법황청으로 들여 주는 것이고…….'

법황의 머릿속이 너무 뻔히 보였다— 물론 이 또한 법황의 표정처럼, 권력이겠지만. 네게서 이득만 취할 거란 생각을 고스란히 드러내면서 강요하는 것.

법황은 한동안 침묵했다.

무슨 말을 해도 따를 테니 차라리 정직하게 말씀하세요, 좋은 유산을 물려받아 똥만 싸도 신탁이 되는 성하.

한참의 정적 뒤.

"네 벗의 기억이 돌아온다고 지금의 사제왕 바를라암이 사라지진 않을 것이야. 말했잖느냐. '약속'은 생명을 해치지 않는다고."

한순간 마음속 실이 잔뜩 꼬였다. 법황에게 기억을 되살려 줄 능력도, 의향도 없다고 생각했는데, 그럼에도 느슨하게 풀어 두었던 희망이 있었나 보다.

진짜로 기억이 돌아온다면…… 안스와 안스카리우스가 한 몸에 머무르게 된다고? 갑자기 머리가 지끈거렸다. 둘이 서로를 죽이지나 않으면 다행일 텐데.